# 統計数学入門

理学博士
本間鶴千代著

森北出版株式会社

# まえがき

近時いわゆる情報化時代を迎え，より良いデータ解析の必要性がますます高まってきた．この方面の世間一般の関心は，一時よりよほど真剣味を増して来たように思われる．その頃はデータに基づいて発言しさえすれば，説得力が倍増するといった風潮があった．勢い統計的処理の各種の手法の吸収に汲々とする傾向があった．もっとも手法の把握は，それはそれで十分大切なのであるが，ただそれだけでは統計の乱用を来たす恐れがある．近頃では単に手法の習得だけではあきたらず，その適用の理論的根拠にも関心が払われるようになった．この気運にいささか便乗した嫌いはあるが，統計的手法の理論的バックを少し丁寧に解説するつもりで，この小書を書いてみた．もっともこの種の著書は多く数理統計学の名で出版されていて，今さら屋上屋の感なきにしもあらずであるが，数理面を強調したという意味で，本書を「統計数学入門」としたわけである．その内容は別に変りばえのしない旧態依然たる嫌いがあるが，またそれだけに基本的なものであるともいえよう．ただ著者が主として大学の2年生を対象にした1年間の講義をもとにしているので，初学者向きに内容を選び，しかも僅々 60 時間程度で終らせるため，多くの題材から何を省き，どこを強調するかにいささか苦心が払われている．なお演習問題は各章の終りにまとめて，難易とりまぜ相当多数あげておいた．この問題の解は，大部分ヒントまたは答程度にとどめ，詳しくは読者自身の演習にまかせた．

本書の内容は，先に述べたように統計学の最も基本的な部分であって，少なくともこの程度の常識をもってデータ解析に当って欲しいし，さらにより広く，より高度の内容の把握に意欲を燃やして欲しいと願ってやまない．常識常識と授業中に吹きこまれ，さっぱり常識にならないうちに単位をとって，卒業後，生のデータに取り組まざるを得なくなった人が，いかに多いことか．元来統計的処置は，数学的センスとはいささか異質のようで，たえず理論と実際との妥協を迫られながら処置に苦闘するのが常で，それだけに一そう独りよがりを避けた，客観的な判断が要望されることになろう．そのために本書が少しでもお役に立てば幸甚である．

本書を書くにあたっては，多くの内外の著書にお世話になった．これらの著者に深謝したい．

また本書の原稿，校正に一通り眼を通して，いろいろ有益なご批判をいただいた電通大の藤沢武久氏，東海大の氏家勝己氏および面倒な図表の作製や計算を手伝っていただいた電通大大学院生飯倉道雄君，日高純康君に感謝したい．なお本書の出版まで何かとご面倒をかけた柳沢茂八氏はじめ森北出版の方々にお礼を申し上げたい．

昭和 45 年 3 月　　　　著　者

＊　本書は 1970 年より 1990 年まで当社刊「数学ライブラリー・シリーズ」第 18 巻として発行していたものです

# 目　　次

ま　え　が　き
1 章　1 変量の確率分布 ………… 1
1.1　確 率 空 間 ………… 1
1.2　確率変数，確率分布 ………… 6
1.3　確率変数の平均，分散，標準偏差 ………… 11
1.3.1　平　均 ………… 11
1.3.2　分散，標準偏差 ………… 13
1.3.3　分布関数を用いての平均 E($X$) の表現 ………… 17
1.4　積率母関数 ………… 19
1.5　特殊確率分布 ………… 22
1.5.1　二 項 分 布 ………… 22
1.5.2　ポアソン分布 ………… 24
1.5.3　正 規 分 布 ………… 25
1.5.4　一様分布（矩形分布）………… 27
1.5.5　指 数 分 布 ………… 28
1.6　正規分布表の利用 ………… 29
1.7　確率変数 $X$ の関数 $Y=\varphi(X)$ の確率分布 ………… 31
1.7.1　$Y=aX+b\ (a \neq 0)$ の確率分布 ………… 31
1.7.2　$Y=\varphi(X)$ の確率分布 ………… 33
問　題［1］………… 34

2 章　独立な多変量の確率分布 ………… 41
2.1　確率変数の独立 ………… 41
2.1.1　事象の独立 ………… 41
2.1.2　同時確率分布，周辺確率分布 ………… 43
2.1.3　確率変数の独立 ………… 46
2.2　確率変数の和の分布 ………… 48
2.2.1　正規分布に従う確率変数の和の分布 ………… 48

2.2.2 再生性をもつ確率分布 ・・・・・・・・・・・・・・・ 53
2.2.3 一般の和の分布 ・・・・・・・・・・・・・・・ 55
2.3 極限分布 ・・・・・・・・・・・・・・・・・・・ 56
2.3.1 中心極限定理 ・・・・・・・・・・・・・・・・ 56
2.3.2 二項分布のポアソン近似 ・・・・・・・・・・・・・ 60
2.4 標本分布 ・・・・・・・・・・・・・・・・・・・ 62
2.4.1 正規標本分布 ・・・・・・・・・・・・・・・・ 62
2.4.2 順序統計量 ・・・・・・・・・・・・・・・・・ 65
問 題［2］・・・・・・・・・・・・・・・・・・・・・ 66

3章 推 定 ・・・・・・・・・・・・・・・・・・・・ 73
3.1 資料の整理 ・・・・・・・・・・・・・・・・・・ 73
3.1.1 資料の図的表現 ・・・・・・・・・・・・・・・ 73
3.1.2 資料の量的表現 ・・・・・・・・・・・・・・・ 75
3.2 点推定 ・・・・・・・・・・・・・・・・・・・・ 81
3.2.1 母集団と任意標本 ・・・・・・・・・・・・・・ 81
3.2.2 良い推定量の一つの基準 ・・・・・・・・・・・・ 82
3.2.3 クラーメル・ラオ (Cramér-Rao) の不等式 ・・・・・・・・・ 84
3.3 母平均，母分散，母標準偏差の点推定 ・・・・・・・・・・ 85
3.3.1 母平均の点推定 ・・・・・・・・・・・・・・・ 85
3.3.2 母分散の点推定 ・・・・・・・・・・・・・・・ 85
3.3.3 母標準偏差の点推定 ・・・・・・・・・・・・・・ 86
3.4 有限母集団の母平均，母分散の点推定 ・・・・・・・・・・ 89
3.5 最尤法 ・・・・・・・・・・・・・・・・・・・・ 93
3.6 区間推定 ・・・・・・・・・・・・・・・・・・・ 95
3.6.1 区間推定の一般的方法 ・・・・・・・・・・・・・ 95
3.6.2 母平均の区間推定 ・・・・・・・・・・・・・・ 97
3.6.3 正規母集団の母分散の区間推定 ・・・・・・・・・・ 99
3.7 百分率の区間推定 ・・・・・・・・・・・・・・・・ 100
3.7.1 大標本区間推定 ・・・・・・・・・・・・・・・ 100
3.7.2 小標本区間推定 ・・・・・・・・・・・・・・・ 102
問 題［3］・・・・・・・・・・・・・・・・・・・・・ 105

4章 検 定 ・・・・・・・・・・・・・・・・・・・・ 109

4.1 統計的仮説検定 …… 109
4.1.1 判断と誤り …… 109
4.1.2 仮説検定法 …… 112
4.2 母平均の検定 …… 115
4.3 百分率の検定 …… 120
4.4 等平均，等分散の検定 …… 123
4.4.1 二つの正規母集団の等平均の検定 …… 123
4.4.2 二つの正規母集団の等分散の検定 …… 125
4.4.3 一般母集団の等平均の検定 …… 126
4.5 適合度の検定（$\chi^2$ 検定） …… 127
4.6 独立性の検定 …… 132
4.7 相関関係 …… 135
4.7.1 相関係数の推定と検定 …… 135
4.7.2 回帰係数の推定と検定 …… 141
4.7.3 最小二乗法 …… 143
4.8 分散分析法 …… 145
4.8.1 1 元配置法 …… 145
4.8.2 2 元配置法（反復のない場合） …… 149
4.8.3 2 元配置法（反復のある場合） …… 153
4.8.4 ラテン方格法 …… 156
問　題［4］ …… 159
解答およびヒント …… 165
付　　録 …… 177
付　　表 …… 202
索　　引 …… 214

# 1 章

# 1変量の確率分布

## 1.1 確 率 空 間

あるサイコロを投げて出る目の数を $X$ とすれば，この $X$ は偶然性に支配されていろいろの値をとる．この $X$ は一種の変数であるが，普通の変数と異なって，そのとる値が偶然性に支配されている．このような $X$ を**確率変数**という．もっともこの定義は数学的には明確ではない．これを数学的にきちんと定義するためには，確率そのものの定義から定めてかからねばならない．そのためには確率の対象である“事象”というものを，ある試行（実験や観測などをまとめて試行ということにする）の結果の集合であるとして，それを一つの集合(空間ともいう) $\Omega$ の部分集合で表わすことにする．すなわち $\Omega$ は試行のすべての結果をふくむ事象と考えるわけである．たとえば上のサイコロの例で偶数の目が出るという事象は，空間 $\Omega=\{1,2,3,4,5,6\}$ の部分集合 $A=\{2,4,6\}$ で表わすわけである．こうすると事象というものが，一つの空間の部分集合という数学的表現をもつから，その取扱いに集合演算が用いられて好都合である．

いま，ある事象に対応する部分集合を $A$ とし，試行の結果 $\omega$ が $A$ に属する1点を表わすとき，すなわち

$$\omega \in A$$

なるとき，この試行で事象 $A$ が起こったということにすれば，普通用いられる集合演算に次のような具体的な事象的な意味が対応つけられる．

$A \cup B$……事象 $A, B$ のうち少なくとも一つが起こるという事象，

$A \cap B$……事象 $A$ および $B$ がともに起こるという事象，

$A-B$……事象 $A$ が起こり，$B$ が起こらないという事象，

$A^c$ ……事象 $A$ が起こらないという事象．

次に，この事象 $A$ に確率という数値を対応させるわけであるが，その定義の与え方については古来からいろいろと議論されてきたところである．そこで現代の確率の定義は，この確率の定義にからむ面倒な哲学的な意味を避けて，どのように定義されたとしても“確からしさ”を表現する確率としては当然もって欲しい基本性質を整理して，その基本性質をもつ実数を確率と定義してしまう公理的な方法がとられている．すなわち或る事象の起こる確率というものを，その具体的意味についてはふれずに，事象という集合に対応する集合関数で，ある種の条件をみたすものとして考えるわけである．こうなると当然，確率の定義域に当たる集合族をきちんと決めてかかる必要がある．

その集合族としては，次のように定義された $\mathfrak{A}$ (これを **σ-集合体**ということにする) を考える．

$\mathfrak{A}$ は $\Omega$ の部分集合よりなる空でない集合族で次の性質をもっている．

(ｉ) 集合 $A$ が $\mathfrak{A}$ に属するとき，補集合 $A^c$ もまた $\mathfrak{A}$ に属する．

(ⅱ) 集合 $A_i$ $(i=1, 2, \cdots)$ が $\mathfrak{A}$ に属するとき，和集合 $\bigcup_{i=1}^{\infty} A_i = A_1 \cup A_2 \cup A_3 \cdots$ もまた $\mathfrak{A}$ に属する．

これらの条件をみたすから，任意の σ-集合体 $\mathfrak{A}$ は常に元の空間 $\Omega$(確実に起こる事象の意味にとれる)，空集合 $\phi$ (起こり得ない事象の意味) をふくんでいることが次のようにしてわかる．

$\mathfrak{A}$ に属している一つの集合を $A$ とおくと，(ｉ) より $A^c \in \mathfrak{A}$.

また (ⅱ) より　$\Omega = A \cup A^c \in \mathfrak{A}$,　$\phi = \Omega^c \in \mathfrak{A}$.

また $A_1, A_2$ が $\mathfrak{A}$ に属するときは $A_1 \cup A_2 \in \mathfrak{A}$ であるが，$A_1 \cap A_2, A_1 - A_2$ もまた $\mathfrak{A}$ に属している．それは右図からわかるように $\cup, c$ で次のように表現されることから明らかである．

$$A_1 \cap A_2 = (A_1{}^c \cup A_2{}^c)^c,$$

$$A_1 - A_2 = (A_1{}^c \cup A_2)^c$$

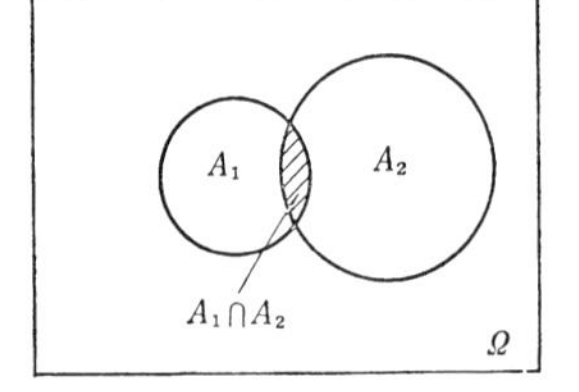

図 1.1

このことを一般にすれば，集合 $A_i$ $(i=1, 2, \cdots)$ が $\mathfrak{A}$ に属しているときは，$\bigcap_{i=1}^{\infty} A_i$ もまた $\mathfrak{A}$ に属していることになる．結局 $\mathfrak{A}$ に属する集合の間に $\cup, \cap, -, c$ の集合演算を可付番無限回ほどこして得

られる集合もまた $\mathfrak{A}$ に属するということになる.

**注意**　上の $\sigma$-集合体のみたす条件から考えて，我々の確率の対象となる事象（これを**確率事象**と呼ぶことにする）には自から制限があることがわかる．すなわち $A_1, A_2, \cdots$ が確率事象であれば，その間に集合演算を無限回施した事象もまた確率事象である．またある事象に対し確率が考えられるかどうかということは，その事象が既にわかっている確率事象の間に集合演算を施して得られれば，そこではじめて確率事象となるわけである．たとえば $A_1, A_2, \cdots$ が確率事象であるとき，このうち無限個の事象 $A_i$ が起こる確からしさという意味は言葉としては意味をもつように思えるかも知れないが，我々のいう確率の対象となるかは別の問題である．ところが，この無限個の $A_i$ が起こるという事象 $A$ は次のように集合的に表わされる

$$A=\bigcap_{k=1}^{\infty}\bigcup_{i=k}^{\infty}A_i.$$

ゆえに $A_i \in \mathfrak{A}$ $(i=1,2.\cdots)$ より $A \in \mathfrak{A}$ となり，$A$ は確率事象となり，次に定義されるような確率 $\mathrm{P}(A)$ を考えることができるわけである.

$\sigma$-集合体 $\mathfrak{A}$ のすべての集合 $A$ に対し，一意的に定められた関数 $\mathrm{P}(A)$ が次の条件

(i)　$\mathrm{P}(A) \geqq 0, \quad (A \in \mathfrak{A}),$

(ii)　$\mathrm{P}(\Omega)=1,$

(iii)　$A_i \in \mathfrak{A}, \quad A_i \cap A_j=\phi, \quad (i \neq j)$　なるとき

$$\mathrm{P}\left(\bigcup_{i=1}^{\infty}A_i\right)=\sum_{i=1}^{\infty}\mathrm{P}(A_i)$$

をみたすとき，$\mathrm{P}(A)$ を**事象 $A$ が起こる**（または**事象 $A$ の**）**確率**という.

**注意**　(1)　条件 (i) の中に $\mathrm{P}(A) \leqq 1$ が欠けているようにみえるが，これは他の2条件がみたされれば，成り立つことが例2で示される.

(2)　条件 (iii) は確率事象 $A_1, A_2, \cdots$ のどの二つをとっても**排反事象**（同時に起こることがあり得ない事象）であるとき，$A_1, A_2, \cdots$ のうち少なくとも一つの事象が起こる確率は，各事象の起こる確率の和で表わされるという意味である．これは $A_1, A_2, \cdots$ が有限個の場合をもふくんでいる．すなわち $n<i$ に対し $A_i=\phi$ とおけば (iii) より

$$\mathrm{P}\left(\bigcup_{i=1}^{n}A_i\right)=\sum_{i=1}^{n}\mathrm{P}(A_i).$$

(3)　上の結果は通常**確率の加法定理**と呼ばれるもので，ここでは証明なしに公理的に与えられた性質であるが，上の3条件があればいろいろの確率の結果が導かれる．たとえば次の一般化された加法定理も示される.

$$\mathrm{P}(A \cup B)=\mathrm{P}(A)+\mathrm{P}(B)-\mathrm{P}(A \cap B).$$

以上により今後，確率について考えるときは，理論的にはまずそれに対し空間 $\Omega$ を定め，その部分集合よりなる $\sigma$-集合体 $\mathfrak{A}$ を決め，その集合体に属する任意の集合に対し上のよ

うな確率 P が定義されなければならないことになる．この $\Omega, \mathfrak{A}, \mathrm{P}$ をまとめて $(\Omega, \mathfrak{A}, \mathrm{P})$ と書き，これを**確率空間**という．

**例1.** ある試行の起こり得る結果の数が有限個または可付番無限個の場合の確率空間を定めよ．

**解**　$\Omega=\{\omega_1, \omega_2, \cdots, \omega_n, \cdots\}$ とおく．

$\sigma$-集合体 $\mathfrak{A}$ としては $\Omega$ のすべての部分集合（空集合 $\phi$ をふくむ）よりなる集合族を考える．次に確率Pは次のように定義する．

$$\mathrm{P}(\omega_i)=p_i, \quad p_i \geqq 0, \quad \sum_{i=1}^{\infty} p_i=1$$

なる数列 $\{p_i\}$ を与える．

$\mathfrak{A}$ に属する任意の集合

$$A=\{\omega_{i_1},\ \omega_{i_2},\ \cdots,\ \omega_{i_k}\}$$

に対しては　$\mathrm{P}(A)=\sum_{l=1}^{k} p_{i_l}$ とし，特に $\mathrm{P}(\phi)=0$ とする．

このように定義された $\mathrm{P}(A)$ は上の条件（i）～(iii) をみたすこと明らかである．よって，この $\mathrm{P}(A)$ は $A$ が起こる確率ということができる．

**注意**　（1） 試行により起こり得るすべての結果の数が有限であり，しかも各結果が同じ程度に起こると期待される場合は，これをモデル化して

$$p_1=p_2=\cdots=p_n=\frac{1}{n}$$

とし，事象 $A=(\omega_{i_1}, \cdots, \omega_{i_k})$ が起こる確率は

$$\mathrm{P}(A)=\sum_{l=1}^{k} p_{i_l}=\frac{k}{n}$$

となり，いわゆる古来から用いられている**数学的確率**となるわけである．

（2） 試行の結果が有限個または可付番無限個の場合（これを**離散型**の場合ということにする）は，特に確率空間を定めるほどのことはないから，確率とは次のようなものであるといって差支えないことになる．

いま試行の結果どれかが，ただ1度だけ起こるような，すべての事象を $A_1, A_2, \cdots$ とする．これらの事象の集合を**完全事象系**ともいう．また

$p_i \geqq 0\ (i=1, 2, \cdots)$，$\sum_i p_i=1$ をみたす数列 $\{p_i\}$ があって，事象 $A_i$ に $p_i$ を一意的に対応させたとき，この $p_i$ を事象 $A_i$ の起こる確率といい，これを $\mathrm{P}(A_i)=p_i$ と書く．

（3） 離散型でない場合にはちょっと面倒な問題が起こる．詳しくは確率論の著書に譲ることにして，ここでは直線上に確率を導入する要領を述べよう．

まず $\Omega$ としては $R=(-\infty, \infty)$ を考える．$\sigma$-集合体としては**ボレル集合体**を考える．ここにボレル集合体とは，区間に始まり区間の間に $\cup, \cap, -, c$ の集合演算を可付番無限回施して得られる集合のすべてをふくむ最小の $\sigma$-集合体のことである．このボレル集合体の

要素（これをボレル集合という）に確率を定義するわけである．それには区間にだけ対応して確率を定義しておけばよいということが厳密に証明されている．そこで区間 $(a, b)$ に対して通常次のように関数 $f(x)$ を与えて

$$\mathrm{P}\{(a, b)\} = \int_a^b f(x)\,dx$$

なるような面積の値を対応させて，確率を与える．ここに $f(x)$ については

$$f(x) \geqq 0, \quad \int_{-\infty}^{\infty} f(x)\,dx = 1$$

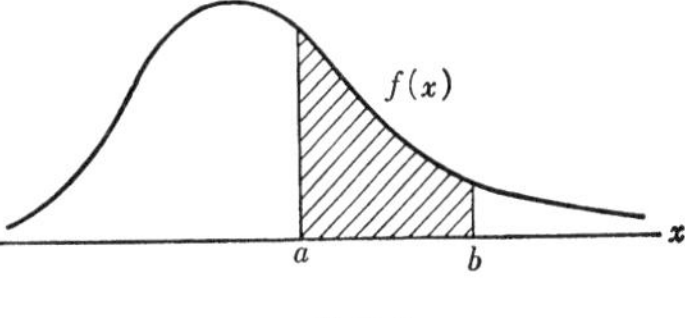

図 1.2

をみたしているものとする．上の条件をみたす関数 $f(x)$ の与え方により，いろいろの確率が実数軸上に導入できるわけである．

**例 2.**　次の結果を証明せよ．

（1）　$\mathrm{P}(A) \leqq 1$.

（2）　$\mathrm{P}(A \cup B) = \mathrm{P}(A) + \mathrm{P}(B) - \mathrm{P}(A \cap B)$.

**証明**　（1）　$\Omega = A \cup A^c, \quad A \cap A^c = \phi$.

よって（iii）より

$$\mathrm{P}(\Omega) = \mathrm{P}(A \cup A^c) = \mathrm{P}(A) + \mathrm{P}(A^c).$$

（ii）　より　$\mathrm{P}(A) + \mathrm{P}(A^c) = \mathrm{P}(\Omega) = 1.$

$$\mathrm{P}(A) = 1 - \mathrm{P}(A^c).$$

ところが（i）より　$\mathrm{P}(A^c) \geqq 0.$

ゆえに　$\mathrm{P}(A) \leqq 1.$

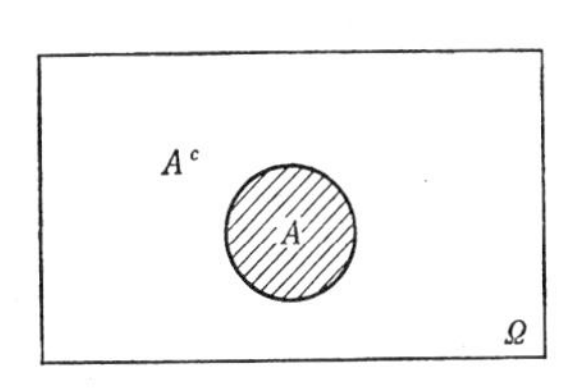

図 1.3

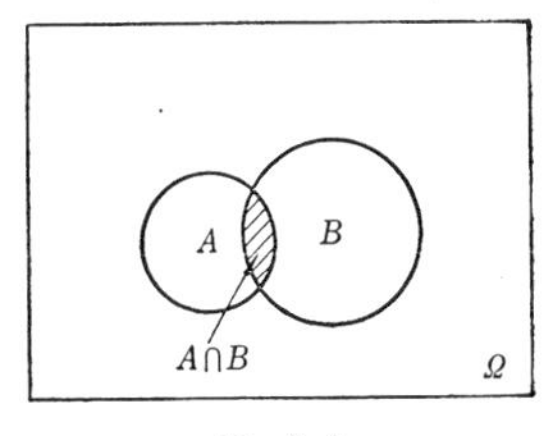

図 1.4

（2）　$A \cup B = A \cup (A^c \cap B)$.

また　$A \cap (A^c \cap B) = \phi$.

よって（iii）より

$$\mathrm{P}(A \cup B) = \mathrm{P}\{A \cup (A^c \cap B)\} = \mathrm{P}(A) + \mathrm{P}(A^c \cap B).$$

ところが　$B = (A \cap B) \cup (A^c \cap B)$,

$$(A \cap B) \cap (A^c \cap B) = \phi.$$

よって (iii) より

$$\mathrm{P}(B)=\mathrm{P}(A\cap B)+\mathrm{P}(A^c\cap B).$$

これより
$$\mathrm{P}(A^c\cap B)=\mathrm{P}(B)-\mathrm{P}(A\cap B).$$

よって
$$\mathrm{P}(A\cup B)=\mathrm{P}(A)+\mathrm{P}(B)-\mathrm{P}(A\cap B).$$

## 1.2 確率変数，確率分布

確率変数 $X$ とは偶然性に支配されて，いろいろの実数値をとる変数とでもいえるが，これは数学的には普通次のように定義されている．

まず確率空間を $(\Omega, \mathfrak{A}, \mathrm{P})$ とおく．$\Omega$ の上で定義された実数値関数 $X(\omega)$, $(\omega\in\Omega)$ が次の条件

任意の実数 $x$ に対し $X(\omega)\leqq x$ をみたす $\omega$ の集合が常に $\sigma$-集合体 $\mathfrak{A}$ に属する．すなわち

$$\{\omega;\ X(\omega)\leqq x\}\in\mathfrak{A}$$

をみたすとき，この $X(\omega)$ を**確率変数** (random variable) という．なお確率変数 $X(\omega)$ を略して r. v. $X$ と書くことがある．特に普通の変数 $x$ と区別して大文字 $X$ を使うことが多い．

集合 $\{\omega;\ X(\omega)\leqq x\}$ は $\mathfrak{A}$ に属しているから，それに対する確率は与えられるわけである．それを

$$\mathrm{P}(X\leqq x)=\mathrm{P}\{\omega;\ X(\omega)\leqq x\}=F(x)$$

と書き，これを r.v. $X$ の**分布関数** (distribution function) という．これを略記して d.f. $F(x)$ と書くことがある．

r.v. $X$ がとる値を支配する偶然性はある確率法則により規定される．その確率法則を**確率分布**ということにする．この確率分布は上の分布関数で表わされていることになる．すなわち分布関数 $F(x)$ が与えられていれば，r.v. $X$ が，たとえば区間 $(a, b]$ ($a<x\leqq b$ をみたす $x$ の集合) 内のどれかの $x$ の値をとる確率が，分布関数で次のように表わされる．

$$\mathrm{P}(a<X\leqq b)=F(b)-F(a).$$

**注意** (1) 区間 $(a, b]$ に対する確率の与え方さえ規定すれば，r.v. $X$ がこの直線上の任意のボレル集合 $A$ に属する確率 $\mathrm{P}(X\in A)$ は一意的に定まることが確率論で知られている．この意味で r.v. $X$ のとる値を支配する偶然性を規定するには，任意の $a, b$ ($a<b$) に対し $\mathrm{P}(a<X\leqq b)$ を規定すればよいことになる．

(2) 分布関数 $F(x)$ には次の性質がある．

(i) $F(x)$ は非減少関数である．

(ii) $\lim_{x\to-\infty} F(x) = F(-\infty) = 0, \quad \lim_{x\to\infty} F(x) = F(+\infty) = 1.$

(iii) 右連続である．

r.v. $X$ の確率分布は上のように分布関数 $F(x)$ で一般的には表わされるが，その r.v. $X$ のとり得る値が離散的（とり得る値が多くとも可付番無限個のとき）か，そうでないかにより区別して確率分布を使い易いように具体的に表わされることが多い．

**(a) 離散型確率分布**

$$\mathrm{P}(X = x_i) = p_i, \quad (i=1, 2, \cdots),$$

ここに

$$p_i \geqq 0, \quad \sum_{i=1}^{\infty} p_i = 1.$$

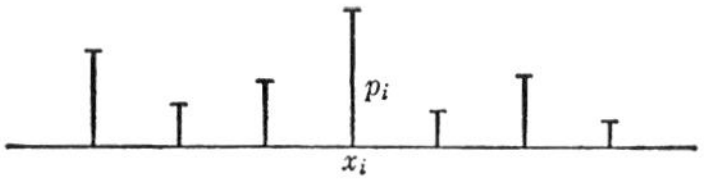

図 1.5

このとき

$$\mathrm{P}(a \leqq X \leqq b) = \sum_{\{i;\ (a\leqq x_i \leqq b)\}} p_i, \quad (\textstyle\sum \text{ は } a \leqq x_i \leqq b \text{ をみたす } i$$

についてのみの $p_i$ の和を表わす)．

**例 1.** r.v. $X$ の確率分布が

$$\begin{cases} \mathrm{P}(X = -2) = 1/3, \\ \mathrm{P}(X = 0) = 1/4, \\ \mathrm{P}(X = 1) = a \end{cases}$$

なるとき，次の値を求めよ．

(1) $a$. (2) $\mathrm{P}(X = -1)$. (3) $\mathrm{P}(-2 \leqq X \leqq 0)$.

(4) $\mathrm{P}(X^2 - X - 2 < 0)$. (5) $\mathrm{P}(6X^2 + 7X - 3 > 0)$.

**解** (1) $a = 1 - \dfrac{1}{3} - \dfrac{1}{4} = \dfrac{5}{12}.$

(2) 0.

(3) $\mathrm{P}(-2 \leqq X \leqq 0) = \mathrm{P}(X=-2) + \mathrm{P}(X=0) = \dfrac{1}{3} + \dfrac{1}{4} = \dfrac{7}{12}.$

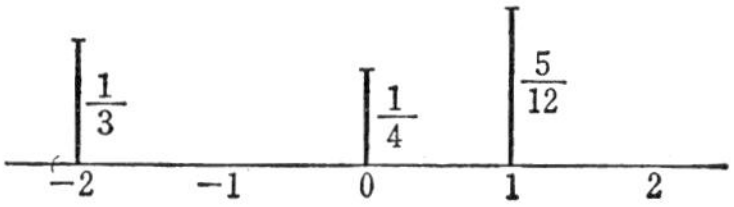

図 1.6

(4) $\mathrm{P}(X^2 - X - 2 < 0) = \mathrm{P}\{(X-2)(X+1) < 0\} = \mathrm{P}(-1 < X < 2) = \dfrac{2}{3}.$

(5) $\mathrm{P}(6X^2 + 7X - 3 > 0) = \mathrm{P}\left(X < -\dfrac{3}{2},\ \dfrac{1}{3} < X\right) = \dfrac{3}{4}.$

**例 2.**　r.v. $X$ の確率分布が次の形で与えられるとき $a$ の値を求めよ．

（1）　$P(X=r)=a/3^r,\qquad (r=0,1,2,\cdots)$．

（2）　$P(X=r)=a\cdot 2^r/r!,\quad (r=0,1,2,\cdots)$．

**解**　（1）　$\sum_{r=0}^{\infty} a/3^r=1$　より　$\dfrac{3a}{2}=1$，　よって　$a=\dfrac{2}{3}$．

（2）　$\sum_{r=0}^{\infty} a\cdot 2^r/r!=a\sum_{r=0}^{\infty} 2^r/r!=a\cdot e^2=1$　より　$a=e^{-2}$．

**例 3.**　例 1 の確率分布をもつ r.v. $X$ の分布関数 $F(x)$ の式とグラフを求めよ．

**解**

$$F(x)=\begin{cases}0, & (x<-2),\\ \dfrac{1}{3}, & (-2\leqq x<0),\\ \dfrac{7}{12}, & (0\leqq x<1),\\ 1, & (1\leqq x).\end{cases}$$

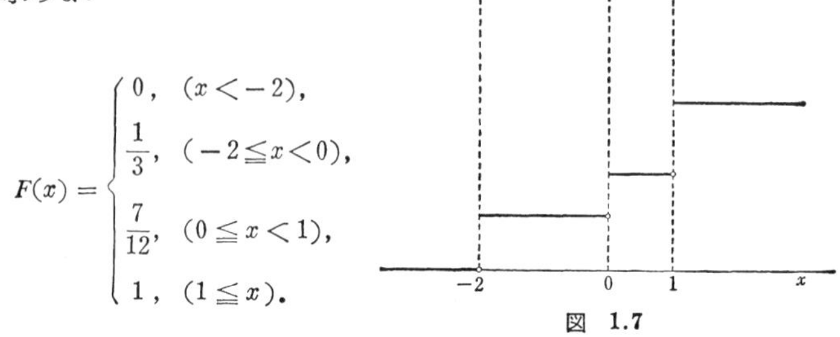


図 1.7

**例 4.**　r.v. $X$ が分布関数

$$F(x)=\begin{cases}0, & (x<-1),\\ 1/5, & (-1\leqq x<1),\\ 3/5, & (1\leqq x<2),\\ 1, & (2\leqq x),\end{cases}$$

をもつとき，右の値を求めよ．

（1）　$P(X=0)$．
（2）　$P(|X|\leqq 1)$．
（3）　$P(2X-3>0)$．
（4）　$P(X^2>2)$．

**解**　（1）　$P(X=0)=0$．

（2）　$P(|X|\leqq 1)=P(-1\leqq X\leqq 1)=F(1)-F(-1-0)=\dfrac{3}{5}-0=\dfrac{3}{5}$．

（3）　$P(2X-3>0)=P\left(X>\dfrac{3}{2}\right)=F(+\infty)-F\left(\dfrac{3}{2}\right)=1-\dfrac{3}{5}=\dfrac{2}{5}$．

（4）　$P(X^2>2)=P(X<-\sqrt{2},\ X>\sqrt{2})$

$$=P(X<-\sqrt{2})+P(X>\sqrt{2})$$

$$=F(-\sqrt{2}-0)-F(-\infty)+F(+\infty)-F(\sqrt{2})=\frac{2}{5}.$$

### (b) 連続型確率分布

任意の $a, b$ $(a<b)$ に対し

$$\mathrm{P}(a \leqq X \leqq b) = \int_a^b f(x)dx,$$

$$\left(f(x) \geqq 0, \quad \int_{-\infty}^{\infty} f(x)dx = 1\right)$$

なる $f(x)$ が存在するとき，この確率分布を**連続型確率分布**という．

またこの $f(x)$ を**確率密度関数** (probability density function) といい，p.d.f. $f(x)$ と略記することがある．

**注意** (1) 連続型確率分布をもつ r.v. $X$ については，$X$ がただ一つの値をとる確率は 0 と規定する．すなわち任意の実数に対し $\mathrm{P}(X=a)=0$.
このことから $\mathrm{P}(a \leqq X \leqq b)$ の値は等号をはずしても確率の値は変わらない．

(2) 離散型，連続型以外に混合型とでもいうようなものが考えられる．

**例 1.** r.v. $X$ が p.d.f.

$$f(x) = \begin{cases} a(x-x^2), & (0 \leqq x \leqq 1), \\ 0 & , (\text{その他}) \end{cases}$$

をもつとき，次の値を求めよ．

(1) $a$.　　　(2) $\mathrm{P}(0 \leqq X \leqq 1/3)$.

**解** (1) $\displaystyle\int_0^1 a(x-x^2)dx$

$$= a\left[\frac{x^2}{2} - \frac{x^3}{3}\right]_0^1$$

$$= \frac{a}{6} = 1 \quad \text{より} \quad a = 6.$$

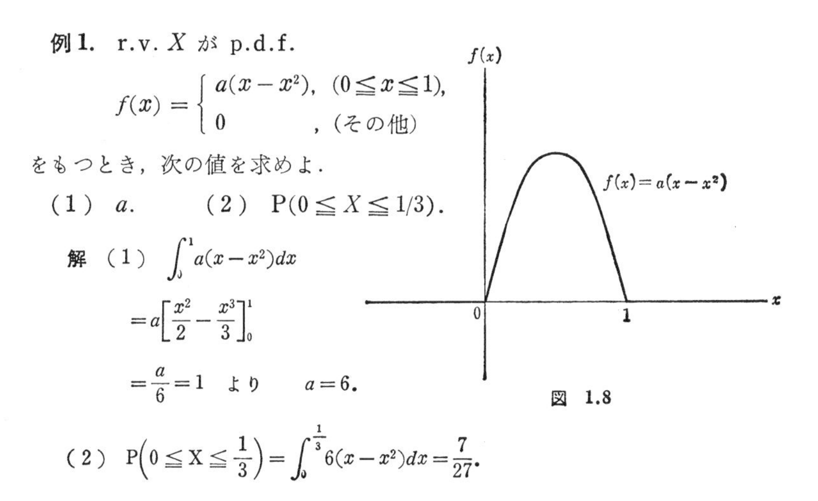


図 1.8

(2) $\mathrm{P}\left(0 \leqq \mathrm{X} \leqq \dfrac{1}{3}\right) = \displaystyle\int_0^{\frac{1}{3}} 6(x-x^2)dx = \frac{7}{27}.$

**例 2.** 次の関数 $f(x)$ が確率密度関数であるとき，定数 $a$ の値を求めよ．

(1) $f(x) = \begin{cases} a, & (-1 \leqq x \leqq 2), \\ 0, & (\text{その他}). \end{cases}$

(2) $f(x) = \begin{cases} ae^{-2x}, & (x \geqq 0), \\ 0 & , (x<0). \end{cases}$

（3）　$f(x)=\begin{cases} axe^{-x/2}, & (x \geqq 0), \\ 0 \quad , & (x<0). \end{cases}$

（4）　$f(x)=ae^{-x^2}, \quad (-\infty<x<\infty).$

**解**（1）　$a=1/3.$

（2）　$\int_0^\infty ae^{-2x}\,dx=1$　より　$a=2.$

（3）　$\int_0^\infty axe^{-\frac{x}{2}}\,dx=1$　より　$a=1/4.$

（4）　$\int_{-\infty}^\infty ae^{-x^2}\,dx=a\int_{-\infty}^\infty e^{-x^2}\,dx=1.$

ところが　$\int_{-\infty}^\infty e^{-x^2}\,dx=\sqrt{\pi}.$　（微積分の著書参照）

よって　　　$a=1/\sqrt{\pi}.$

**例 3.**　例1の r.v. $X$ の分布関数 $F(x)$ の式とグラフを求めよ．

**解**

$$F(x)=\begin{cases} 0, & (x<0), \\ 3x^2-2x^3, & (0 \leqq x<1), \\ 1, & (1 \leqq x). \end{cases}$$

**注意**　p.d.f. $f(x)>0$, $(a<x<b)$ なるときは分布関数 $F(x)$ との間に次の関係が存在する

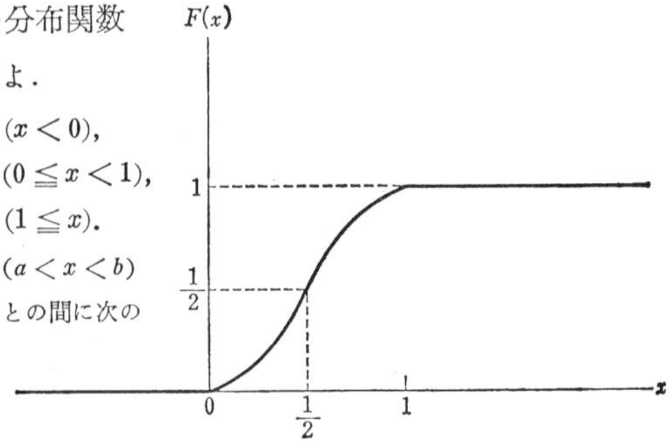

$$(\text{d.f.}\,F(x))'=\text{p.d.f.}\,f(x),\ (a<x<b).$$

図　1.9

**例 4.**　r.v. $X$ の分布関数が

$$F(x)=\begin{cases} 0, & (x<0), \\ 1-e^{-x}, & (x \geqq 0) \end{cases}$$

で与えられたとき

（1）　p.d.f. $f(x)$ を求めよ．　　（2）　$\int_0^\infty xf(x)dx$ を求めよ．

**解**（1）　$f(x)=\begin{cases} e^{-x}, & (x \geqq 0), \\ 0, & (\text{その他}). \end{cases}$　　（2）　$\int_0^\infty xe^{-x}\,dx=1.$

**例 5.**　r.v. $X$ の分布関数が

$$F(x) = \begin{cases} 0, & (x<0), \\ 1-\dfrac{1}{2}e^{-2x}, & (x\geqq 0) \end{cases}$$

なるとき，次の値を求めよ．

**(混合型確率分布の例)**

（1）　$\mathrm{P}(X=0)$.

（2）　$\mathrm{P}(X\geqq 1)$.

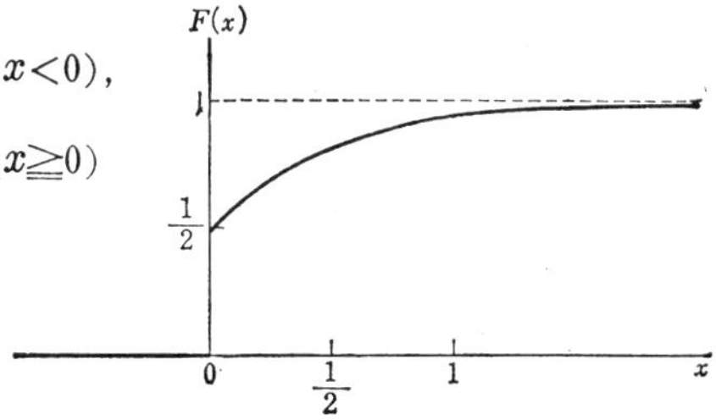

図 1.10

**解**　（1）　$\mathrm{P}(X=0)=F(0)-F(-0)=1/2.$

（2）　$\mathrm{P}(X\geqq 1)=F(\infty)-F(1)=1-\left(1-\dfrac{1}{2}e^{-2}\right)=\dfrac{1}{2}e^{-2}.$

## 1.3　確率変数の平均，分散，標準偏差

**1.3.1　平　均**　　確率変数のとる値の変動の中心的位置を示す一つのものとして，$X$の平均がとりあげられる．その確率分布が離散型，連続型等により区別して定義されるのが普通である．

**定義**（**離散型**）　r.v. $X$ の確率分布を

$$\mathrm{P}(X=x_i)=p_i \quad (i=1,2,\cdots) \quad とおくとき$$

$$\mathrm{E}(x)=x_1p_1+x_2p_2+\cdots=\sum_i x_ip_i$$

を r.v. $X$ の**平均**（平均値または期待値；mean value, expectation）といい，これを $\mathrm{E}(X)$ と書くことにする．

また同様に　$\mathrm{E}(X^2)=\sum_i x_i^2p_i,$　　$\mathrm{E}(aX+b)=\sum_i(ax_i+b)p_i.$

一般に関数 $\varphi(x)$ を考えたとき，r.v. $\varphi(X)$ についての平均は

$$\mathrm{E}(\varphi(X))=\sum_i \varphi(x_i)p_i$$

というように定義しておく．

**注意**　（1）　平均の定義中の右辺の $\sum_i$ はそれが無限級数のときは，絶対収束するという条件下に定義されるのが普通である．

（2）　関数 $\varphi(x)$ としては，$\varphi(X)$ が確率変数であるような条件が必要になる．たとえば $\varphi(x)$ が連続関数であれば，$\varphi(X)$ もまた確率変数となる．

**定義（連続型）**　r.v. $X$ が p.d.f. $f(x)$ をもつとき

$$\mathrm{E}(X)=\int_{-\infty}^{\infty}xf(x)dx$$

をもって，$X$ の平均という．

一般に

$$\mathrm{E}(\varphi(X))=\int_{-\infty}^{\infty}\varphi(x)f(x)dx$$

をもって，$\varphi(X)$ の平均という．

ただし右辺の積分については

$$\int_{-\infty}^{\infty}|x|f(x)dx<\infty,\qquad \int_{-\infty}^{\infty}|\varphi(x)|f(x)dx<\infty$$

の条件が仮定される．$\varphi(x)$ は連続関数と仮定されるのが普通である．

**例 1.**　r.v. $X$ の確率分布が

$$\mathrm{P}(X=-1)=\frac{1}{4},\qquad \mathrm{P}(X=1)=\frac{1}{2},\qquad \mathrm{P}(X=2)=\frac{1}{4}$$

なるとき　$\mathrm{E}(X)$，$E(1-2X)$，$E(X^2)$ を求めよ．

**解**　$\mathrm{E}(X)=-1\times\frac{1}{4}+1\times\frac{1}{2}+2\times\frac{1}{4}=\frac{3}{4}$,

$$\mathrm{E}(1-2X)=\{1-2\times(-1)\}\times\frac{1}{4}+(1-2\times1)\times\frac{1}{2}+(1-2\times2)\times\frac{1}{4}$$
$$=-\frac{1}{2},$$
$$\mathrm{E}(X^2)=(-1)^2\times\frac{1}{4}+1^2\times\frac{1}{2}+2^2\times\frac{1}{4}=\frac{7}{4}.$$

**例 2.**　r.v. $X$ の p.d.f. $f(x)=e^{-x}$ $(x\geqq0)$;　$=0$ $(x<0)$ なるとき　$\mathrm{E}(X)$,　$\mathrm{E}(X^2)$　を求めよ．

**解**　$\mathrm{E}(X)=\int_{-\infty}^{\infty}xf(x)dx=\int_0^{\infty}xe^{-x}\,dx=\Big[-xe^{-x}\Big]_0^{\infty}+\int_0^{\infty}e^{-x}\,dx=1,$

$$\mathrm{E}(X^2)=\int_{-\infty}^{\infty}x^2f(x)dx=\int_0^{\infty}x^2e^{-x}\,dx=2.$$

**例 3.**　1 箇月に機械 $k$ 台が故障する確率は　$p_k=e^{-2}2^k/k!$　$(k=0,1,2,\cdots)$ とみなせることが資料をしらべてわかっていたとする．機械 1 台故障すると 3 万円の損害が見込まれるとするとき，1 箇月の平均損害はどれほどか．

**解** 1箇月の損害を $X$ 万円とおくと，この r.v. $X$ の確率分布は

$$\mathrm{P}(X=3k)=e^{-2}2^k/k! \quad (k=0,1,2,\cdots).$$

ゆえに平均

$$\mathrm{E}(X)=\sum_{k=0}^{\infty}3ke^{-2}2^k/k!=3e^{-2}\left(2+2^2+\frac{2^3}{2!}+\frac{2^4}{3!}+\cdots\right)$$

$$=6e^{-2}\left(1+2+\frac{2^2}{2!}+\frac{2^3}{3!}+\cdots\right)=6e^{-2}\cdot e^2=6 \quad (\text{万円}).$$

**例 4.** ある機械が動き始めてから故障を起こすまでの時間を $X$ とする．その $X$ の確率密度関数 $f(x)$ は

$$f(x)=\begin{cases}2e^{-2x}, & (x\geqq 0),\\ 0, & (x<0)\end{cases}$$

とする．(時間単位 (月) とする) 動き始めてからおよそ何箇月後に故障が起こるだろうか．

**解** およそ何箇月後とは平均 $\mathrm{E}(X)$ を求めればよいとしよう．

$$\mathrm{E}(X)=\int_0^{\infty}x\cdot 2e^{-2x}\,dx=\frac{1}{2}, \quad (\text{半月後}).$$

### 1.3.2 分散，標準偏差

確率変数 $X$ のとる値の変動のバラツキをみる一つの尺度として分散 (variance) $\mathrm{V}(X)$ または標準偏差 (standard deviation) $\mathrm{D}(X)$ がよく用いられている．

**定 義**

$$\mathrm{V}(X)=\mathrm{E}\{(X-\mathrm{E}(X))^2\}, \qquad \mathrm{D}(X)=\sqrt{\mathrm{V}(X)}.$$

分散 $\mathrm{V}(X)$ の計算には定義によるよりは，次のように変形された結果がよく用いられる．もちろん平均，分散等の存在の仮定が前提条件である．

**定理 1.1** $\mathbf{V}(X)=\mathbf{E}(X^2)-\{\mathbf{E}(X)\}^2$.

**証明** 離散型の場合についてのみ証明しよう (他も同様).

r.v. $X$ の確率分布を

$$\mathrm{P}(X=x_i)=p_i \quad (i=1,2,\cdots) \quad \text{とし，} \mathrm{E}(X)=\mu \text{ とおく．}$$

$$\mathrm{V}(X)=\mathrm{E}\{(X-\mathrm{E}(X))^2\}=\mathrm{E}\{(X-\mu)^2\}=\sum_i(x_i-\mu)^2p_i$$

$$=\sum_i(x_i^2-2\mu x_i+\mu^2)p_i=\sum_i x_i^2p_i-2\mu\sum_i x_ip_i+\mu^2\sum_i p_i$$

$$=\mathrm{E}(X^2)-\mu^2=\mathrm{E}(X^2)-\{\mathrm{E}(X)\}^2.$$

その他計算上しばしば用いられる諸公式を列挙しておこう．最後に平均か

らのくるいを見積るときに役立つチェビシェフ (Tchebyschev) の不等式をあげておこう.

**定理 1.2**　　$1^0$. $\mathbf{E}(aX+b)=a\mathbf{E}(X)+b$.

$2^0$. $\mathbf{V}(aX+b)=a^2\mathbf{V}(X)$.

$3^0$. $\mathbf{D}(aX+b)=|a|\mathbf{D}(X)$.

**証明** (離散型のみ) $1^\circ$. $\mathrm{E}(aX+b)=\sum_i (ax_i+b)p_i=a\sum_i x_ip_i+b\sum_i p_i$

$$=a\mathrm{E}(X)+b.$$

$2^\circ$. $\mathrm{V}(aX+b)=\mathrm{E}[\{(aX+b)-\mathrm{E}(aX+b)\}^2]=\mathrm{E}\{(aX+b-a\mathrm{E}(X)-b)^2\}$

$$=\mathrm{E}[a^2\{X-\mathrm{E}(X)\}^2]=a^2\mathrm{E}[\{X-\mathrm{E}(X)\}^2]=a^2\mathrm{V}(X).$$

$3^\circ$. $\mathrm{D}(aX+b)=\sqrt{\mathrm{V}(aX+b)}=\sqrt{a^2\mathrm{V}(X)}=|a|\mathrm{D}(X)$.

**定理 1.3** $X$ を有限な平均 $\mu$, 分散 $\sigma^2$ ($\neq 0$) をもった確率変数とすれば任意の $k>0$ に対し

$$\mathbf{P}(|X-\mu|\geqq k\sigma)\leqq\frac{1}{k^2}.$$

**証明** 連続型の場合についてのみ証明しよう (他も同様).

r.v. $X$ が p.d.f. $f(x)$ をもっていたとする.

$\mathrm{E}(X)=\mu,\quad \mathrm{D}(X)=\sigma\neq 0$ とおく.

$$\sigma^2=\int_{-\infty}^{\infty}(x-\mu)^2f(x)\,dx=\int_{|x-\mu|\geqq k\sigma}(x-\mu)^2f(x)\,dx+\int_{|x-\mu|<k\sigma}(x-\mu)^2f(x)\,dx$$

$$\geqq\int_{|x-\mu|\geqq k\sigma}(x-\mu)^2f(x)\,dx\geqq k^2\sigma^2\int_{|x-\mu|\geqq k\sigma}f(x)\,dx=k^2\sigma^2\mathrm{P}(|X-\mu|\geqq k\sigma).$$

よって　$$\mathrm{P}(|X-\mu|\geqq k\sigma)\leqq\frac{1}{k^2},\qquad (k>0).$$

**例 1.** r.v. $X$ の分布関数 $F(x)$ が

$$F(x)=\begin{cases}0, & (x<-1),\\ \dfrac{1}{4}, & (-1\leqq x<1),\\ \dfrac{3}{4}, & (1\leqq x<2),\\ 1, & (2\leqq x)\end{cases}$$

なるとき，次の問に答えよ．

（1） $\mathrm{E}(X)$，$\mathrm{V}(X)$，$\mathrm{D}(X)$ を求めよ．

（2） $\mathrm{E}(1+2X)$，$\mathrm{V}(3-2X)$，$\mathrm{D}\left(\dfrac{1-X}{2}\right)$ を求めよ．

（3） $\mathrm{E}(aX+b)=0$，$\mathrm{V}(aX+b)=1$ なるように定数 $a(>0)$，$b$ を定めよ．

解 （1） $\mathrm{E}(X)=(-1)\times\dfrac{1}{4}+1\times\dfrac{1}{2}+2\times\dfrac{1}{4}=\dfrac{3}{4}$,

$$\mathrm{V}(X)=\mathrm{E}(X^2)-(\mathrm{E}(X))^2=(-1)^2\times\frac{1}{4}+1^2\times\frac{1}{2}+2^2\times\frac{1}{4}-\left(\frac{3}{4}\right)^2=\frac{19}{16},\quad \mathrm{D}(X)=\sqrt{\mathrm{V}(X)}=\frac{\sqrt{19}}{4}.$$

（2） $\mathrm{E}(1+2X)=1+2\mathrm{E}(X)=\dfrac{5}{2}$,　$\mathrm{V}(3-2X)=4\mathrm{V}(X)=\dfrac{19}{4}$,

$$\mathrm{D}\left(\frac{1-X}{2}\right)=\frac{1}{2}\mathrm{D}(X)=\frac{\sqrt{19}}{8}.$$

（3） $\mathrm{E}(aX+b)=a\mathrm{E}(X)+b=\dfrac{3}{4}a+b=0$,　$\mathrm{V}(aX+b)=a^2\mathrm{V}(X)=\dfrac{19}{16}a^2=1$.

これより　$a=\dfrac{4}{\sqrt{19}}$,　$b=-\dfrac{3}{\sqrt{19}}$.

**例 2.** r.v. $X$ が次の確率分布に従うとき，各問につきそれぞれ $a$, $\mathrm{E}(X)$, $\mathrm{V}(X)$, $\mathrm{D}(X)$ を求めよ．

（1） $P(X=k)=\dfrac{a\cdot\lambda^k}{k!}$,　$(k=0,1,2,\cdots)$,　($\lambda>0$ 定数)．

（2） $P(X=k)=ap^k$,　$(k=0,1,2,\cdots)$,　$(0<p<1)$.

（3） $f(x)=\begin{cases} ae^{-\lambda x}, & (x\geqq 0),\\ 0, & (x<0),\end{cases}$　$(\lambda>0)$.

（4） $f(x)=\begin{cases} a, & (k\leqq x\leqq l),\\ 0, & (\text{その他}).\end{cases}$

（5） $f(x)=ae^{-\frac{(x-\mu)^2}{2\sigma^2}}$,　$(-\infty<x<\infty)$,　$(\sigma>0)$.

（6） $f(x)=\begin{cases} ae^{-\frac{x}{2}}x^{\frac{n}{2}-1}, & (x\geqq 0),\\ 0, & (x<0),\end{cases}$　($n$ は自然数)．

解 （1） $a\displaystyle\sum_{k=0}^{\infty}\frac{\lambda^k}{k!}=ae^{\lambda}=1$　これより　$a=e^{-\lambda}$.

$$\mathrm{E}(X)=e^{-\lambda}\sum_{k=0}^{\infty}k\frac{\lambda^k}{k!}=\lambda e^{-\lambda}\left(1+\lambda+\frac{\lambda^2}{2!}+\cdots\right)=\lambda,$$

$$\begin{aligned}\mathrm{V}(X)&=e^{-\lambda}\sum_{k=0}^{\infty}k^2\frac{\lambda^k}{k!}-\lambda^2=e^{-\lambda}\left(\lambda+2\lambda^2+\frac{3\lambda^3}{2!}+\frac{4\lambda^4}{3!}+\cdots\right)-\lambda^2\\&=e^{-\lambda}\left\{\lambda\left(1+\lambda+\frac{\lambda^2}{2!}+\cdots\right)+\lambda^2\left(1+\lambda+\frac{\lambda^2}{2!}+\cdots\right)\right\}-\lambda^2\\&=e^{-\lambda}\cdot e^{\lambda}(\lambda+\lambda^2)-\lambda^2=\lambda,\end{aligned}$$

$$\mathrm{D}(X)=\sqrt{\lambda}.$$

(2)　$a\sum_{k=0}^{\infty}p^k=\dfrac{a}{1-p}=1$　より　$a=1-p,$

$$\mathrm{E}(X)=(1-p)\sum_{k=0}^{\infty}kp^k=\frac{p}{1-p},$$

$$\mathrm{V}(X)=(1-p)\sum_{k=0}^{\infty}k^2p^k-\left(\frac{p}{1-p}\right)^2=\frac{p+p^2}{(1-p)^2}-\frac{p^2}{(1-p)^2}=\frac{p}{(1-p)^2},$$

$$\mathrm{D}(X)=\frac{\sqrt{p}}{1-p}.$$

(3)　$\displaystyle\int_0^{\infty}ae^{-\lambda x}\,dx=\frac{a}{\lambda}=1$　より　$a=\lambda,$

$$\mathrm{E}(X)=\lambda\int_0^{\infty}xe^{-\lambda x}\,dx=\frac{1}{\lambda},\ \ \mathrm{V}(X)=\lambda\int_0^{\infty}x^2e^{-\lambda x}\,dx-\frac{1}{\lambda^2}=\frac{1}{\lambda^2},\ \ \mathrm{D}(X)=\frac{1}{\lambda}.$$

(4)　$a=\dfrac{1}{l-k},\qquad \mathrm{E}(X)=\dfrac{1}{l-k}\displaystyle\int_k^l xdx=\dfrac{l+k}{2},$

$$\mathrm{V}(X)=\frac{1}{l-k}\int_k^l x^2dx-\left(\frac{l+k}{2}\right)^2=\frac{(l-k)^2}{12},\qquad \mathrm{D}(X)=\frac{l-k}{2\sqrt{3}}.$$

(5)　$\displaystyle a\int_{-\infty}^{\infty}e^{-\frac{(x-\mu)^2}{2\sigma^2}}dx=a\int_{-\infty}^{\infty}e^{-t^2}\sqrt{2}\,dt,$　$\left(変数変換\dfrac{x-\mu}{\sqrt{2}\sigma}=t\ を用いて\right)$

$=\sqrt{2}\sigma a\sqrt{\pi},$　$\left(\displaystyle\int_{-\infty}^{\infty}e^{-t^2}dt=\sqrt{\pi}\ を用いて\right)$

$=1$　　より　　$a=1/\sqrt{2\pi}\sigma.$

$$\mathrm{E}(X)=\int_{-\infty}^{\infty}xe^{-\frac{(x-\mu)^2}{2\sigma^2}}dx=\frac{1}{\sqrt{2\pi}\sigma}\int_{-\infty}^{8}(t+\mu)e^{-\frac{t^2}{2\sigma^2}}dt,$$ $(x-\mu=t$ とおいて$)$.

$\displaystyle\int_{-\infty}^{\infty}te^{-\frac{t^2}{2\sigma^2}}dt=0,\quad \frac{1}{\sqrt{2\pi}\sigma}\int_{-\infty}^{\infty}e^{-\frac{t^2}{2\sigma^2}}dt=1$　を用いて　　$\mathrm{E}(X)=\mu.$

$$\mathrm{V}(X)=\frac{1}{\sqrt{2\pi}\sigma}\int_{-\infty}^{\infty}(x-\mu)^2e^{-\frac{(x-\mu)^2}{2\sigma^2}}dx=\frac{2\sigma^2}{\sqrt{\pi}}\int_{-\infty}^{\infty}t^2e^{-t^2}dt,$$

$\left(\dfrac{x-\mu}{\sqrt{2}\sigma}=t\ とおいて\right).$

$$=\frac{2\sigma^2}{\sqrt{\pi}}\left\{\left[-te^{-t^2}\right]_0^\infty+\int_0^\infty e^{-t^2}dt\right\}=\sigma^2,\qquad \mathrm{D}(X)=\sigma.$$

（6）$\displaystyle\int_0^\infty ae^{-\frac{x}{2}}x^{\frac{n}{2}-1}dx=a2^{\frac{n}{2}}\int_0^\infty t^{\frac{n}{2}-1}e^{-t}dt$，$\left(\dfrac{x}{2}=t\right.$ とおいて$\left.\right)$

$$=a2^{\frac{n}{2}}\Gamma\left(\frac{n}{2}\right)=1 \quad \text{より} \quad a=\frac{1}{2^{n/2}\Gamma(n/2)}.$$

ここに　$\Gamma(m)=\displaystyle\int_0^\infty x^{m-1}e^{-x}dx$　はガンマ関数と呼ばれ，次の性質をもっている．

$$\Gamma(m)=(m-1)\Gamma(m-1),\qquad \Gamma(1)=1,\qquad \Gamma\left(\frac{1}{2}\right)=\sqrt{\pi}.$$

特に $m$ が正整数のときは　　$\Gamma(m)=(m-1)!$．

$$\mathrm{E}(X)=\frac{1}{2^{\frac{n}{2}}\Gamma\left(\frac{n}{2}\right)}\int_0^\infty x\cdot x^{\frac{n}{2}-1}e^{-\frac{x}{2}}dx=\frac{1}{2^{\frac{n}{2}}\Gamma\left(\frac{n}{2}\right)}$$

$$\cdot\int_0^\infty x^{\frac{n}{2}}e^{-\frac{x}{2}}dx=\frac{2^{\frac{n}{2}+1}\Gamma\left(\frac{n}{2}+1\right)}{2^{\frac{n}{2}}\Gamma\left(\frac{n}{2}\right)}=n,$$

$$\mathrm{V}(X)=\frac{1}{2^{\frac{n}{2}}\Gamma\left(\frac{n}{2}\right)}\int_0^\infty x^2\cdot x^{\frac{n}{2}-1}e^{-\frac{x}{2}}dx-n^2=\frac{2^{\frac{n}{2}+2}\Gamma\left(\frac{n}{2}+2\right)}{2^{\frac{n}{2}}\Gamma\left(\frac{n}{2}\right)}-n^2$$

$$=n(n+2)-n^2=2n,$$

$$\mathrm{D}(X)=\sqrt{2n}.$$

**1.3.3　分布関数を用いての平均 E(X) の表現**　　確率分布を離散型，連続型等に分けて表現せずに分布関数一つで表現したように，平均 E(X) 等を分布関数でまとめて表現することができる．その準備として，**リーマン・スティルチェス積分** (Riemann-Stieltjes integral) についてふれておこう．

**リーマン・スティルチェス積分**　　$g(x)$ を区間 $[a,b]$ において連続で，$F(x)$ はこの区間で非減少関数とする．区間 $[a,b]$ を $(n-1)$ 個の分点 $x_i$ $(i=1,2,\cdots,n-1)$ により，次のように $n$ 個の区間に分割したとする．

$$a=x_0<x_1<\cdots<x_{i-1}<x_i<\cdots<x_{n-1}<x_n=b.$$

次に各区間 $[x_{i-1}, x_i]$ 内に任意の1点 $\xi_i$ をとり

$$\sum_{i=1}^{n} g(\xi_i)(F(x_i) - F(x_{i-1}))$$

を考える．区間の長さ $[x_i - x_{i-1}]$ $(i=1, 2, \cdots, n)$ の最大値が0に収束するように $n \to \infty$ としたとき，上の和が区間の分割や，$\xi_i$ のとり方如何にかかわらず一つの有限確定値に収束する．この極限値を $F(x)$ に関する $g(x)$ の**リーマン・スティルチェス積分**といい，これを

$$\int_a^b g(x)dF(x)$$

で表わす．

特に $F(x)$ が離散型の確率変数の分布関数で，$x = x_i$ で飛躍 $p_i$ すなわち，$\mathrm{P}(X = x_i) = p_i \quad (i=1, 2, \cdots)$ のときは

$$\int_a^b g(x)dF(x) = \sum_i g(x_i)p_i,$$

ここに　$g(x)$ は $[a,b]$ で連続関数とする．

また連続型の確率変数の分布関数で，その確率密度関数を $f(x)$ とすれば

$$\int_{-\infty}^{\infty} g(x)dF(x) = \int_{-\infty}^{\infty} g(x)f(x)dx.$$

r.v. $X$ の分布関数 $F(x)$ を用いれば，r.v. $X$ が離散型，連続型を問わず

$$\mathrm{E}(X) = \int_{-\infty}^{\infty} xdF(x)$$

で定義できる．この場合でも次の条件

$$\int_{-\infty}^{\infty} |x|dF(x) < \infty$$

が仮定される．

**例 1.**

$$F(x) = \begin{cases} 0, & (x < -1), \\ \dfrac{1}{3}, & (-1 \leqq x < 0), \\ \dfrac{5}{6}, & (0 \leqq x < 2), \\ 1, & (2 \leqq x) \end{cases}$$

が与えられたとき，次の積分の値を求めよ．

（1） $\int_{-\infty}^{\infty} x dF(x)$． （2） $\int_{-\infty}^{\infty} (x^2+1) dF(x)$． （3） $\int_{-1}^{1} x dF(x)$．

**解** （1） $\int_{-\infty}^{\infty} x dF(x) = (-1)\times\frac{1}{3} + 0\times\frac{1}{2} + 2\times\frac{1}{6} = 0.$

（2） $\int_{-\infty}^{\infty} (x^2+1) dF(x) = 2\times\frac{1}{3} + 1\times\frac{1}{2} + 5\times\frac{1}{6} = 2.$

（3） $\int_{-1}^{1} x\, dF(x) = 0\times\frac{1}{2} = 0.$

**例 2.** r.v. $X$ の分布関数 $F(x)$ が

$$F(x) = \begin{cases} 0, & (x<1), \\ 1 - \frac{1}{3}e^{-3(x-1)}, & (x\geqq 1) \end{cases}$$

なるとき，（1） 平均 $\mathrm{E}(X)$，（2） 分散 $\mathrm{V}(X)$ を求めよ．

**解** （1） $\mathrm{E}(X) = \int_{-\infty}^{\infty} x\, dF(x) = 1\times\frac{2}{3} + \int_{1}^{\infty} xe^{-3(x-1)}\, dx = \frac{2}{3} + \frac{4}{9} = \frac{10}{9},$

（2） $\mathrm{V}(X) = \mathrm{E}(X^2) - \mathrm{E}^2(X) = \int_{-\infty}^{\infty} x^2 dF(x) - \frac{100}{81} = \left(\frac{2}{3} + \frac{17}{27}\right) - \frac{100}{81} = \frac{5}{81}.$

## 1.4 積率母関数

**定義**

$$g(\theta) = \mathrm{E}(e^{\theta X}), \quad (\theta \text{ は実数で } |\theta| < \delta_0)$$

を r.v. $X$ の**積率母関数** (moment generating function) といい，これを m.g.f. $g(\theta)$ と略記することがある．

上の定義では $\mathrm{E}(e^{\theta X})$ が $\theta=0$ のある近傍 $|\theta|<\delta_0$ において存在するという条件がつけられている．

r.v. $X$ の分布関数を $F(x)$ とおけば

$$\text{m.g.f. } g(\theta) = \int_{-\infty}^{\infty} e^{\theta x} dF(x).$$

また離散型，連続型の場合を分けて書けば次のようになる．

**離散型**　　確率分布を $\mathrm{P}(X = x_i) = p_i$, ($i=1, 2, \cdots$) とすれば

$$\text{m.g.f. } g(\theta) = \sum_i e^{\theta x_i} p_i.$$

**連続型**　確率密度関数を $f(x)$ とおけば

$$\text{m.g.f.}\ g(\theta)=\int_{-\infty}^{\infty}e^{\theta x}f(x)dx.$$

**定理 1.4**　$g'(0)=\mathrm{E}(X)$.

**一般に**　$g^{(r)}(0)=\mathrm{E}(X^r)$,　$(r=1,2,\cdots)$.

**証明**　(離散型)　r.v. $X$ の確率分布を

$\mathrm{P}(X=x_i)=p_i$,　$(i=1,2,\cdots,n)$　とおく.

$$\text{m.g.f.}\ g(\theta)=\sum_{i=1}^{n}e^{x_i\theta}p_i,$$

$$g'(\theta)=\sum_{i=1}^{n}\frac{d}{d\theta}(e^{x_i\theta})p_i=\sum_{i=1}^{n}x_i\,e^{x_i\theta}\,p_i,$$

$$g'(0)=\sum_{i=1}^{n}x_i\,p_i=\mathrm{E}(X).$$

このようにして一般に　$g^{(r)}(0)=\sum_{i=1}^{n}x_i{}^r p_i=\mathrm{E}(X^r)$.

注意　(1)　$n$ 次の導関数 $g^{(n)}(\theta)$ が $\theta=0$ のある近傍 $|\theta|<\delta_0$ で存在することがわかっているときは，r.v. $X$ の原点の周りの $n$ 次の積率 $\mathrm{E}(X^n)$ もまた存在して，それが $[d^n g(\theta)/d\theta^n]_{\theta=0}$ で求められることをこの定理は教えている．すなわち積率の値が $g(\theta)$ より導かれることを意味しているわけで，積率母関数の名で呼ばれる理由である．

(2)　r.v. $X$ のとる値が有限個でない場合も証明できる．

(3)　m.g.f. $g(\theta)$ が $\theta$ の次のベキ級数に展開されるとき

$$g(\theta)=a_0+a_1\theta+a_2\theta^2+\cdots\cdots$$

次のような性質がある．

$$\mathrm{E}(X^r)=r\,!\,a_r,\qquad (r=1,2,\cdots).$$

(4)　r.v. $X$ の $\mathrm{E}(X)=\mu$, $\mathrm{V}(X)=\sigma^2$ なるとき m.g.f. $g(\theta)$ は次のように書ける．

$$g(\theta)=1+\mu\theta+\frac{\mu^2+\sigma^2}{2}\theta^2+\frac{g'''(0)}{3!}\theta^3+\cdots.$$

**例 1.**　r.v. $X$ の確率分布が

$$\mathrm{P}(X=1)=p,\quad \mathrm{P}(X=0)=q=1-p,\quad (0<p<1)$$

なるとき　m.g.f. $g(\theta)$, $\mathrm{E}(X)$, $\mathrm{V}(X)$　を求めよ．

**解**　m.g.f. $g(\theta)=\mathrm{E}(e^{\theta X})=pe^{\theta}+q$,

$\mathrm{E}(X)=[g'(\theta)]_{\theta=0}=[pe^{\theta}]_{\theta=0}=p$,　$\mathrm{E}(X^2)=[g''(\theta)]_{\theta=0}=[pe^{\theta}]_{\theta=0}=p$,

$\mathrm{V}(X)=\mathrm{E}(X^2)-\mathrm{E}^2(X)=p-p^2=pq.$

**例 2.** r.v. $X$ が次の確率分布に従うとき m.g.f. $g(\theta)$, $\mathrm{E}(X)$, $\mathrm{V}(X)$ を求めよ.

(1) $\mathrm{P}(X=k)=\dfrac{2}{3^{k+1}}$,　　$(k=0,1,2,\cdots)$.

(2) $\mathrm{P}(X=k)={}_{10}C_k p^k q^{10-k}$, $0<q=1-p<1$, $(k=0,1,\cdots 10)$.

(3) $\mathrm{P}(X=k)=\dfrac{1}{e\cdot k!}$,　　$(k=0,1,2,\cdots)$.

(4) p.d.f. $f(x)=\begin{cases} 2e^{-2x}, & (x\geqq 0), \\ 0 & (x<0). \end{cases}$

(5) p.d.f. $f(x)=\begin{cases} \dfrac{1}{4}xe^{-\frac{x}{2}}, & (x\geqq 0), \\ 0 & (x<0). \end{cases}$

**解** (1) m.g.f. $g(\theta)=\sum_{k=0}^{\infty}\dfrac{2}{3^{k+1}}e^{\theta k}=\dfrac{2}{3}\dfrac{1}{1-\dfrac{e^\theta}{3}}$,　$(|\theta|<\log 3)$,

$$\mathrm{E}(X)=[g'(\theta)]_{\theta=0}=\left[\frac{2e^\theta}{(3-e^\theta)^2}\right]_{\theta=0}=\frac{1}{2},$$

$$\mathrm{E}(X^2)=\left[\frac{2(3e^\theta+e^{2\theta})}{(3-e^\theta)^3}\right]_{\theta=0}=1,\quad \mathrm{V}(X)=\mathrm{E}(X^2)-\mathrm{E}^2(X)=\frac{3}{4}.$$

(2) m.g.f. $g(\theta)=\sum_{k=0}^{10}e^{\theta k}\,{}_{10}C_k p^k q^{10-k}=\sum_{k=0}^{10}{}_{10}C_k(pe^\theta)^k q^{10-k}=(pe^\theta+q)^{10}$,

$$\mathrm{E}(X)=[g'(\theta)]_{\theta=0}=[10(pe^\theta+q)^9 pe^\theta]_{\theta=0}=10p,$$

$$\mathrm{V}(X)=g''(0)-(g'(0))^2=10pq.$$

(3) m.g.f. $g(\theta)=\sum_{k=0}^{\infty}e^{\theta k}\dfrac{1}{k!e}=\dfrac{1}{e}\sum_{k=0}^{\infty}\dfrac{(e^\theta)^k}{k!}=\dfrac{1}{e}e^{e^\theta}=e^{-(1-e^\theta)}$,

$$\mathrm{E}(X)=[g'(\theta)]_{\theta=0}=\left[\frac{1}{e}e^{e^\theta}\cdot e^\theta\right]_{\theta=0}=1,$$

$$\mathrm{E}(X^2)=\frac{1}{e}[e^{e^\theta}e^{2\theta}+e^{e^\theta}e^\theta]_{\theta=0}=2,\qquad \mathrm{V}(X)=\mathrm{E}(X^2)-\mathrm{E}^2(X)=1.$$

(4) m.g.f. $g(\theta)=2\displaystyle\int_0^\infty e^{\theta x}e^{-2x}\,dx=2\int_0^\infty e^{-(2-\theta)x}\,dx=\frac{2}{2-\theta}$,　$(|\theta|<2)$,

$$\mathrm{E}(X)=[g'(\theta)]_{\theta=0}=\frac{1}{2},\qquad \mathrm{V}(X)=\frac{1}{4}.$$

(5) m.g.f. $g(\theta)=\dfrac{1}{4}\displaystyle\int_0^\infty e^{\theta x}x\,e^{-\frac{x}{2}}\,dx=\frac{1}{4}\int_0^\infty xe^{-\left(\frac{1}{2}-\theta\right)x}\,dx=\frac{1}{(1-2\theta)^2}$,

$$\left(|\theta|<\frac{1}{2}\right).$$

$$E(X)=4, \quad V(X)=8.$$

**例 3.** r.v. $X$ が m.g.f. $g(\theta)$, $E(X)=\mu$, $V(X)=\sigma^2$ をもつとき, r.v. $aX+b$ の m.g.f. $\varphi(\theta)$ およびこれを用いて $E(aX+b)$, $V(aX+b)$ を求めよ.

**解**　$aX+b$ の m.g.f. $\varphi(\theta)=E\{e^{\theta(aX+b)}\}=E(e^{\theta aX}\cdot e^{\theta b})=e^{\theta b}E(e^{\theta aX})$

ところが r.v. $X$ が m.g.f. $g(\theta)$ をもつことから

$$g(\theta)=E(e^{\theta X}).$$

この $\theta$ はある範囲内の任意の実数であるから, $\theta a$ がその範囲内にある限り

$$\varphi(\theta)=e^{\theta b}g(\theta a)$$

と書ける.

$$E(aX+b)=[\varphi'(\theta)]_{\theta=0}=[be^{\theta b}g(\theta a)+e^{\theta b}ag'(\theta a)]_{\theta=0}=bg(0)+ag'(0)$$
$$=aE(X)+b=a\mu+b,$$
$$V(aX+b)=[\varphi''(\theta)]_{\theta=0}-\{[\varphi'(\theta)]_{\theta=0}\}^2=a^2V(X)=a^2\sigma^2.$$

**注意**　(1)　積率母関数 $g(\theta)$ がわかれば, 平均 $E(X)$, 分散 $V(X)$ 等は比較的簡単に求められる場合が多い. 積率母関数は各確率分布に対し独特な型をもっている. そこで積率母関数の型をみれば, その r.v. $X$ の確率分布を知ることができることが, 解析上おおいに役立つ. これは次のような定理に基づいている.

**確率変数 $X, Y$ の積率母関数が, 原点のある近傍で存在して一致するときは, $X, Y$ の分布関数は一致する.**

その他極限分布の確定にも大いに役立つ.

(2)　積率母関数の代りに分布の理論的研究には, 次のように定義される**特性関数**

$$\varphi(t)=E(e^{itX})=E(\cos tX)+iE(\sin tX) \qquad (i \text{ は虚数単位}, t \text{ は実数})$$

が用いられることが多い. この $\varphi(t)$ は積率母関数と同じような性質をもっているが, 積率母関数は存在しないこともあるが, 特性関数 $\varphi(t)$ はすべての $t$ に対し必ず存在するという強味がある. すなわち

$$|\varphi(t)|\leqq E(|e^{itX}|)=1.$$

## 1.5　特殊確率分布

### 1.5.1　二項分布

同じ条件のもとでくり返して行なわれる $n$ 回の独立試行中, ある事象 $A$ が出現する回数を $X$ とすれば, $X$ は確率変数となりその確率分布は

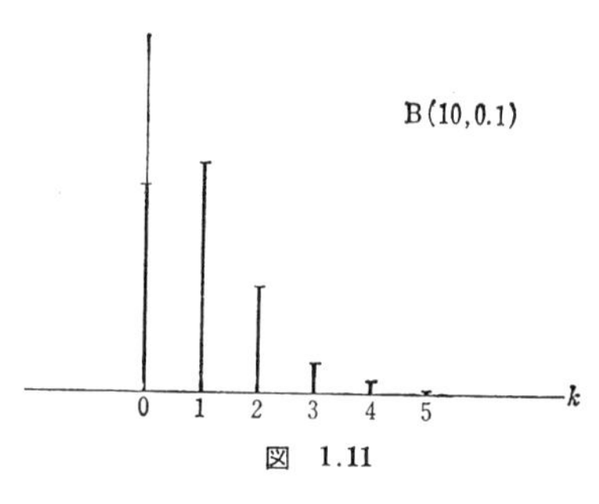


図　1.11

$$\mathrm{P}(X=k)={}_nC_kp^kq^{n-k}\quad (k=0,1,2,\cdots,n;\ 0<p<1,\ q=1-p),$$

ここに $p$ は1回のこの試行で $A$ が出現する確率を表わすものとする．

この確率分布を**二項分布** (binomial distribution) といい，$\mathrm{B}(n,p)$ と略記することがある．

**定理 1.5　二項分布 $\mathbf{B}(n,p)$ の m.g.f. $g(\theta)$, $\mathbf{E}(X)$, $\mathbf{V}(X)$, $\mathbf{D}(X)$ については**

$$\textbf{m.g.f.}\ g(\theta)=(pe^{\theta}+q)^n,$$

$$\mathbf{E}(X)=np,\ \ \mathbf{V}(X)=npq,\ \ \mathbf{D}(X)=\sqrt{npq}.$$

**証明**　$\mathrm{m.g.f}\ g(\theta)=\mathrm{E}(e^{\theta X})=\sum_{k=0}^{n}e^{\theta k}{}_nC_kp^kq^{n-k}=\sum_{k=0}^{n}{}_nC_k(pe^{\theta})^kq^{n-k}=(pe^{\theta}+q)^n,$

$\mathrm{E}(X)=[g'(\theta)]_{\theta=0}=np,\ \ \mathrm{V}(X)=g''(0)-(g'(0))^2=npq,\ \mathrm{D}(X)=\sqrt{npq}.$

**例 1.**　ある製品の山から任意に100個抜いて調べたところ不良品が2個見出された．もしこの割合で，この製品の山の中に不良品があるものと考えたとき，また新たに50個を任意に抜いたとして次の問に答えよ．

(1)　不良品が1個以下である確率はいくらか．

(2)　不良品の数は平均どのくらいか．

(3)　不良品の数および良品の数の標準偏差はそれぞれいくらか．

**解**　(1)　$\sum_{k=0}^{1}{}_{50}C_k\,0.02^k\,0.98^{50-k}=0.74.$

(2)　平均$=50\times\dfrac{1}{50}=1.$

(3)　二つの標準偏差ともに$\sqrt{50\times\dfrac{1}{50}\times\dfrac{49}{50}}=0.99.$

**例 2.**　4個の硬貨を同時に投げ表が3個以上出るという事象は，この種の実験を10回行なったとき，平均何回ぐらい出るだろうか．

**解**　注目している事象が1回の試行で出る確率 $p$ は $p={}_4C_3\dfrac{1}{2^4}+{}_4C_4\dfrac{1}{2^4}=\dfrac{5}{16},$

10回の実験で上の事象が出る平均回数は　$10\times\dfrac{5}{16}=\dfrac{25}{8}\fallingdotseq 3$ (回).

**例 3.**　r.v. $X$ が確率分布　$P(X=k)={}_{20}C_k\dfrac{4^k}{5^{20}}$,　$(k=0, 1, 2, \cdots, 20)$ に従うとき　$E(X)$, $V(X)$　を求めよ.

**解**　この $X$ は二項分布 $B\left(20, \dfrac{4}{5}\right)$ に従うことがわかる.

よって $E(X)=20\times\dfrac{4}{5}=16$,　　$V(X)=20\times\dfrac{4}{5}\times\dfrac{1}{5}=\dfrac{16}{5}$.

**1.5.2　ポアソン分布**　　ある事象の出現回数 $X$ が確率分布

$$P(X=k)=\frac{e^{-\lambda}\lambda^k}{k!},\qquad (k=0, 1, 2, \cdots)$$

($\lambda$ は正の定数)

に従うとき, r.v. $X$ は**ポアソン分布** (Poisson distribution) に従うという.

このポアソン分布は, ある定まった時間間隔内に店頭にやって来る客や, 機械の故障, かかって来る電話のように, ポツポツと起こる事象の数を対象にすると, その確率分布によく適合していることが知られている.

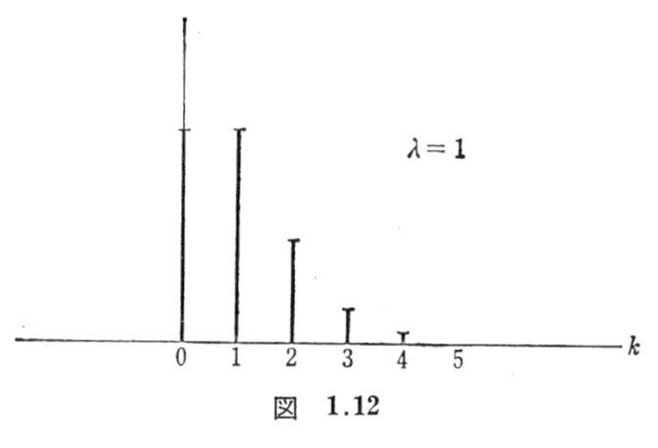

図 1.12

**定理 1.6**　パラメータ $\lambda$ をもつポアソン分布に従う r.v. $X$ の m.g.f. $g(\theta)$, $E(X)$, $V(X)$, $D(X)$ については

$$\text{m.g.f.}\ g(\theta)=e^{-\lambda(1-e^\theta)},$$

$$E(X)=\lambda,\qquad V(X)=\lambda,\qquad D(X)=\sqrt{\lambda}.$$

**証明**　$\text{m.g.f.}\ g(\theta)=E(e^{\theta X})=\displaystyle\sum_{k=0}^{\infty}e^{\theta k}\frac{e^{-\lambda}\lambda^k}{k!}=e^{-\lambda}\sum_{k=0}^{\infty}\frac{(\lambda e^\theta)^k}{k!}=e^{-\lambda(1-e^\theta)}$,

$$E(X)=g'(0)=\lambda,\qquad V(X)=g''(0)-(g'(0))^2=\lambda,\qquad D(X)=\sqrt{\lambda}.$$

**例 1.**　ある店には1日平均 10 人の客があり, その客の人数はポアソン分布に従うものとみなされたとする. 次の問に答えよ.

(1)　1 日に 12 人以上の客が来る確率はいくらか.

(2)　1 日に $a$ 人以上の客が来る確率を 0.95 程度で見当つけたい. $a$ の

値を求めよ．

**解** （1） 1 日に店に来る客の数を確率変数 $X$ とおく．題意より $X$ の確率分布は

$$\mathrm{P}(X=k)=\frac{e^{-10}10^k}{k!}, \quad (k=0,1,2,\cdots).$$

ポアソン分布表より

$$\sum_{k=12}^{\infty}\mathrm{P}(X=k)=0.304.$$

（2） $\sum_{k=5}^{\infty}\mathrm{P}(X=k)=0.972$, $\sum_{k=6}^{\infty}\mathrm{P}(X=k)=0.934$ より $a=5$.

**例 2.** r.v. $X$ が確率分布

$$\mathrm{P}(X=k)=\frac{c\cdot 2^k}{k!}, \quad (k=0,1,2,\cdots), \quad (c \text{ は定数})$$

に従うとき，$c$, $\mathrm{E}(X)$, $\mathrm{V}(X)$ および $\mathrm{E}(aX+b)=0$, $\mathrm{V}(aX+b)=1$ なる $a$ $(>0)$，$b$ を求めよ．

**解** $c=e^{-2}$, $\mathrm{E}(X)=2$, $\mathrm{V}(X)=2$.

$$\begin{cases} \mathrm{E}(aX+b)=2a+b=0, \\ \mathrm{V}(aX+b)=2a^2=1. \end{cases}$$

これを解いて $a=1/\sqrt{2}$, $b=-\sqrt{2}$.

### 1.5.3 正規分布

確率変数 $X$ が次の確率密度関数

$$f(x)=\frac{1}{\sqrt{2\pi}\,\sigma}e^{-\frac{(x-\mu)^2}{2\sigma^2}}, \quad (-\infty<x<\infty)$$

$(\mu,\ \sigma>0$ は定数$)$

をもつとき，r.v. $X$ は正規分布 (normal distribution) $\mathrm{N}(\mu, \sigma^2)$ に従うという．

ここに $\mathrm{N}(\mu, \sigma^2)$ は上の正規分布を略記したものである．

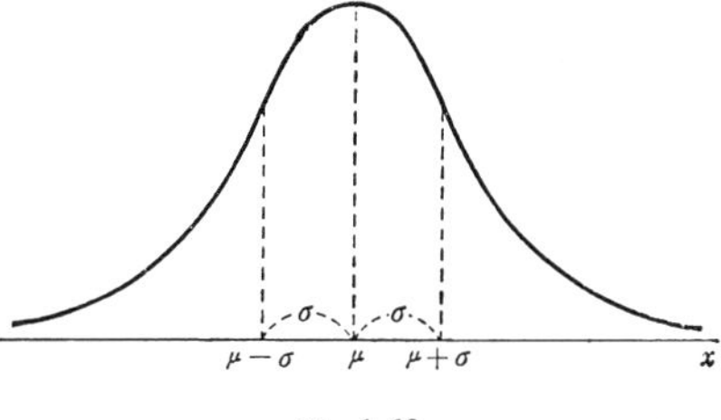

図 1.13

**定理 1.7** r.v. $X$ が $\mathrm{N}(\mu, \sigma^2)$ に従うとき，$X$ の m.g.f.

$\boldsymbol{g}(\theta)$, $\mathbf{E}(X)$, $\mathbf{V}(X)$, $\mathbf{D}(X)$ については

$$\textbf{m.g.f.}\ \boldsymbol{g}(\theta) = e^{\mu\theta+\frac{\sigma^2}{2}\theta^2},$$

$$\mathbf{E}(X) = \mu, \qquad \mathbf{V}(X) = \sigma^2, \qquad \mathbf{D}(X) = \sigma.$$

**証明**　$f(x)=\dfrac{1}{\sqrt{2\pi}\sigma}e^{-\frac{(x-\mu)^2}{2\sigma^2}}$, $(-\infty<x<\infty)$ が確率密度関数であるから,

$$\int_{-\infty}^{\infty} e^{-\frac{(x-\mu)^2}{2\sigma^2}}dx=\sqrt{2\pi}\,\sigma$$

$$\text{m.g.f. } g(\theta)=\mathrm{E}(e^{\theta X})=\int_{-\infty}^{\infty}e^{\theta x}\frac{1}{\sqrt{2\pi}\sigma}e^{-\frac{(x-\mu)^2}{2\sigma^2}}dx$$

$$=\frac{1}{\sqrt{2\pi}\sigma}\int_{-\infty}^{\infty}e^{-\frac{x^2-2(\mu+\theta\sigma^2)x+\mu^2}{2\sigma^2}}dx$$

$$=e^{\mu\theta+\frac{\sigma^2}{2}\theta^2}\frac{1}{\sqrt{2\pi}\sigma}\int_{-\infty}^{\infty}e^{-\frac{\{x-(\mu+\theta\sigma^2)\}^2}{2\sigma^2}}dx=e^{\mu\theta+\frac{\sigma^2}{2}\theta^2}.$$

$$\mathrm{E}(X)=g'(0)=\mu, \qquad \mathrm{V}(X)=g''(0)-(g'(0))^2=\sigma^2, \qquad \mathrm{D}(X)=\sigma.$$

**例 1.**　次の定積分の値を求めよ.

(1) $\displaystyle\int_{-\infty}^{\infty}e^{-x^2}dx.$　(2) $\displaystyle\int_{-\infty}^{\infty}e^{-2x^2+4x}dx.$　(3) $\displaystyle\int_{0}^{\infty}e^{-\frac{x^2}{3}}dx.$

**解**　(1) $\displaystyle\int_{-\infty}^{\infty}e^{-\frac{x^2}{2\times 1/2}}dx=\sqrt{2\pi}\cdot\frac{1}{\sqrt{2}}=\sqrt{\pi}.$

(2) $\displaystyle\int_{-\infty}^{\infty}e^{-2x^2+4x}dx=\int_{-\infty}^{\infty}e^{-2(x-1)^2+2}dx=e^2\int_{-\infty}^{\infty}e^{-2(x-1)^2}dx$

$$=e^2\sqrt{2\pi}\frac{1}{2}=\sqrt{\frac{\pi}{2}}e^2.$$

(3) $\displaystyle\int_{0}^{\infty}e^{-\frac{x^2}{3}}dx=\frac{1}{2}\int_{-\infty}^{\infty}e^{-\frac{x^2}{3}}dx=\frac{1}{2}\sqrt{2\pi}\sqrt{\frac{3}{2}}=\frac{\sqrt{3\pi}}{2}.$

**例 2.**　r.v. $X$ の p.d.f. $f(x)$ が

$$f(x)=ce^{-\frac{2x^2-5x+1}{3}} \qquad (-\infty<x<\infty)$$

なるとき, $c$, $\mathrm{E}(X)$, $\mathrm{D}(X)$ および $\mathrm{E}(aX+b)=0$, $\mathrm{V}(aX+b)=1$ なる $a(>0)$, $b$ を求めよ.

解 $f(x)=ce^{-\frac{2}{3}\left(x-\frac{5}{4}\right)^2+\frac{17}{24}}=ce^{\frac{17}{24}}e^{-\frac{2}{3}\left(x-\frac{5}{4}\right)^2}$ より $ce^{\frac{17}{24}}=\frac{2}{\sqrt{2\pi}\sqrt{3}}=\sqrt{\frac{2}{3\pi}}$.

$c=\sqrt{\frac{2}{3\pi}}e^{-\frac{17}{24}}$, $\quad \mathrm{E}(X)=\frac{5}{4}$, $\quad \mathrm{D}(X)=\frac{\sqrt{3}}{2}$.

$\mathrm{E}\left\{\frac{X-\mathrm{E}(X)}{\mathrm{D}(X)}\right\}=0$, $\quad \mathrm{V}\left\{\frac{X-\mathrm{E}(X)}{\mathrm{D}(X)}\right\}=1$ を用いて $a=\frac{1}{\mathrm{D}(X)}=\frac{2}{\sqrt{3}}$,

$b=-\frac{\mathrm{E}(X)}{\mathrm{D}(X)}=-\frac{5}{2\sqrt{3}}$.

### 1.5.4 一様分布（矩形分布）

r.v. $X$ の p.d.f. $f(x)$ が

$$f(x)=\begin{cases}\dfrac{1}{b-a}, & (a\leqq x\leqq b),\\ 0, & (\text{その他})\end{cases}$$

なるとき，この確率分布を一様分布または矩形分布という．

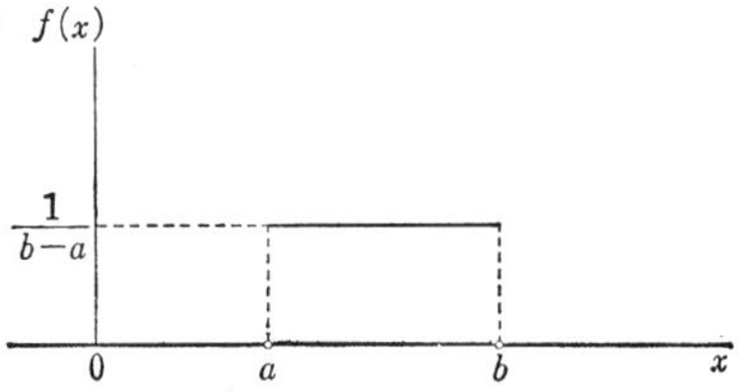

図 1.14

**定理 1.8 一様分布に従う r.v. $X$ の m.g.f. $g(\theta)$, $\mathrm{E}(X)$, $\mathrm{V}(X)$, $\mathrm{D}(X)$ は**

$$\textbf{m.g.f. } g(\theta)=\frac{e^{b\theta}-e^{a\theta}}{(b-a)\theta} \qquad (g(0)=1 \text{ とする}),$$

$$\mathrm{E}(X)=\frac{a+b}{2},\qquad \mathrm{V}(X)=\frac{(b-a)^2}{12},\qquad \mathrm{D}(X)=\frac{b-a}{2\sqrt{3}}.$$

解 m.g.f. $g(\theta)=\mathrm{E}(e^{\theta X})=\frac{1}{b-a}\int_a^b e^{\theta x}\,dx=\frac{e^{b\theta}-e^{a\theta}}{(b-a)\theta}$.

$$g(\theta)=\frac{1}{(b-a)\theta}\left\{\left(1+b\theta+\frac{b^2\theta^2}{2}+\cdots\right)-\left(1+a\theta+\frac{a^2\theta^2}{2}+\cdots\right)\right\}$$

$$=1+\frac{(a+b)}{2}\theta+\frac{(a^2+ab+b^2)}{6}\theta^2+\cdots.$$

よって $\mathrm{E}(X)=\frac{a+b}{2}$, $\mathrm{V}(X)=\mathrm{E}(X^2)-\mathrm{E}^2(X)=\frac{a^2+ab+b^2}{3}-\frac{a^2+2ab+b^2}{4}$

$$=\frac{(b-a)^2}{12},\qquad \mathrm{D}(X)=\frac{b-a}{2\sqrt{3}}.$$

**例 1.** 10 分間隔で，きちんと動いている電車がある．漫然と駅に行ったとき平均どの程度待たされるだろうか．またこの待ち時間の標準偏差はいくらか．

**解**　待たされる時間を確率変数と考えて，それを $X$ とおく．この $X$ の確率密度関数 $f(x)$ は

$$f(x)=\begin{cases}\dfrac{1}{10}, & (0\leqq x\leqq 10),\\ 0, & (\text{その他}).\end{cases}$$

よって $X$ の平均は $\mathrm{E}(X)=5$ (分)，標準偏差は $\mathrm{D}(X)=5/\sqrt{3}$ (分)．

**例 2.**　r.v. $X$ が p.d.f. $f(x)=\begin{cases}c, & (-3\leqq x\leqq 1),\\ 0, & (\text{その他})\end{cases}$

をもつとき $c$，$\mathrm{E}(aX+b)=0$，$\mathrm{D}(aX+b)=1$ なる $a(>0)$，$b$ を求めよ．

$c=1/4,\quad a=\sqrt{3}/2,\quad b=\sqrt{3}/2.$

**1.5.5　指数分布**　r.v. $X$ の p.d.f. $f(x)$ が

$$f(x)=\begin{cases}ae^{-ax}, & (x\geqq 0), \quad (a>0).\\ 0, & (x<0)\end{cases}$$

なるとき，この確率分布を指数分布という．

**定理 1.9　指数分布に従う確率変数 $X$ の m.g.f. $g(\theta)$ 等については**

$$\textbf{m.g.f.}\ g(\theta)=\frac{a}{a-\theta},\quad (\theta<a)$$

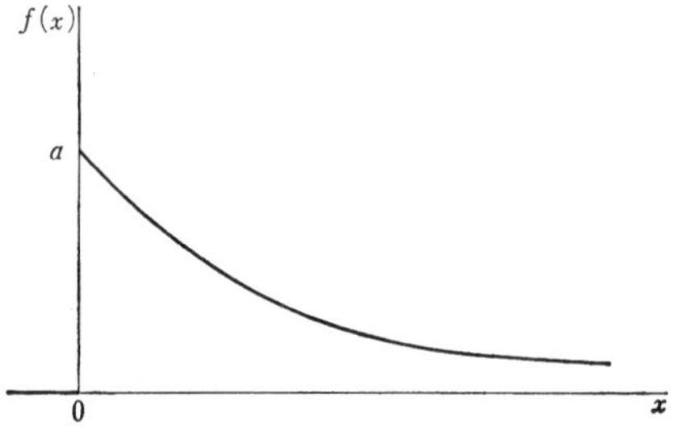

図 1.15

$$\mathbf{E}(X)=\frac{1}{a},\quad \mathbf{V}(X)=\frac{1}{a^2},\quad \mathbf{D}(X)=\frac{1}{a}.$$

**証明**　m.g.f. $g(\theta)=a\int_0^\infty e^{\theta x}\,e^{-ax}\,dx=a\int_0^\infty e^{-(a-\theta)x}\,dx=\dfrac{a}{a-\theta}$,

$\mathrm{E}(X)=g'(0)=1/a,\quad \mathrm{V}(X)=g''(0)-g'(0)^2=1/a^2,\quad \mathrm{D}(X)=1/a.$

**例 1.**　ある店に品物の注文が1時間内に平均5個ぐらいかかってくること

がわかった．しかも注文と注文との間の時間間隔は大体指数分布に従うことも知られていたとする．この指数分布の形および標準偏差を求めよ．

**解** この時間間隔を r.v. $X$ で表わす．注文が1時間内に平均5個かかることから，注文と注文との時間間隔は平均 1/5 時間と考えられる．そこで $X$ の確率密度関数 $f(x)$ の形は

$$f(x)=\begin{cases} 5e^{-5x}, & (x\geqq 0), \\ 0, & (x<0). \end{cases}$$

これより標準偏差 $D(X)=1/5$ （時間）と考えられる．

**例 2.** r.v. $X$ の確率分布が

$$\text{p.d.f. } f(x)=\begin{cases} ce^{-2x}, & (x\geqq 0), \\ 0 & (x<0) \end{cases}$$

なるとき，$c$ および $E(aX+b)=0$，$D(aX+b)=1$ なる $a(>0)$，$b$ を求めよ．

**解** $c=2$, $a=2$, $b=-1$.

## 1.6 正規分布表の利用

r.v. $X$ が正規分布 N(0,1) に従うとき

$$P(0\leqq X\leqq x)=\int_0^x \frac{1}{\sqrt{2\pi}}e^{-\frac{t^2}{2}}dt$$

の値を，各 $x$ について近似値を求め表にしたものが，付表の**正規分布表**である．これを用いれば，任意の $a$, $b$ に対し $P(a\leqq X\leqq b)$ の値が，積分計算をすることなしに求められる．

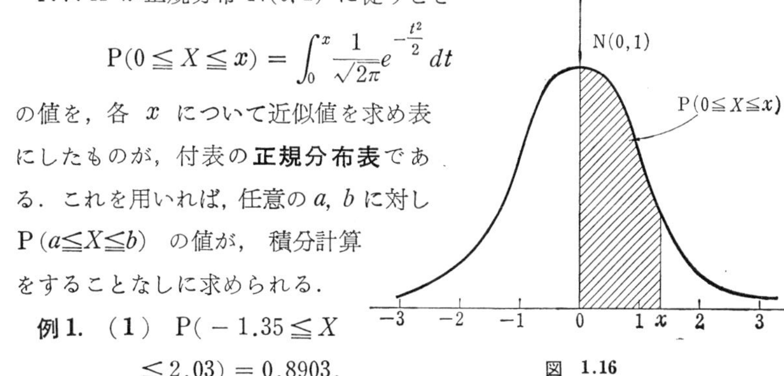


図 1.16

**例 1.** (1) $P(-1.35\leqq X\leqq 2.03)=0.8903$.

(2) $P(|X|<3)=0.4987\times 2=0.9974$.

**例 2.** 次の関係をみたす $a, b$ の概略値を求めよ．

(1) $P(X\leqq a)=0.1$.　　(2) $P(-1.28\leqq X\leqq b)=0.5$.

**解** $a=-1.28$.　$b=0.25$.

次に r.v. $X$ が一般の正規分布 $\mathrm{N}(\mu, \sigma^2)$ に従うとき，$\mathrm{P}(a \leqq X \leqq b)$ の値を求める方法を述べよう．これについては次の定理が役立つ．

**定理 1.10　r.v. $X$ が $\mathrm{N}(\mu, \sigma^2)$ に従うとき，$aX+b$ は $\mathrm{N}(a\mu+b,\ a^2\sigma^2)$ に従う．**

**証明**　$aX+b$ の m.g.f. $g(\theta)=\mathrm{E}(e^{\theta(aX+b)})=\mathrm{E}(e^{\theta aX}\cdot e^{\theta b})=e^{\theta b}\mathrm{E}(e^{\theta aX})$.

ところが r.v. $X$ は $\mathrm{N}(\mu, \sigma^2)$ に従うから

$$X \text{ の m.g.f } \mathrm{E}(e^{\theta X})=e^{\mu\theta+\frac{\sigma^2}{2}\theta^2}.$$

これより　$\mathrm{E}(e^{\theta aX})=e^{a\mu\theta+\frac{a^2\sigma^2}{2}\theta^2}$.

よって　$g(\theta)=e^{b\theta}\,e^{a\mu\theta+\frac{a^2\sigma^2}{2}\theta^2}=e^{(a\mu+b)\theta+\frac{a^2\sigma^2}{2}\theta^2}$.

上の式の右辺は $\mathrm{N}(a\mu+b,\ a^2\sigma^2)$ の積率母関数である．

ゆえに r.v. $aX+b$ は $\mathrm{N}(a\mu+b,\ a^2\sigma^2)$ に従う．

**注意**　r.v. $aX+b$ の平均 $\mathrm{E}(aX+b)=a\mu+b$, 分散 $\mathrm{V}(X)=a^2\sigma^2$ なることは，上の定理からわかる．もっともこれだけならば，積率母関数を用いなくても直接計算して得られるが，r.v. $aX+b$ が正規分布に従うという点が問題になる．上の定理のように，ある確率変数 $X$ が正規分布 $\mathrm{N}(\mu, \sigma^2)$ に従うことを示すには $X$ の積率母関数が $\mathrm{N}(\mu, \sigma^2)$ の積率母関数 $e^{\mu\theta+\frac{\sigma^2}{2}\theta^2}$ に等しいことを証明する方法がよく用いられる．$\mathrm{N}(\mu, \sigma^2)$ を $\mathrm{N}(0,1)$ に変える方法として次の系が役立つ．

**系　r.v. $X$ が $\mathrm{N}(\mu, \sigma^2)$ に従うとき，$(X-\mu)/\sigma$ は $\mathrm{N}(0, 1)$ に従う．**

これは

$$\mathrm{E}\left(\frac{X-\mu}{\sigma}\right)=0, \qquad \mathrm{V}\left(\frac{X-\mu}{\sigma}\right)=1$$

なることから，直ちに系の結果は見当つけられるが，証明は $a=1/\sigma$, $b=-\mu/\sigma$ とすれば，上の定理から得られる．

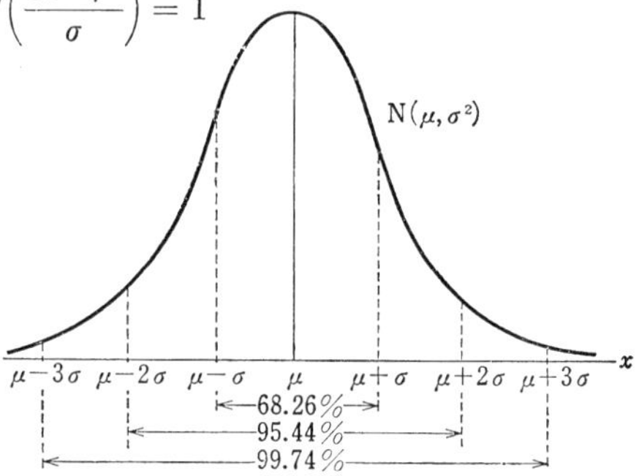

**例 1.**　r.v. $X$ が $\mathrm{N}(\mu,\ \sigma^2)$ に従うとき，よく用いられる次の結果が得られる．

$$\mathrm{P}(\mu-\sigma \leqq X \leqq \mu+\sigma)=0.6826,$$

N(μ, σ²)
μ−3σ　μ−2σ　μ−σ　μ　μ+σ　μ+2σ　μ+3σ　x
68.26%
95.44%
99.74%

図　1.17

$$P(\mu-2\sigma \leqq X \leqq \mu+2\sigma)=0.9544,$$
$$P(\mu-3\sigma \leqq X \leqq \mu+3\sigma)=0.9974.$$

**証明**　$P(\mu-\sigma \leqq X \leqq \mu+\sigma)=P\left(\frac{\mu-\sigma-\mu}{\sigma} \leqq \frac{X-\mu}{\sigma} \leqq \frac{(\mu+\sigma)-\mu}{\sigma}\right)$

$$=P\left(-1 \leqq \frac{X-\mu}{\sigma} \leqq 1\right)$$

r.v. $\frac{X-\mu}{\sigma}$ は $N(0,1)$ に従うから正規分布表を用いて上の値が求められる.

よって　$P(\mu-\sigma \leqq X \leqq \mu+\sigma)=0.6826.$

他の二つの等式も同じようにして示すことができる.

**注意**　上の三つの確率の値は正規分布に従う変量のバラツキ状態を確率的にとらえるものとして重要である. 特に第3の式よりわかることは, $X$ が $N(\mu,\sigma^2)$ に従うときは $X$ がとり得る値はほとんど区間 $(\mu-3\sigma, \mu+3\sigma)$ におさまってしまうということである. これは正規分布の大きな特徴である.

**例 2.**　r.v. が $N(50, 100)$ に従うとき

(1)　$P(35 \leqq X \leqq 60)$ の値を求めよ.

(2)　$P(X \geqq a)=0.15$ をみたす $a$ の概略値を求めよ.

**解**　(1)　$P(35 \leqq X \leqq 60)=P\left(\frac{35-50}{10} \leqq \frac{X-50}{10} \leqq \frac{60-50}{10}\right)$

$$=P\left(-1.5 \leqq \frac{X-50}{10} \leqq 1\right)=0.7745.$$

(2)　$P(X \geqq a)=0.15$　より　$P\left(\frac{X-50}{10} \geqq \frac{a-50}{10}\right)=0.15.$

$$\frac{a-50}{10} \fallingdotseq 1.04 \quad \text{を解いて} \quad a \fallingdotseq 60.4.$$

## 1.7　確率変数 $X$ の関数 $Y=\varphi(X)$ の確率分布

### 1.7.1　$Y=aX+b$ $(a \neq 0)$ の確率分布

**(1)**　**(離散型)**　$X$ の確率分布が

$$P(X=x_i)=p_i, \qquad (i=1, 2, \cdots)$$

なるとき, Y の確率分布は

$$P(Y=ax_i+b)=p_i, \qquad (i=1, 2, \cdots).$$

**(2)**　**(連続型)**　$X$ の確率密度関数を $f(x)$ ($l<x<m$ で $f(x)>0$, その他の $x$ で $f(x)=0$) とするとき, $Y=aX+b (a \neq 0)$ の確率密度関数 $g(y)$ は

$a>0$ のとき　$g(y)=\begin{cases} \dfrac{1}{a}f\left(\dfrac{y-b}{a}\right), & (al+b<y<am+b), \\ 0, & (\text{その他の } y). \end{cases}$

$a<0$ のとき　$g(y)=\begin{cases} -\dfrac{1}{a}f\left(\dfrac{y-b}{a}\right), & (am+b<y<al+b), \\ 0, & (\text{その他の } y). \end{cases}$

**(2) の証明**　$X, Y$ の分布関数をそれぞれ $F(x), G(y)$ とおくと，$a>0$ のとき

$$G(y)=\mathrm{P}(Y\leqq y)=\mathrm{P}(aX+b\leqq y)=\mathrm{P}\left(X\leqq\frac{y-b}{a}\right)=F\left(\frac{y-b}{a}\right).$$

ところが確率変数の確率密度関数 $f(x)$ と分布関数 $F(x)$ との間には

$$F'(x)=f(x)$$

の関係がある．

よって　$g(y)=G'(y)=F'\left(\dfrac{y-b}{a}\right)\cdot\dfrac{1}{a}=\dfrac{1}{a}f\left(\dfrac{y-b}{a}\right)$，$(al+b<y<am+b)$.

また $a<0$ のときは

$$G(y)=\mathrm{P}\left(X\geqq\frac{y-b}{a}\right)=1-\mathrm{P}\left(X\leqq\frac{y-b}{a}\right)$$

$$=1-F\left(\frac{y-b}{a}\right).$$

$$g(y)=G'(y)=-\frac{1}{a}f\left(\frac{y-b}{a}\right),\qquad(am+b<y<al+b).$$

なお，その他の $y$ に対しては，いずれの場合も明らかに $g(y)=0$ となる．

**例 1.**　r.v. $X$ が平均 2 のポアソン分布に従うとき，r.v. $Y=(X-2)/\sqrt{2}$ の確率分布を求めよ．

**解**　r.v. $X$ の確率分布は

$$\mathrm{P}(X=k)=\frac{e^{-2}2^k}{k!},\qquad(k=0, 1, 2, \cdots).$$

よって $Y$ の確率分布は

$$\mathrm{P}\left(Y=\frac{k-2}{\sqrt{2}}\right)=\frac{e^{-2}2^k}{k!},\qquad(k=0, 1, 2, \cdots).$$

**例 2.**　r.v. $X$ が次の確率分布に従うとき $Y=(3-2X)/4$ の確率分布を求めよ．

(1) p.d.f. $f(x)=\begin{cases} 2e^{-2x}, & (x\geqq 0), \\ 0, & (x<0). \end{cases}$

(2) p.d.f. $f(x)=ae^{-2x^2-6x}, \quad (-\infty<x<\infty).$

**解** (1) $Y$ の p.d.f. $g(y)=\begin{cases} 4e^{4y-3}, & (y\leqq 3/4), \\ 0, & (y>3/4). \end{cases}$

(2) $a$ を求める.

$$f(x)=ae^{-2x^2-6x}=ae^{\frac{9}{2}}e^{-2\left(x+\frac{3}{2}\right)^2}.$$

$X$ は $\mathrm{N}\left(-\frac{3}{2}, \frac{1}{4}\right)$ に従うことがわかる. そこで

$$ae^{\frac{9}{2}}=\sqrt{\frac{2}{\pi}},$$

よって $\quad a=\sqrt{\frac{2}{\pi}}e^{-\frac{9}{2}}.$

$Y$ の p.d.f. は $g(y)=\dfrac{2\sqrt{2}}{\sqrt{\pi}}e^{-8\left(y-\frac{3}{2}\right)^2} \quad (-\infty<y<\infty).$

**注意** 上の (2) の解は一般の求め方によったものであるが, この場合は次のような別解がある. $X$ が $\mathrm{N}\left(-\frac{3}{2}, \frac{1}{4}\right)$ に従うことから $Y$ は $\mathrm{N}\left(\frac{3}{2}, \frac{1}{16}\right)$ に従うことが容易にわかる. このことから $Y$ の p.d.f. $g(y)$ は上の形であることが直ちに導かれる.

### 1.7.2 $Y=\varphi(X)$ の確率分布

関数 $y=\varphi(x)$ が狭義の単調関数で, その逆関数 $x=\psi(y)$ が微分可能ならば, $Y$ の p.d.f. $g(y)$ は

$$g(y)=f(\psi(y))\cdot|\psi'(y)|$$

**注意** 証明は前と同様にして得られる. また $y=\varphi(x)$ が一般のときは, 単調関数となっているいくつかの区間に分けて考えればよい.

**例** $X$ が p.d.f. $f(x)$ $(-\infty<x<\infty)$ をもつとき, $Y=X^2$ の確率分布を求めよ.

**解** $y=x^2$ を二つの単調関数となる区間 $x>0$, $x<0$ に分けて考える. 各区間における逆関数はそれぞれ

$$x=\sqrt{y}, \qquad x=-\sqrt{y}.$$

よって上の結果から $Y$ の p.d.f. $g(y)=f(\sqrt{y})\dfrac{1}{2\sqrt{y}}+f(-\sqrt{y})\dfrac{1}{2\sqrt{y}}$

$$=\frac{1}{2\sqrt{y}}(f(\sqrt{y})+f(-\sqrt{y})), \quad (y>0).$$

（別解）　$X, Y$ の分布関数をそれぞれ $F(x)$, $G(y)$ とおくとき，

$$G(y)=\mathrm{P}(Y\leqq y)=\mathrm{P}(X^2\leqq y)=\mathrm{P}(-\sqrt{y}\leqq X\leqq\sqrt{y})$$
$$=F(\sqrt{y})-F(-\sqrt{y}),\quad (y>0).$$
$$g(y)=G'(y)=F'(\sqrt{y})\frac{1}{2\sqrt{y}}+F'(-\sqrt{y})\frac{1}{2\sqrt{y}}$$
$$=\frac{1}{2\sqrt{y}}(f(\sqrt{y})+f(-\sqrt{y})),\quad (y>0).$$

## 問　　題 [1]

**1.**　$\Omega=\{0,1,2,3,4,5\}$,　$A=\{1,3,5\}$,　$B=\{0,1,2\}$,　$C=\{0,2,4\}$ なるとき，次の集合内の要素を書け．

（1）　$(\Omega\cap A)^c$.　　　　（2）　$(A^c\cup B^c)\cap(B\cap C)$.

**2.**　$\Omega=\{\omega:\omega$ は正整数$\}$,　$A=\{\omega:\omega\leqq 10\}$,

$B=\{\omega:\omega<8\}$,　$C=\{\omega:\omega$ は偶数$\}$,

$D=\{\omega:\omega$ は 3 の倍数$\}$,　$E=\{\omega:\omega$ は 4 の倍数$\}$

なるとき，次の集合を $\Omega$ の部分集合 $A, B, C, D, E$ を用いて表わせ．

（1）　$\{1,3,5,7\}$.　　　　（2）　$\{3,6,9\}$.

（3）　$\{8,10\}$.　　　　（4）　$\{\omega:\omega$ は 12 の倍数$\}$.

**3.**　$A_i=\{x:i<x\leqq i+1\}$ なるとき $\bigcup_{i=1}^{\infty}A_i$ は何を表わすか．

**4.**　$B_i=\left\{x:-\frac{1}{i}\leqq x\leqq 1+\frac{1}{i}\right\}$ なるとき $\bigcap_{i=1}^{\infty}B_i$ は何を表わすか．

**5.**　$(a,b]=\bigcap_{n=1}^{\infty}\left(a,b+\frac{1}{n}\right)$ を示せ．

**6.**　$\bigcap_{n=1}^{\infty}\bigcup_{k=n}^{\infty}A_k$ は，無限事象列 $A_1, A_2, \cdots$ のうち無数の $A_i$ が起こるという事象を意味することを示せ．

**7.**　$\Omega=\{a,b,c,d\}$ のすべての部分集合を書き，これらが一つの $\sigma$ 集合体 $\mathfrak{A}$ をつくることを示せ．

**8.**　事象 $A$ が起きたとき，事象 $B$ が必ず起こるならば

$$\mathrm{P}(A)\leqq\mathrm{P}(B).$$

**9.**　$\mathrm{P}(A\cap B)\leqq\mathrm{P}(A)\leqq\mathrm{P}(A\cup B)\leqq\mathrm{P}(A)+\mathrm{P}(B)$.

**10.**　$\mathrm{P}(A\cup B\cup C)=\mathrm{P}(A)+\mathrm{P}(B)+\mathrm{P}(C)-\mathrm{P}(A\cap B)-\mathrm{P}(A\cap C)$
$$-\mathrm{P}(B\cap C)+\mathrm{P}(A\cap B\cap C).$$

**11.**　有限個または可付番無限個の互いに排反である事象 $B_i$ の和集合を $\mathfrak{B}$ とおく．

事象 $A$ が起こったとき，この $\mathfrak{B}$ の中のどれか一つの事象が起こるならば

$$P(A) \leqq \sum_i P(A \cap B_i).$$

**12.** $A_1 \subset A_2 \subset \cdots \subset A_i \subset A_{i+1} \subset \cdots$ のとき $\lim_{i\to\infty} A_i = \bigcup_{i=1}^{\infty} A_i$ を表わし，

$A_1 \supset A_2 \supset \cdots \supset A_i \supset A_{i+1} \supset \cdots$ のときは $\lim_{i\to\infty} A_i = \bigcap_{i=1}^{\infty} A_i$ を表わすものとする．

$$P(\lim_{i\to\infty} A_i) = \lim_{i\to\infty} P(A_i). \quad \text{（確率の連続の定理）}$$

**13.** 1 個の硬貨を 3 回投げ表が出る回数に注目して，確率を考えるときの確率空間をつくれ．

**14.** $X(\omega)$ が確率変数なるとき，$\{\omega : X(\omega) \leqq x\} = E_x$ とすれば

$$\{\omega : X(\omega) \in (a, b]\} = E_b \cap E_a{}^c,$$

$$\{\omega : X(\omega) \in [a, b]\} = \bigcap_{n=1}^{\infty}\left(E_b \cap E^c_{a-\frac{1}{n}}\right),$$

$$\{\omega : X(\omega) = a\} = \bigcap_{n=1}^{\infty}\left(E_a \cap E^c_{a-\frac{1}{n}}\right)$$

を示せ．

**15.** $X(\omega)$ が確率変数なるとき

$e^{aX(\omega)}$ $(a>0)$ もまた確率変数であることを示せ．

**16.** r.v. $X$ が次の確率分布をもつとき，各問題について $a$ および右の確率を求めよ．

(1) $P(X=k) = a/3^k, \quad (k=0, 1, 2\cdots).$　　$P(0 \leqq X \leqq 2)$

(2) p.d.f. $f(x) = \begin{cases} ae^{-3x}, & (x \geqq 0), \\ ae^{2x}, & (x < 0). \end{cases}$　　$P(-1 \leqq X \leqq 2)$

(3) $P(X=k) = ae^{-k}, \quad (k=0, 1, 2, \cdots).$　　$P(X \geqq 2)$

(4) $P(X=k) = \dfrac{a}{2^k k!}, \quad (k=0, 1, 2, \cdots).$　　$P(X \geqq 3)$

(5) p.d.f. $f(x) = \begin{cases} ax^2 e^{-x}, & (x \geqq 0), \\ 0 \quad , & (x < 0). \end{cases}$　　$P(0 \leqq X \leqq 1)$

(6) p.d.f. $f(x) = \dfrac{a}{1+x^2}, \quad (-\infty < x < \infty).$　　$P(|X| \leqq 1)$

(7) p.d.f. $f(x) = \begin{cases} ae^{1-x}, & (x \geqq 1), \\ 0 \quad , & (x < 1). \end{cases}$　　$P(0 \leqq X \leqq 2)$

(8) p.d.f. $f(x) = \begin{cases} a/x^2 \;, & (x \geqq 1), \\ 0 \quad , & (x < 1). \end{cases}$　　$P(2 \leqq X \leqq 3)$

(9) p.d.f. $f(x) = ae^{-|2x|}, \quad (-\infty < x < \infty).$　　$P(-1 \leqq X \leqq 2)$

(10)　p.d.f. $f(x)=\begin{cases} ax(1-x)^2, & (0\leqq x\leqq 1), \\ 0, & (\text{その他}). \end{cases}$　　$P\left(0\leqq X\leqq \frac{1}{4}\right)$

**17.**　次の確率分布をもつ r.v. $X$ の d.f. $F(x)$ を求め，そのグラフを描け．

(1)　$P(X=-2)=1/3$,　$P(X=0)=1/2$,　$P(X=1)=1/6$.

(2)　p.d.f. $f(x)=\begin{cases} a(x-1)(x+2), & (-2\leqq x\leqq 1), \\ 0, & (\text{その他}). \end{cases}$

**18.**　次の分布関数 $F(x)$ をもつとき

(i)　$a$,　(ii)　$P(X\geqq 1)$,　(iii)　$P(0<X\leqq 2)$,　(iv)　$P(1\leqq X\leqq 3)$

の値を各問につき求めよ．ただし (2) は連続型分布関数とする．

(1)　$F(x)=\begin{cases} 0, & (x<-1), \\ 1/3, & (-1\leqq x<0), \\ 3/5, & (0\leqq x<2), \\ a, & (2\leqq x). \end{cases}$　　(2)　$F(x)=\begin{cases} 0, & (x\leqq 0), \\ ax^2, & (0<x<4), \\ 1, & (4\leqq x). \end{cases}$

(3)　$F(x)=0,\ (x<0);\quad =a,\ (x=0);\quad =1-\frac{1}{2}e^{-2x},\ (x>0).$

**19.**　上の問 16～18 のおのおのについて，平均 $E(X)$，分散 $V(X)$，標準偏差 $D(X)$ を求めよ．

**20.**　次の確率分布に従う確率変数 $X$ について $E(2-3X)$，$V(2-3X)$，$D(2-3X)$ および $E(lX+m)=0$，$V(lX+m)=1$ なる $l(>0)$，$m$ を求めよ．

(1)　$P(X=k)=a/k!$,　$(k=0, 1, 2, \cdots)$.

(2)　p.d.f. $f(x)=ae^{-x^2+4x}$,　$(-\infty<x<\infty)$.

(3)　p.d.f. $f(x)=\begin{cases} a/e^{3x}, & (x\geqq 0), \\ 0, & (x<0). \end{cases}$

(4)　$P(X=k)={}_{10}C_k\dfrac{3^k}{4^{10}}$,　$(k=0, 1, \cdots, 10)$.

(5)　p.d.f. $f(x)=\begin{cases} a, & (-2\leqq x\leqq 2), \\ 0, & (\text{その他}). \end{cases}$

**21.**　ある地方の交通事故の死者の数は，1日平均5人のポアソン分布に従うという．

(1)　死者 0 の確率を求めよ．

(2)　死者何人以上の確率が 0.9 以上になるだろうか．

**22.**　$X$ が二項分布

$$P(X=k)={}_{20}C_k\frac{4^{20-k}}{5^{20}},\qquad (k=0, 1, \cdots, 20)$$

に従うとき，これはほぼ同じ平均をもつポアソン分布で近似できるという．
$P(X\leqq 2)$ の値を両者で求めて比較してみよ．

**23.** ある病院の外来患者が待たされる時間はほぼ平均 30 分の指数分布に従っているという．20 分以上待たされる確率はどれほどか．

**24.** p.d.f. $f(x)$ に対する次の 2 条件

$$\left|\int_{-\infty}^{\infty} xf(x)dx\right| < \infty, \qquad \int_{-\infty}^{\infty} |x|f(x)dx < \infty$$

は同値であることを示せ．

**25.** 確率分布 $\mathrm{P}(X=k)=p_k$, $(k=0,1,2,\cdots)$ に従う確率変数 $X$ について

$$\mathrm{E}(X)=\sum_{k=0}^{\infty}\mathrm{P}(X>k)$$

また $X$ が p.d.f. $f(x)$, $(x \geqq 0)$; $f(x)=0$, $(x<0)$ をもつとき，その分布関数を $F(x)$ とおけば

$$\mathrm{E}(X)=\int_0^{\infty}(1-F(x))dx$$

が成立することを証明せよ．

**26.** 確率変数 $X$ の平均を $\mu$ としたとき，チェビシェフの不等式による $\mathrm{P}(|X-\mu| \geqq 2\sigma)$ の限界と，次の各分布から得られるこの確率の値とを比較せよ．

(1) $\mathrm{P}(X=k)={}_{10}C_k\dfrac{1}{2^{10}}$, $(k=0,1,\cdots,10)$.

(2) p.d.f. $f(x)=\dfrac{1}{4}e^{-x/4}$, $(x \geqq 0)$; $=0$ $(x<0)$.

(3) $\mathrm{P}(X=k)=\dfrac{1}{\sqrt{e}\,2^k k!}$, $(k=0,1,2,\cdots)$.

(4) p.d.f. $f(x)=1/2$, $(-1 \leqq x \leqq 1)$; $=0$, (その他).

**27.** くり返される独立試行で，1 回の独立試行での出現確率 $p$ の事象 $A$ がはじめて現われるまでに要する回数を確率変数 $X$ とするとき，この $X$ の確率分布を求めよ．その $X$ の平均，分散を求めよ．

**28.** 確率分布（**幾何分布**）

$$\mathrm{P}(X=k)=(1-r)r^k, \quad (0<r<1), \quad (k=0,1,2,\cdots)$$

をもつとき，確率変数 $X$ の平均，分散を求めよ．

**29.** ある時刻における一つの窓口の前に並んでいる人数（窓口でサービスを受けている人を入れる）$X$ が確率分布

$$\mathrm{P}(X=k)=2^k/3^{k+1}, \quad (k=0,1,2,\cdots)$$

に従うとき

(1) 窓口でサービスを受けている人を入れて平均何人ぐらい並んでいるか．

(2) サービスを受けるのを待っている人は平均何人か．

(3) その時刻に窓口に来た人が待たされない確率はいくらか．

**30.** 確率分布（**ベータ分布**）

$$\text{p.d.f.}\ f(x)=\begin{cases}\dfrac{\Gamma(p+q)}{\Gamma(p)\Gamma(q)}x^{p-1}(1-x)^{q-1}, & p>0,\ q>0,\ (0<x<1)\\ 0, & (\text{その他})\end{cases}$$

をもつ確率変数 $X$ の $\mathrm{E}(X)$, $\mathrm{V}(X)$ を求めよ．

**31.** 確率分布（**超幾何分布**）

$$\mathrm{P}(X=k)={}_{N-M}C_{n-k}\cdot{}_{M}C_{k}/{}_{N}C_{n},\qquad N>M>n,\qquad (k=0,1,2,\cdots,n)$$

に従うとき，確率変数 $X$ の平均，分散を求めよ．

**32.** 確率分布（**負の二項分布**）

$$\mathrm{P}(X=k)=q^{-n}\frac{n(n+1)\cdots(n+k-1)}{k!}\left(\frac{p}{q}\right)^{k},\qquad (k=0,1,2,\cdots),$$

$$(q=1+p,\ p>0,\ n>0)$$

をもつ確率変数 $X$ の平均，分散を求めよ．

**33.** 確率分布（**Γ（ガンマ）分布**）

$$\text{p.d.f.}\ f(x)=\begin{cases}\dfrac{\beta^{\alpha}}{\Gamma(\alpha)}x^{\alpha-1}e^{-\beta x}, & \alpha>0,\ \beta>0,\ (0<x<\infty),\\ 0, & (x\leqq 0)\end{cases}$$

をもつ確率変数 $X$ の m.g.f. $g(\theta)$, $\mathrm{E}(X)$, $\mathrm{V}(X)$ を求めよ．

**34.** 確率分布（**ラプラス分布**）

$$\text{p.d.f.}\ f(x)=\frac{1}{2\alpha}e^{-\frac{|x-\mu|}{\alpha}},\quad \alpha>0,\ (-\infty<x<\infty)$$

をもつ r.v. $X$ の m.g.f. $g(\theta)$, $\mathrm{E}(X)$, $\mathrm{V}(X)$ を求めよ．

**35.** 確率分布（**コーシー分布**）

$$\text{p.d.f.}\ f(x)=\frac{1}{\pi}\frac{\lambda}{\lambda^2+(x-\mu)^2},\quad \lambda>0,\ (-\infty<x<\infty)$$

には平均が存在しないことを示せ．

**36.** 正規分布 $\mathrm{N}(0,\sigma^2)$ の積率は次の形により与えられる．

$$\mathrm{E}(X^{2r+1})=0,\qquad \mathrm{E}(X^{2r})=\frac{(2r)!}{2^r\cdot r!}\sigma^{2r},\qquad (r=0,1,2,\cdots).$$

**37.** $X$ が $\mathrm{N}(50,100)$ に従うとき，次の値を求めよ．

（1） $\mathrm{P}(38\leqq X\leqq 75)$．　（2） $\mathrm{P}(X>64)$．

（3） $\mathrm{P}(X\leqq 43.8)$．　（4） $\mathrm{P}(|X-50|\leqq 12.4)$．

（5） $\mathrm{P}(|X-45|>15)$．　（6） $\mathrm{P}(X^2-95X+2100\leqq 0)$．

（7） $\mathrm{P}(|X-40|<|X-50|)$．　（8） $\mathrm{P}(\sqrt{X-40}\leqq 4)$．

(9) $P(\log_2|X-60| \leqq 4)$.　　(10) $P\left(\dfrac{1}{X-48} > 5\right)$.

**38.** $X$ が N(50, 100) に従うとき，次の関係をみたす $a$ の概略値を小数第1位まで4捨5入で求めよ．

(1) $P(X \leqq a) = 0.1$.　　(2) $P(X \leqq a) = 0.83$.

(3) $P(X \geqq a) = 0.95$.　　(4) $P(X \geqq a) = 0.26$.

(5) $P(45 \leqq X \leqq a) = 0.2$.　　(6) $P(a \leqq X \leqq 72) = 0.1$.

**39.** ある学科の試験の得点が N(50, 225) に従うとしたとき，成績の良いものからA, B, C, D, E を，それぞれ受験者総数の 10%, 20%, 40%, 20%, 10% につけたい．どのように評価をつけたらよいか．試験得点は整数で表わされるものとする．

**40.** ある大学の募集人員 500 名のところに，志願者 5828 名あった．受験者の得点は $N(318, 52^2)$ に従うものとすれば，およそ何点以上とれば合格圏に入れるか．

**41.** $X$ が次の確率分布に従うとき，$Y = 2X+3$ はどんな確率分布に従うか．

(1) $P(X=k) = a\dfrac{5^k}{k!}$,　$(k=0, 1, 2, \cdots)$.

(2) p.d.f. $f(x) = ae^{-x/4}$,　$(x \geqq 0)$;　$=0$　$(x<0)$.

(3) p.d.f. $f(x) = ae^{-2x^2+6x}$,　$(-\infty < x < \infty)$.

**42.** $X$ が次の確率分布に従うとき，$Y = X^2$ の確率分布を求めよ．

(1) p.d.f. $f(x) = ae^{-2x}$,　$(x \geqq 0)$;　$=0$,　$(x<0)$.

(2) p.d.f. $f(x) = ae^{-(x^2+4x+1)/4}$,　$(-\infty < x < \infty)$.

**43.** $X$ が次の確率分布に従うとき，$Y = \sqrt{X}$ の確率分布を求めよ．

(1) p.d.f. $f(x) = ae^{-x/4}$,　$(x \geqq 0)$;　$=0$,　$(x<0)$.

(2) p.d.f. $f(x) = axe^{-x/2}$, $(x \geqq 0)$;　$=0$,　$(x<0)$.

**44.** 連続型の確率変数 $X$ の分布関数を $F(x)$ とおいたとき，$Y = F(X)$ の確率分布を求めよ．

**45.** 連続型の確率変数 $X$ の分布関数を $F(x)$ とする．$F(x) = 1/2$ をみたす点 $x = m_e$ をこの分布の**中央値**と呼ぶ．点 $c$ の周りの1次の絶対積率 $E(|X-c|)$ は $c = m_e$ のとき最小であることを示せ．

**46.** 機器の寿命 $X$ の確率密度関数 $f(x)$ として

$$f(x) = \begin{cases} \dfrac{m}{\alpha}(x-\gamma)^{m-1}e^{-\frac{(x-\gamma)^m}{\alpha}} & (x \geqq \gamma), \\ 0 & (x < \gamma) \end{cases}$$

（この分布を**ワイブル**（Weibull）**分布**という）

がよく用いられる．

(1) $E(X)$, $V(X)$ を求めよ．

（2） 信頼度　$R(T)=\mathrm{P}(X>T)$　を求めよ．

（3） 故障率　$\lambda(t)=f(t)/(1-F(t))$　を求めよ．

**47.** ある自動車部品の寿命分布（ワイブル）を調べたら（単位はキロメートル），$\alpha=256\times10^8$，$m=2$，$\gamma=0$ であった．この部品が 8万キロメートルの走行にたえ得る確率はいくらか．

**48.** ある航空部品の寿命を調べたところ

$$\alpha=4.0\times10^4,\quad m=2,\quad \gamma=0$$

であったという．この部品の平均寿命，分散および $T=150$ としたときの信頼度 $R(T)$ を求めよ．

**49.** 寿命分布を問 33 のガンマ分布としたときの故障率を $\lambda(t)$ とする．

$$\lim_{t\to\infty}\lambda(t)=\beta$$

なることを示せ．

**50.** 寿命分布が正規分布 $\mathrm{N}(\mu,\sigma^2)$ に従うとき，相当大きい $t$ に対して故障率 $\lambda(t)$ はほぼ $\dfrac{t}{\sigma^2}$ である，

とみなせることを示せ．

# 2 章

# 独立な多変量の確率分布

## 2.1 確率変数の独立

### 2.1.1 事象の独立

**定義** $A, B$ が確率事象で，$\mathrm{P}(A) \neq 0$ のとき

$$\mathrm{P}(B|A) = \frac{\mathrm{P}(A \cap B)}{\mathrm{P}(A)}$$

を，事象 $A$ が起きたときの事象 $B$ の**条件つき確率**という．

**定義** $\mathrm{P}(A \cap B) = \mathrm{P}(A)\mathrm{P}(B)$

なるとき，事象 $A, B$ は互いに**独立**であるという．

注意 (1) 条件つき確率 $\mathrm{P}(B|A)$ は，その定義から，事象 $A$ が起こったうち事象 $B$ が起こる割合のように意味づけられる．ただこの $\mathrm{P}(B|A)$ を確率という名で呼ぶ以上，公理的の確率としての条件をみたすかどうか問題になる．これについては $A$ を固定して $B$ の関数としての $\mathrm{P}(B|A)$ が，確率の三つの公理をみたすことが示されるから，今流の確率といって差し支えないことになる．

(2) $\mathrm{P}(B|A)$ の定義から　　　　$\mathrm{P}(A \cap B) = \mathrm{P}(A)\mathrm{P}(B|A)$.

同じようにして $\mathrm{P}(B) \neq 0$ のときは　$\mathrm{P}(A \cap B) = \mathrm{P}(B)\mathrm{P}(A|B)$.

(3) 古典的ないわゆる数学的確率の範囲内では，上の独立の定義は，定義としてではなく証明事項として扱われていることがある．この場合は“独立”ということが常識的の意味に解釈されているわけで，微妙な問題になると不都合が生ずるので確率論では上のように事象の独立というものをきちんと定義しておく必要がある．$A, B$ が独立のときは

$$\mathrm{P}(B|A) = \mathrm{P}(B), \quad \mathrm{P}(A|B) = \mathrm{P}(A), \quad (\mathrm{P}(A) \neq 0, \mathrm{P}(B) \neq 0)$$

ということになり，事象 $A, B$ が独立とは“一方の事象が起こる確率が他の事象の生起に影響されない”という意味にとられてもいる．

(4) 三つの確率事象 $A_1, A_2, A_3$ の独立の定義を

$$\mathrm{P}(A_1 \cap A_2 \cap A_3) = \mathrm{P}(A_1)\mathrm{P}(A_2)\mathrm{P}(A_3)$$

で与えては，まずいことを注意すべきである．さらに

$$\mathrm{P}(A_1 \cap A_2) = \mathrm{P}(A_1)\mathrm{P}(A_2), \quad \mathrm{P}(A_1 \cap A_3) = \mathrm{P}(A_1)\mathrm{P}(A_3), \quad \mathrm{P}(A_2 \cap A_3) = \mathrm{P}(A_2)\mathrm{P}(A_3)$$

の条件を付加して定義することになっている．それは前者が成立しても後者が成立しない例もあるし，逆に後者より前者の成立も出てこない例がつくれるからである．そこで多くの事

象 $A_1, A_2\cdots$ の独立は次のように定義されている．

**定義**　$A_1, A_2, \cdots, A_n, \cdots$ が有限個または可付番無限個の事象列で，そのうちの任意の有限個の事象列 $A_{i_1}, A_{i_2}, \cdots, A_{i_n}$ について

$$\mathrm{P}(A_{i_1} \cap A_{i_2} \cap \cdots \cap A_{i_n}) = \mathrm{P}(A_{i_1})\mathrm{P}(A_{i_2})\cdots\mathrm{P}(A_{i_n})$$

が成り立つとき，$A_1, A_2, \cdots, A_n, \cdots$ は独立であるという．

（5）　二つの試行 $T_1, T_2$ において排反の起こりうるすべての事象をそれぞれ $A_{11}, A_{12}, \cdots$; $A_{21}, A_{22}, \cdots$ とする．もし任意の $A_{1i}, A_{2j}$ が独立であるとき，**試行 $T_1, T_2$ は独立であるという．**

**例 1.**　$\Omega = A_1 \cup A_2 \cup \cdots \cup A_n$,　$A_i \cap A_j = \phi$　$(i \neq j)$　なるとき

$$\mathrm{P}(A_i|B) = \frac{\mathrm{P}(A_i)\mathrm{P}(B|A_i)}{\mathrm{P}(A_1)\mathrm{P}(B|A_1) + \mathrm{P}(A_2)\mathrm{P}(B|A_2) + \cdots + \mathrm{P}(A_n)\mathrm{P}(B|A_n)},$$

$$(i=1, 2, \cdots, n).$$

これをベイズ（Bayes）の**定理**という．

**証明**　2.1.1 の定義より

$$\mathrm{P}(A_i \cap B) = \mathrm{P}(A_i)\mathrm{P}(B|A_i) = \mathrm{P}(B)\mathrm{P}(A_i|B).$$

これより　$\mathrm{P}(A_i|B) = \dfrac{\mathrm{P}(A_i)\mathrm{P}(B|A_i)}{\mathrm{P}(B)}$,　　$(\mathrm{P}(B) \neq 0)$

ところが　$\Omega = A_1 \cup A_2 \cup \cdots \cup A_n \supset B$,　　$A_i \cap A_j = \phi$,　　$(i \neq j)$.

よって　$B = (A_1 \cap B) \cup (A_2 \cap B) \cup \cdots \cup (A_n \cap B)$,

かつ　$(A_i \cap B) \cap (A_j \cap B) = \phi$,　　$(i \neq j)$.

ゆえに　$\mathrm{P}(B) = \mathrm{P}(A_1 \cap B) + \mathrm{P}(A_2 \cap B) + \cdots + \mathrm{P}(A_n \cap B)$

$$= \sum_{j=1}^{n} \mathrm{P}(A_j)\mathrm{P}(B|A_j).$$

これより　$\mathrm{P}(A_i|B) = \dfrac{\mathrm{P}(A_i)\mathrm{P}(B|A_i)}{\mathrm{P}(A_1)\mathrm{P}(B|A_1) + \cdots + \mathrm{P}(A_n)\mathrm{P}(B|A_n)}$.

**例 2.**　事象 $A, B$ が独立のときは，余事象 $A^c, B^c$ もまた独立である．

**証明**　$\mathrm{P}(A^c \cap B^c) = \mathrm{P}\{(A \cup B)^c\} = 1 - \mathrm{P}(A \cup B)$

$$= 1 - \{\mathrm{P}(A) + \mathrm{P}(B) - \mathrm{P}(A \cap B)\}$$

$$= 1 - \mathrm{P}(A) - \mathrm{P}(B) + \mathrm{P}(A)\mathrm{P}(B)$$

$$= \{1 - \mathrm{P}(A)\}\{1 - \mathrm{P}(B)\} = \mathrm{P}(A^c)\mathrm{P}(B^c).$$

よって　事象 $A^c, B^c$ もまた独立である．

**2.1.2 同時確率分布，周辺確率分布**　確率変数 $X, Y$ の確率分布は $X, Y$ の離散型，連続型により次のように表わされる．

**（1） $X, Y$ ともに離散型のとき**

$$P(X=x_i,\ Y=y_j)=p_{ij}\quad (i, j=1, 2, \cdots)$$
$$(p_{ij}\geqq 0,\quad \sum_{i,j} p_{ij}=1)$$

なるとき $\{p_{ij}\}$ を $X, Y$ の同時確率分布という．このとき $X, Y$ それぞれの確率分布 $\{p_i\}$，$\{q_j\}$ は次のようになる．

$$P(X=x_i)=\sum_j P(X=x_i, Y=y_j)=\sum_j p_{ij}=p_i,\quad (i=1, 2, \cdots),$$
$$P(Y=y_j)=\sum_i P(X=x_i, Y=y_j)=\sum_i p_{ij}=q_j,\quad (j=1, 2, \cdots).$$

この $\{p_i\}$，$\{q_j\}$ をそれぞれ $X, Y$ の**周辺確率分布**という．

**（2） $X, Y$ ともに連続型のとき**

任意の $a, b(a<b)$; $c, d(c<d)$ に対し

$$P(a\leqq X\leqq b, c\leqq Y\leqq d)=\int_c^d\int_a^b h(x, y)dx\,dy$$
$$(h(x, y)\geqq 0,\ \int_{-\infty}^{\infty}\int_{-\infty}^{\infty} h(x, y)dx\,dy=1)$$

なる $h(x, y)$ が存在するときであって，この $h(x, y)$ を**同時確率密度関数** (joint probability density function) といい，j.p.d.f. $h(x, y)$ と略記することがある．このときの $X, Y$ の周辺確率密度関数 (marginal probability density function) $f(x), g(y)$ は次の形で表わされる．

$$f(x)=\int_{-\infty}^{\infty} h(x, y)dy,\qquad g(y)=\int_{-\infty}^{\infty} h(x, y)dx.$$

**（3） $X$ が離散型，$Y$ が連続型のとき**

$$P(X=x_i,\ c\leqq Y\leqq d)=\int_c^d h(x_i, y)dy,\quad (i=1, 2, \cdots)$$
$$(h(x_i, y)\geqq 0,\quad \sum_i\int_{-\infty}^{\infty} h(x_i, y)dy=1)$$

なる $h(x_i, y)$ が存在し，$X, Y$ の周辺確率分布 $\{p_i\}$，$g(y)$ は次のようにして表わされる．

$$p_i=\int_{-\infty}^{\infty} h(x_i, y)dy,\qquad (i=1, 2, \cdots),\qquad g(y)=\sum_i h(x_i, y).$$

$X$ の周辺確率分布を用いて，$X$ の平均 $\mathrm{E}(X)$，分散 $\mathrm{V}(X)$ 等が定められる．すなわち $X, Y$ ともに離散型のときは

$$\mathrm{E}(X) = \sum_i x_i p_i = \sum_i x_i (\sum_j p_{ij}) = \sum_{i,j} x_i p_{ij}.$$

$X, Y$ ともに連続型のときは

$$\mathrm{E}(X) = \int_{-\infty}^{\infty} x f(x) dx = \int_{-\infty}^{\infty} x \left( \int_{-\infty}^{\infty} h(x, y) dy \right) dx$$

$$= \int_{-\infty}^{\infty} \int_{-\infty}^{\infty} x h(x, y) dx\, dy.$$

一般に $X$ の関数 $\varphi(X)$ の平均については

$$\mathrm{E}(\varphi(X)) = \sum_{i,j} \varphi(x_i) p_{ij}, \qquad (\text{離散型}),$$

$$\mathrm{E}(\varphi(X)) = \int_{-\infty}^{\infty} \int_{-\infty}^{\infty} \varphi(x) h(x, y) dx\, dy, \qquad (\text{連続型}).$$

なお $X, Y$ の関数 $\psi(X, Y)$ についての平均は次のように定義される．

$$\mathrm{E}\{\psi(X, Y)\} = \sum_{i,j} \psi(x_i, y_j) p_{ij}, \qquad (\text{離散型}),$$

$$\mathrm{E}\{\psi(X, Y)\} = \int_{-\infty}^{\infty} \int_{-\infty}^{\infty} \psi(x, y) h(x, y) dx\, dy, \qquad (\text{連続型}).$$

また分散 $\mathrm{V}(X)$ は1変量の場合と同じように

$$\mathrm{V}(X) = \mathrm{E}(X - \mathrm{E}(X))^2$$

で定義される．これについては次の等式が成り立つことも同様である．

$$\mathrm{V}(X) = \mathrm{E}(X^2) - \mathrm{E}^2(X).$$

**注意**　(1)　1変量確率分布のときと同じように，離散型とか連続型という区別をしないで2変量確率分布を表わすために次の $X, Y$ の分布関数 $F(x, y)$ が用いられる．

$$F(x, y) = \mathrm{P}(X \leqq x, Y \leqq y).$$

この分布関数についても1変量のときと同じような特徴がある．

非減少関数，$F(-\infty, y) = 0$，$F(x, -\infty) = 0$，$F(\infty, \infty) = 1$.

(2)　平均についても，分布関数を用いて次のような統一的な表現が得られる．

$$\mathrm{E}\{\psi(X, Y)\} = \int_{-\infty}^{\infty} \int_{-\infty}^{\infty} \psi(x, y) dF(x, y).$$

(3)　$\mathrm{E}(X)$，$\mathrm{V}(X)$ 等についてはいずれもその存在が仮定されているものとする．以下この存在の仮定をはぶくことがある．

(4)　$X, Y$ の積率母関数は次の形で定義される．

$$g(\theta_1, \theta_2) = \mathrm{E}(e^{\theta_1 X + \theta_2 Y})$$

これについては1変量のときと同じようにいろいろの積率との関係が得られる．

$$\mathrm{E}(X)=\frac{\partial}{\partial\theta_1}g(0,0),\qquad \mathrm{E}(Y)=\frac{\partial}{\partial\theta_2}g(0,0),$$

$$\mathrm{E}(X^2Y)=\frac{\partial^3}{\partial\theta_1{}^2\partial\theta_2}g(0,0)\quad 等.$$

一般に書けば

$$\mathrm{E}(X^iY^j)=\frac{\partial^{i+j}}{\partial\theta_1{}^i\partial\theta_2{}^j}g(0,0).$$

（5） 三つ以上の変量の確率についても同じようなことがいえる．

**例 1.** r.v. $X, Y$ の同時確率分布が下表で与えられるとき，次の問に答えよ．ここに $x_i=1, y_j=1$ に対応する表中の数 1/12 は $\mathrm{P}(X=1, Y=1)=1/12$ の意味である．

| $x_i$ \ $y_j$ | $-1$ | 1 | 2 |
|---|---|---|---|
| 0 | 1/4 | 0 | 1/6 |
| 1 | 0 | 1/12 | 1/4 |
| 2 | 1/12 | 1/12 | 1/12 |

（1） $\mathrm{P}(X\leqq 1, Y<0)$ の値を求めよ．

（2） $X$ の周辺確率分布を求めよ．

（3） $X+Y$ の確率分布を求めよ．

（4） $\mathrm{E}(X+Y)$ の値を求めよ．

**解** （1） $\mathrm{P}(X\leqq 1,\ Y<0)=\mathrm{P}(X=0,\ Y=-1)+\mathrm{P}(X=1,\ Y=-1)=1/4+0=1/4.$

（2） $\mathrm{P}(X=0)=1/4+0+1/6=5/12,\ \mathrm{P}(X=1)=1/3,\ \mathrm{P}(X=2)=1/4.$

（3） $\mathrm{P}(X+Y=-1)=1/4,\ \mathrm{P}(X+Y=1)=1/12,\ \mathrm{P}(X+Y=2)=1/4,\ \mathrm{P}(X+Y=3)=1/3,\ \mathrm{P}(X+Y=4)=1/12.$

（4） $\mathrm{E}(X+Y)=-1\times\frac{1}{4}+1\times\frac{1}{12}+2\times\frac{1}{4}+3\times\frac{1}{3}+4\times\frac{1}{12}=\frac{5}{3}.$

**例 2.** r.v. $X, Y$ の同時確率密度関数が

$$h(x,y)=\frac{1}{2\pi\sigma_1\sigma_2\sqrt{1-\rho^2}}\exp\left[\frac{-1}{2(1-\rho^2)}\left\{\frac{(x-\mu_1)^2}{\sigma_1{}^2}-2\rho\frac{(x-\mu_1)(y-\mu_2)}{\sigma_1\sigma_2}+\frac{(y-\mu_2)^2}{\sigma_2{}^2}\right\}\right]$$

（$\mu_1, \mu_2, \sigma_1, \sigma_2, \rho$ は定数で $\sigma_1>0, \sigma_2>0, |\rho|<1$）

なるとき，$X, Y$ はそれぞれ正規分布 $\mathrm{N}(\mu_1, \sigma_1{}^2), \mathrm{N}(\mu_2, \sigma_2{}^2)$ に従うことを示せ．

ここに $\exp A$ は $e^A$ を表わす記号である．また上の確率分布を**2変量正**

**規分布**といい，$N(\mu_1, \mu_2, \sigma_1^2, \sigma_2^2, \rho)$ と略記することがある．

証明 $f(x)=\int_{-\infty}^{\infty} h(x,y)dy=\frac{1}{2\pi\sigma_1\sigma_2\sqrt{1-\rho^2}}\exp\left\{-\frac{(x-\mu_1)^2}{2\sigma_1^2}\right\}$

$$\cdot\int_{-\infty}^{\infty}\exp\left[\frac{-1}{2\sigma_2^2(1-\rho^2)}\left\{y-\mu_2-\frac{\rho\sigma_2}{\sigma_1}(x-\mu_1)\right\}^2\right]dy$$

ところが，既述の結果 $\int_{-\infty}^{\infty}\exp\left\{-\frac{(x-\mu)^2}{2\sigma^2}\right\}dx=\sqrt{2\pi}\,\sigma \qquad (\sigma>0)$

を用いれば

$$f(x)=\frac{1}{2\pi\sigma_1\sigma_2\sqrt{1-\rho^2}}\exp\left\{-\frac{(x-\mu_1)^2}{2\sigma_1^2}\right\}\cdot\sqrt{2\pi}\,\sigma_2\sqrt{1-\rho^2}$$

$$=\frac{1}{\sqrt{2\pi}\,\sigma_1}\exp\left\{-\frac{(x-\mu_1)^2}{2\sigma_1^2}\right\},$$

すなわち $X$ は正規分布 $N(\mu_1, \sigma_1^2)$ に従う．$Y$ についても同様に証明できる．

### 2.1.3　確率変数の独立

**定義**　確率変数 $X, Y$ が，すべての1次元区間 $I_1, I_2$ に対し，

$$P(X\in I_1, Y\in I_2)=P(X\in I_1)P(Y\in I_2)$$

なるとき，$X, Y$ は独立であるという．

注意 (1) 上の定義は既述の事象の独立という概念に通じるものである．すなわち $X, Y$ の独立は，$X, Y$ がそれぞれ $I_1, I_2$ に属する数値をとる事象 $\{X\in I_1\}$，$\{Y\in I_2\}$ が独立であるということに相当する．

(2) 多変量のときは少し違ってくる．たとえば $X, Y, Z$ が独立であるとは，すべての区間 $I_1, I_2, I_3$ に対し $P(X\in I_1, Y\in I_2, Z\in I_3)=P(X\in I_1)P(Y\in I_2)P(Z\in I_3)$ だけの条件をみたせばよいことになっている．事象の独立の場合のように，さらに $P(X\in I_1, Y\in I_2)=P(X\in I_1)P(Y\in I_2)$ 等の条件を付加して定義を与えない．この理由は，前者の条件から後者の条件が導かれるからである．すなわち $I_3=(-\infty, \infty)$，$P(Z\in I_3)=1$ 等を考えれば

$$P(X\in I_1, Y\in I_2)=P(X\in I_1, Y\in I_2, Z\in I_3)$$
$$=P(X\in I_1)P(Y\in I_2)P(Z\in I_3)=P(X\in I_1)P(Y\in I_2)$$

一般に**無限個の確率変数列** $X_1, X_2, \cdots, X_n, \cdots$ **が独立である**とは，その中の任意の有限個の確率変数列 $X_{i_1}, X_{i_2}, \cdots X_{i_n}$ がすべての1次元区間 $I_1, I_2, \cdots, I_n$ に対し

$$P(X_{i_1}\in I_1, X_{i_2}\in I_2, \cdots, X_{i_n}\in I_n)=P(X_{i_1}\in I_1)P(X_{i_2}\in I_2)\cdots P(X_{i_n}\in I_n)$$

がみたされていることである．

(3) $X, Y$ が独立であるときは関数 $\varphi(X), \psi(Y)$ もまた独立であるということがよく用いられる．

確率変数 $X, Y$ の独立性の条件は，$X, Y$ の型により次のような条件にも書き換えられる．たとえば

**a)** **離散型**　すべての $i, j$ に対し

$$P(X=x_i, Y=y_j) = P(X=x_i)P(Y=y_j).$$

**b)** **連続型**　$X, Y$ の同時確率密度関数を $h(x, y)$ また $X, Y$ の周辺確率密度関数を，それぞれ $f(x), g(y)$ とおくとき，任意の $x, y$ に対し

$$h(x, y) = f(x)g(y).$$

**c)** 一般の表現を分布関数を用いてすれば，$X, Y$ の分布関数を $F(x, y)$, $X, Y$ それぞれの分布関数を $F_1(x), F_2(y)$ とすれば $X, Y$ の独立の条件は任意の $x, y$ に対し $F(x, y) = F_1(x)F_2(y)$.

独立な確率変数についての次の結果がよく用いられる．

**定理 2.1**　**$X, Y$ が独立であるとき**

$$\mathbf{E}(XY) = \mathbf{E}(X)\mathbf{E}(Y)$$

**ここに $\mathbf{E}(XY), \mathbf{E}(X), \mathbf{E}(Y)$ はいずれも存在するものとする．**

**証明**　離散型（他も同様）について証明を与えておこう．

$X, Y$ 独立であるから　$P(X=x_i, Y=y_j) = P(X=x_i)P(Y=y_j)$,

$$E(XY) = \sum_{i,j} x_i y_j P(X=x_i, Y=y_j) = \sum_{i,j} x_i y_j P(X=x_i)P(Y=y_j)$$

$$= \left(\sum_i x_i P(X=x_i)\right)\left(\sum_j y_j P(Y=y_j)\right) = E(X)E(Y).$$

**注意**　**(1)**　上の関係式は $X, Y$ の独立性に対する必要条件であって，十分条件ではない．すなわち $E(XY) = E(X)E(Y)$ であっても，$X, Y$ が独立でない例があげられる．

**(2)**　$X, Y$ が独立であれば，$X, Y$ の積率母関数 $g(\theta_1, \theta_2)$，また $X, Y$ それぞれの積率母関数 $g_1(\theta_1)$，$g_2(\theta_2)$ が存在する範囲内の任意の $\theta_1, \theta_2$ について

$$\boldsymbol{g(\theta_1, \theta_2) = g_1(\theta_1) g_2(\theta_2)}.$$

この証明は，独立のときの上の性質を用いれば次のようにして直ちに得られる．

$$g(\theta_1, \theta_2) = E(e^{\theta_1 X + \theta_2 Y}) = E(e^{\theta_1 X} e^{\theta_2 Y}) = E(e^{\theta_1 X})E(e^{\theta_2 Y}) = g_1(\theta_1)g_2(\theta_2).$$

これがまた独立のための十分条件になっていないことを注意しておこう．

**例 1.**　$X, Y$ が 2 変量正規分布 $N(\mu_1, \mu_2, \sigma_1^2, \sigma_2^2, \rho)$ に従うとき，$X, Y$ が独立であるための必要十分条件は $\rho=0$ である．

**証明**　求める条件は，すべての $x, y$ について

$$\frac{1}{2\pi\sigma_1\sigma_2\sqrt{1-\rho^2}}\exp\left[-\frac{1}{2(1-\rho^2)}\left\{\frac{(x-\mu_1)^2}{\sigma_1{}^2}-2\rho\frac{(x-\mu_1)(y-\mu_2)}{\sigma_1\sigma_2}+\frac{(y-\mu_2)^2}{\sigma_2{}^2}\right\}\right]$$

$$=\frac{1}{\sqrt{2\pi}\sigma_1}\exp\left[-\frac{(x-\mu_1)^2}{2\sigma_1{}^2}\right]\cdot\frac{1}{\sqrt{2\pi}\sigma_2}\exp\left[-\frac{(y-\mu_2)^2}{2\sigma_2{}^2}\right]$$

これは明らかに $\rho=0$ と同値である.

**例 2.**　三つの確率変数 $X, Y, Z$ の同時分布は，次の 4 点がいずれも確率 1/4 をもつような分布であるとする.

$$(1,0,0),\ (0,1,0),\ (0,0,1),\ (1,1,1).$$

この三つの確率変数のうちどの二つをとっても独立であるが，三つは独立でないことを示せ

**証明**　$\mathrm{P}(X=1)=\sum_{i,j=0}^{1}\mathrm{P}(X=1, Y=i, Z=j)$

$$=\mathrm{P}(X=1, Y=0, Z=0)+\mathrm{P}(X=1, Y=1, Z=1)=\frac{1}{2}.$$

同様にして

$$\mathrm{P}(X=0)=\frac{1}{2};\quad \mathrm{P}(Y=1)=\mathrm{P}(Y=0)=\mathrm{P}(Z=1)=\mathrm{P}(Z=0)=\frac{1}{2}.$$

また　$\mathrm{P}(X=1, Y=1)=\sum_{i=0}^{1}\mathrm{P}(X=1, Y=1, Z=i)=\frac{1}{4}.$

同様にして

$$\mathrm{P}(X=i, Y=j)=\frac{1}{4},\quad (i, j=0, 1).$$

よって　$\mathrm{P}(X=i, Y=j)=\mathrm{P}(X=i)P(Y=j),\quad (i, j=0, 1).$

これにより $X, Y$ は独立である. 同様にして $Y, Z;\ Z, X$ もまた独立である.

しかし　$\mathrm{P}(X=1, Y=1, Z=1)\neq\mathrm{P}(X=1)\mathrm{P}(Y=1)\mathrm{P}(Z=1).$

よって $X, Y, Z$ は独立ではない.

## 2.2　確率変数の和の分布

### 2.2.1　正規分布に従う確率変数の和の分布

**定理 2.2　確率変数 $X_1$, $X_2$ がそれぞれ正規分布 $\mathrm{N}(\mu_1, \sigma_1{}^2)$, $\mathrm{N}(\mu_2, \sigma_2{}^2)$ に従いかつ独立のとき，$a_1X_1+a_2X_2$ は $\mathrm{N}(a_1\mu_1+a_2\mu_2, a_1{}^2\sigma_1{}^2+a_2{}^2\sigma_2{}^2)$ に従う. ここに $a_1, a_2$ は定数とする.**

**証明**　$a_1X_1+a_2X_2$ の積率母関数を $g(\theta)$ とすれば

$$g(\theta)=\mathrm{E}\{e^{\theta(a_1X_1+a_2X_2)}\}=\mathrm{E}\{e^{a_1\theta X_1}\cdot e^{a_2\theta X_2}\}=\mathrm{E}(e^{a_1\theta X_1})\cdot\mathrm{E}(e^{a_2\theta X_2})$$

（$X_1, X_2$ の独立から）

ところが $X_1, X_2$ がそれぞれ $\mathrm{N}(\mu_1, \sigma_1^2)$, $\mathrm{N}(\mu_2, \sigma_2^2)$ に従うから，積率母関数はそれぞれ任意の実数 $\theta'$ に対し

$$\mathrm{E}(e^{\theta' X_1})=e^{\mu_1\theta'+\frac{\sigma_1^2}{2}\theta'^2},\quad \mathrm{E}(e^{\theta' X_2})=e^{\mu_2\theta'+\frac{\sigma_2^2}{2}\theta'^2}.$$

よって前式に代入して

$$g(\theta)=e^{\mu_1(a_1\theta)+\frac{\sigma_1^2}{2}(a_1\theta)^2}e^{\mu_2(a_2\theta)+\frac{\sigma_2^2}{2}(a_2\theta)^2}=e^{(a_1\mu_1+a_2\mu_2)\theta+\frac{a_1^2\sigma_1^2+a_2^2\sigma_2^2}{2}\theta^2}$$

これより　$a_1X_1+a_2X_2$ は $\mathrm{N}(a_1\mu_1+a_2\mu_2,\ a_1^2\sigma_1^2+a_2^2\sigma_2^2)$ に従う．

上の証明により，r.v. $a_1X_1+a_2X_2$ の平均，分散がそれぞれ

$$\mathrm{E}(a_1X_1+a_2X_2)=a_1\mu_1+a_2\mu_2,$$

$$\mathrm{V}(a_1X_1+a_2X_2)=a_1^2\sigma_1^2+a_2^2\sigma_2^2$$

なることがわかる．しかしこのことは $X_1, X_2$ が正規分布に従っていなくても，一般に成立する．すなわち次の公式がよく用いられる．

**定理 2.3　確率変数 $X_1, X_2$ について**

$$\mathbf{E}(a_1X_1+a_2X_2)=a_1\mathbf{E}(X_1)+a_2\mathbf{E}(X_2).$$

**特に $X_1, X_2$ が独立なるときは**

$$\mathbf{V}(a_1X_1+a_2X_2)=a_1^2\mathbf{V}(X_1)+a_2^2\mathbf{V}(X_2).$$

**証明**　連続型の場合（他の場合も同様）のみ考える．

$X_1, X_2$ の同時確率密度関数を $f(x_1, x_2)$ とおく．

$$\begin{aligned}\mathrm{E}(a_1X_1+a_2X_2)&=\int_{-\infty}^{\infty}\int_{-\infty}^{\infty}(a_1x_1+a_2x_2)f(x_1,x_2)dx_1dx_2\\&=a_1\int_{-\infty}^{\infty}\int_{-\infty}^{\infty}x_1f(x_1,x_2)dx_1\,dx_2+a_2\int_{-\infty}^{\infty}\int_{-\infty}^{\infty}x_2f(x_1,x_2)dx_1\,dx_2\\&=a_1\mathrm{E}(X_1)+a_2\mathrm{E}(X_2).\end{aligned}$$

$$\begin{aligned}\mathrm{V}(a_1X_1+a_2X_2)&=\mathrm{E}[\{(a_1X_1+a_2X_2)-\mathrm{E}(a_1X_1+a_2X_2)\}^2]\\&=\mathrm{E}[(a_1X_1+a_2X_2-a_1\mathrm{E}(X_1)-a_2\mathrm{E}(X_2))^2]\\&=\mathrm{E}[a_1\{X_1-\mathrm{E}(X_1)\}+a_2\{X_2-\mathrm{E}(X_2)\}]^2\\&=a_1^2\mathrm{E}[\{X_1-\mathrm{E}(X_1)\}^2]+2a_1a_2\mathrm{E}[\{X_1-\mathrm{E}(X_1)\}\\&\quad\cdot\{X_2-\mathrm{E}(X_2)\}]+a_2^2\mathrm{E}[\{X_2-\mathrm{E}(X_2)\}^2].\end{aligned}$$

ところが $X_1, X_2$ が独立であるから，右辺の第2項は

$$E[\{X_1-E(X_1)\}\cdot\{X_2-E(X_2)\}]=E[\{X_1-E(X_1)\}]\cdot E[\{X_2-E(X_2)\}]$$
$$=\{E(X_1)-E(X_1)\}\cdot\{E(X_2)-E(X_2)\}=0$$

よって
$$V(a_1X_1+a_2X_2)=a_1^2V(X_1)+a_2^2V(X_2).$$

以上の結果を多くの変量の場合に拡張すると次の結果が得られる．

$$\mathbf{E}(a_1X_1+a_2X_2+\cdots+a_nX_n)=a_1\mathbf{E}(X_1)+a_2\mathbf{E}(X_2)+\cdots+a_n\mathbf{E}(X_n).$$

**もし $X_1, X_2, \cdots, X_n$ が独立なるとき**

$$\mathbf{V}(a_1X_1+a_2X_2+\cdots+a_nX_n)$$
$$=a_1^2\mathbf{V}(X_1)+a_2^2\mathbf{V}(X_2)+\cdots+a_n^2\mathbf{V}(X_n).$$

**なお，さらに $X_1, \cdots, X_n$ がそれぞれ正規分布 $\mathbf{N}(\mu_1, \sigma_1^2),\cdots, \mathbf{N}(\mu_n, \sigma_n^2)$ に従うときは，**

**$a_1X_1+a_2X_2+\cdots+a_nX_n$ は $\mathbf{N}(a_1\mu_1+a_2\mu_2+\cdots+a_n\mu_n,$**

**$a_1^2\sigma_1^2+a_2\sigma_2^2+\cdots+a_n^2\sigma_n^2)$ に従う．**

また統計的推測を行なうとき，$\bar{X}=(X_1+X_2+\cdots+X_n)/n$ の確率分布を扱うことが多い．これについては上の結果より次のことが成り立つ．

**$X_1, X_2, \cdots, X_n$ がいずれも同一の確率分布（平均 $\mu$，分散 $\sigma^2$ をもつとする）に従い，かつ独立とするとき**

$$\mathbf{E}(\bar{X})=\mu,\quad \mathbf{V}(\bar{X})=\sigma^2/n,\quad \mathbf{D}(\bar{X})=\sigma/\sqrt{n}.$$

**$X_1, X_2, \cdots, X_n$ がいずれも正規分布 $\mathbf{N}(\mu, \sigma^2)$ に従い，かつ独立とするとき**

**$\bar{X}$ は $\mathbf{N}(\mu, \sigma^2/n)$ に従う．**

なお正規分布に従うときは，正規分布表を利用して具体的計算ができる．

**注意（1）** $E(a_1X_1+\cdots+a_nX_n)=a_1E(X_1)+\cdots+a_nE(X_n)$ は $X_1, \cdots, X_n$ が独立であるなしにかかわらず成立するが，$V(a_1X_1+\cdots+a_nX_n)=a_1^2V(X_1)+\cdots+a_n^2V(X_n)$ は $X_1, \cdots, X_n$ の独立性を十分条件として要求している．

**（2）** $X_1, X_2$ が独立という条件がはっきりしないときは

$$V(a_1X_1+a_2X_2)=a_1^2V(X_1)+2a_1a_2C(X_1, X_2)+a_2^2V(X_2)$$

という形に書かれて，

$$C(X_1, X_2)=E[\{X_1-E(X_1)\}\cdot\{X_2-E(X_2)\}]$$

を $X_1, X_2$ **の共分散と呼び**，これをもって確率変数 $X_1, X_2$ の間の関係の度合を測るものと考えられている．これについては後にふれることにする．

（3）$E(\bar{X})=\mu$, $V(\bar{X})=\sigma^2/n$ ということは，同じ確率分布（平均 $\mu$, 分散 $\sigma^2$）に従う変量の算術平均（$\bar{X}$ をこういう名で呼ぶことがある）$\bar{X}$ の確率的動きは，一つの変量の平均 $\mu$ を中心として変動し，その変動のバラツキは各変量のバラツキより，はるかに小さく，その度合は $\sigma^2/n$ で表現される．しかも，この事実は元の確率分布が一般の分布でもいえることである．さらにより重要なことは元の確率分布が正規分布でなくても，$n$ を十分大きくとれば，$\bar{X}$ は大体正規分布 $N(\mu, \sigma^2/n)$ に従っていると考えてよいということである．これについての理論的保証たる中心極限定理については後にふれることにする．

**例 1.** r.v. $X, Y$ がそれぞれ $N(35, 200)$, $N(60, 100)$ に従い，かつ独立とする．次の問に答えよ．

（1）$P(2X+Y>100)$ の値を求めよ．

（2）$P(2X<Y)$ の値を求めよ．

（3）$P\left(\dfrac{2X+Y}{3}\geqq a\right)=0.8$ なる $a$ の値を求めよ．

**解**（1）r.v. $2X+Y$ は $N(130, 900)$ に従っている．
よって $\{(2X+Y)-130\}/30$ は $N(0,1)$ に従う．これを用いて

$$P(2X+Y>100)=P\left(\frac{2X+Y-130}{30}>\frac{100-130}{30}\right)$$

$$=P\left(\frac{2X+Y-130}{30}>-1\right)=0.8413$$

（2）$2X-Y$ は $N(10, 900)$ に従う．
よって $(2X-Y-10)/30$ は $N(0,1)$ に従う．

$$P(2X<Y)=P(2X-Y<0)=P\left(\frac{2X-Y-10}{30}<\frac{-10}{30}\right)=0.3707.$$

（3）$\dfrac{2X+Y}{3}$ は $N\left(\dfrac{130}{3}, 100\right)$ に従う．これより

$$P\left\{\left(\frac{2X+Y}{3}-\frac{130}{3}\right)\Big/10\geqq\left(a-\frac{130}{3}\right)\Big/10\right\}=0.8$$

$$\left(a-\frac{130}{3}\right)\Big/10=-0.8416,\qquad a=34.9.$$

**例 2.** r.v. $X_1, X_2, \cdots, X_n\ (n=10)$ がいずれも独立で $N(50, 250)$ に従うとき，次の問に答えよ．

（1）$P(|\bar{X}-50|\leqq a)=0.95$ なる $a$ の値を求めよ．

（2）$P(40\leqq\bar{X}\leqq b)=0.6$ なる $b$ の値を求めよ．

**解**　$\bar{X}$ は N(50, 25) に従うから

（1）　$\mathrm{P}\left(\left|\dfrac{\bar{X}-50}{5}\right| \leqq \dfrac{a}{5}\right)=0.95,\quad \dfrac{a}{5}=1.96,\quad a=9.8$

（2）　$\mathrm{P}\left(\dfrac{40-50}{5} \leqq \dfrac{\bar{X}-50}{5} \leqq \dfrac{b-50}{5}\right)=0.6,\quad \mathrm{P}\left(-2 \leqq \dfrac{\bar{X}-50}{5} \leqq \dfrac{b-50}{5}\right)=0.6,$

$0.6-0.4773=0.1227,$

$\mathrm{P}\left(0 \leqq \dfrac{\bar{X}-50}{5} \leqq \dfrac{b-50}{5}\right)=0.1227,\quad \dfrac{b-50}{5}=0.3126,$

$b=51.6.$

**例 3.**　r.v. $X_1, \cdots, X_m$ $(m=20)$ は N(46, 100) に，$Y_1, \cdots, Y_n$ $(n=5)$ は N(50, 100) に従い，かつ $X_1, X_2, \cdots, X_m$, $Y_1, Y_2, \cdots, Y_n$ は独立とする．

（1）　$\mathrm{P}(\bar{X}+\bar{Y}>100)$ の値を求めよ．

（2）　$\mathrm{P}(\bar{X}>\bar{Y})$ の値を求めよ．

（3）　$\mathrm{P}\{(\bar{X}+\bar{Y})/2 \geqq a\}=0.99$ なる $a$ の値を求めよ．

**解**　（1）　$\bar{X}$ は N(46, 5) に従い，$\bar{Y}$ は N(50, 20) に従い，かつ $\bar{X}$, $\bar{Y}$ は独立であるから，$\bar{X}+\bar{Y}$ は N(96, 25) に従う．

$$\mathrm{P}(\bar{X}+\bar{Y}>100)=\mathrm{P}\left(\frac{\bar{X}+\bar{Y}-96}{5}>\frac{100-96}{5}\right)=\mathrm{P}\left(\frac{\bar{X}+\bar{Y}-96}{5}>0.8\right)$$
$$=0.2119.$$

（2）　$\bar{X}-\bar{Y}$ は N(−4, 25) に従うから

$$\mathrm{P}(\bar{X}>\bar{Y})=\mathrm{P}(\bar{X}-\bar{Y}>0)=\mathrm{P}\left(\frac{\bar{X}-\bar{Y}+4}{5}>\frac{4}{5}\right)=0.2119.$$

（3）　$(\bar{X}+\bar{Y})/2$ は N(48, 25/4) に従うから

$$\mathrm{P}\left(\frac{\bar{X}+\bar{Y}}{2} \geqq a\right)=\mathrm{P}\left\{\left(\frac{\bar{X}+\bar{Y}}{2}-48\right)\Big/\frac{5}{2} \geqq \frac{2(a-48)}{5}\right\}=0.99,$$

$$\frac{2(a-48)}{5}=-2.3263,\quad a=42.2.$$

**例 4.**　r.v. $X_1, X_2, \cdots, X_n$ $(n=25)$ がいずれも同一の確率分布に従い，かつ独立とする．$\mathrm{E}(a\bar{X}+b)=0$, $\mathrm{V}(a\bar{X}+b)=1$ なる定数 $a$ $(>0)$, $b$ を次の各確率分布につき求めよ．

（1）　$\mathrm{P}(X=r)=\dfrac{k \cdot 4^r}{r!},\quad (r=0, 1, 2, \cdots).$

（2） p.d.f. $f(x) = ke^{-x^2-4x}$, $(-\infty < x < \infty)$.

（3） p.d.f. $f(x) = \begin{cases} ke^{-x/5}, & (x \geqq 0), \\ 0, & (x < 0). \end{cases}$

（4） $P(X=r) = {}_{20}C_r \dfrac{1}{2^{20}}$, $(r=0, 1, \cdots, 20)$.

（5） p.d.f. $f(x) = \begin{cases} k, & (2 \leqq x \leqq 6), \\ 0, & (\text{その他}). \end{cases}$

**解** （1） ポアソン分布で $E(X)=4$, $V(X)=4$. よって $E(\bar{X})=4$, $V(\bar{X})=\dfrac{4}{25}$ ゆえに $E\{(\bar{X}-4)/(2/5)\}=0$, $V\{(\bar{X}-4)/(2/5)\}=1$. $a=5/2$, $b=-10$.

（2） 正規分布で $E(X)=-2$, $V(X)=\dfrac{1}{2}$. $a=5\sqrt{2}$, $b=10\sqrt{2}$.

（3） 指数分布で $E(X)=5$, $V(X)=25$. $a=1$, $b=-5$.

（4） 二項分布で $E(X)=10$, $V(X)=5$. $a=\sqrt{5}$, $b=-10\sqrt{5}$.

（5） 一様分布で $E(X)=4$, $V(X)=4/3$. $a=5\sqrt{3}/2$, $b=-10\sqrt{3}$.

**2.2.2 再生性をもつ確率分布** 定理 2.2 より，独立な確率変数 $X_1, X_2$ がそれぞれ正規分布 $N(\mu_1, \sigma_1^2)$, $N(\mu_2, \sigma_2^2)$ に従うとき，和 $X_1+X_2$ もまた正規分布 $N(\mu_1+\mu_2, \sigma_1^2+\sigma_2^2)$ に従うことがわかる．このように独立な確率変数 $X_1, X_2, \cdots, X_n$ がいずれも，同じ型の確率分布に従い，それらの和 $X_1+X_2+\cdots+X_n$ もまたその型の確率分布に従うとき，この型の確率分布は再生性をもつといわれる．次に再生性をもつ分布を少し列挙する．

**（1） 共通な $p$ をもつ二項分布 $B(m, p)$**

$P(X=k) = {}_mC_k p^k q^{m-k}$ $(0<p<1,\ q=1-p)$, $(k=0, 1, 2, \cdots, m)$

m.g.f. $g(\theta) = (pe^\theta+q)^m$, $E(X) = mp$, $V(X) = mpq$

$X_i (i=1, 2, \cdots, n)$ が二項分布 $B(m_i, p)$ に従い，かつ独立なるとき $X_1+X_2+\cdots+X_n$ は二項分布 $B(m_1+m_2+\cdots+m_n, p)$ に従う．

**（2） ポアソン分布**

$P(X=k) = e^{-\lambda}\lambda^k/k!$ $(\lambda>0)$ $(k=0, 1, 2, \cdots)$

m.g.f. $g(\theta) = e^{\lambda(e^\theta-1)}$, $E(X) = \lambda$, $V(X) = \lambda$.

$X_i (i=1, 2, \cdots, n)$ が平均 $\lambda_i$ のポアソン分布に従い，かつ独立なるとき $X_1+X_2+\cdots+X_n$ は平均 $\lambda_1+\lambda_2+\cdots+\lambda_n$ のポアソン分布に従う．

**(3)　正規分布 $\mathrm{N}(\mu, \sigma^2)$**

$$\text{p.d.f.}\ f(x)=\frac{1}{\sqrt{2\pi}\sigma}e^{-\frac{(x-\mu)^2}{2\sigma^2}},\quad (-\infty<x<\infty).$$

$$\text{m.g.f.}\ g(\theta)=e^{\mu\theta+\frac{\sigma^2}{2}\theta^2},\quad \mathrm{E}(X)=\mu,\quad \mathrm{V}(X)=\sigma^2.$$

$X_i(i=1,2,\cdots,n)$ が正規分布 $\mathrm{N}(\mu_i, \sigma_i^2)$ に従い，かつ独立なるとき，$X_1+X_2+\cdots+X_n$ は正規分布 $\mathrm{N}(\mu_1+\mu_2+\cdots+\mu_n, \sigma_1^2+\sigma_2^2+\cdots+\sigma_n^2)$ に従う

**(4)　自由度 $m$ の $\chi^2$ 分布**

$$\text{p.d.f.}\ f(x)=\begin{cases}\dfrac{1}{2^{m/2}\Gamma(m/2)}x^{\frac{m}{2}-1}e^{-\frac{x}{2}}, & (x>0),\\ 0, & (x\leqq 0).\end{cases}$$

$$\text{m.g.f.}\ g(\theta)=(1-2\theta)^{-\frac{m}{2}},\quad \left(|\theta|<\frac{1}{2}\right),$$

$$\mathrm{E}(X)=m,\ \mathrm{V}(X)=2m.$$

$X_i\ (i=1,2,\cdots,n)$ が自由度 $m_i$ の $\chi^2$ 分布に従い，かつ独立なるとき $X_1+X_2+\cdots+X_n$ は自由度 $m_1+m_2+\cdots+m_n$ の $\chi^2$ 分布に従う．

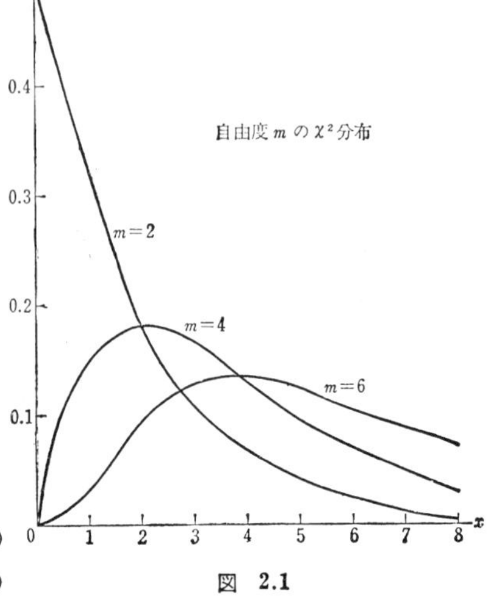

図　2.1

**注意**　(1)　上の諸結果は定理 2.2 のように，積率母関数を用いて証明できる．

(2)　同じ平均をもつ指数分布をもつ独立な確率変数の和の分布も，次の $\Gamma$ 分布の再生性を用いれば得られる．

**$\Gamma$ 分布**

$$\text{p.d.f.}\ f(x)=\begin{cases}\dfrac{\beta^\alpha}{\Gamma(\alpha)}x^{\alpha-1}e^{-\beta x} & (\alpha>0, \beta>0),\ (x>0)\\ 0\ , & (x\leqq 0)\end{cases}$$

$$\text{m.g.f.}\ g(\theta)=\left(1-\frac{\theta}{\beta}\right)^{-\alpha},\quad (|\theta|<\beta).$$

**2.2.3 一般の和の分布** $X, Y$ の同時確率密度関数を $f(x, y)$ とすれば，和 $U=X+Y$ の確率密度関数 $g(u)$ は

$$g(u) = \int_{-\infty}^{\infty} f(x, u-x)\,dx.$$

特に $X, Y$ が独立で，それぞれの周辺確率密度関数を $f_1(x)$, $f_2(y)$ とすれば

$$g(u) = \int_{-\infty}^{\infty} f_1(x) f_2(u-x)\,dx.$$

この右辺を $f_1(x)$ と $f_2(y)$ の**重畳**（convolution）という．

**例 5.** 独立な確率変数 $X, Y$ がともに一様分布

$$\text{p.d.f.}\ f(x) = \begin{cases} 1, & (0 \leqq x \leqq 1), \\ 0, & (\text{その他}) \end{cases}$$

に従うとき，$U=X+Y$ の p.d.f. $g(u)$ を求めよ．

**解** $g(u) = \int_{-\infty}^{\infty} f_1(x) f_2(u-x)\,dx$

において，$f_1(x)=1$, $f_2(u-x)=1$ をみたす範囲は

$0 \leqq x \leqq 1$, $0 \leqq u-x \leqq 1$ すなわち $u-1 \leqq x \leqq u$.

$0 \leqq u \leqq 1$ のとき $0 \leqq x \leqq 1$, $u-1 \leqq x \leqq u$ の共通範囲は

$0 \leqq x \leqq u$.

$1 < u \leqq 2$ のとき上の共通範囲は

$u-1 \leqq x \leqq 1$.

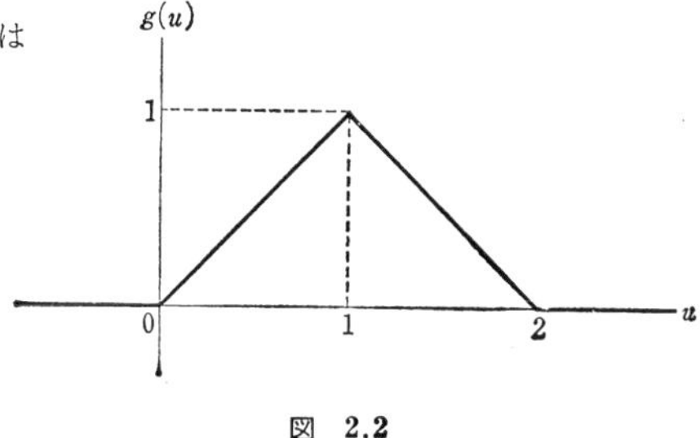


図 2.2

よって

$0 \leqq u \leqq 1$ のとき $g(u) = \int_0^u dx = u$,

$1 < u \leqq 2$ のとき $g(u) = \int_{u-1}^1 dx = 1-(u-1) = 2-u$.

$U=X+Y$ の p.d.f. $g(u)$ のグラフは上のようになる．

## 2.3 極限分布

**2.3.1 中心極限定理**　独立な確率変数 $X_1, X_2, \cdots, X_n$ が同一の確率分布（平均 $\mu$，分散 $\sigma^2$）に従っているとき $\bar{X}=(X_1+X_2+\cdots+X_n)/n$ の平均，分散について次の結果が得られることは前節で述べた．

$$E(\bar{X})=\mu, \quad V(\bar{X})=\sigma^2/n.$$

ここでは単に $\bar{X}$ の平均，分散だけでなくより詳しくその確率的動きをとらえるために $\bar{X}$ の確率分布についてしらべてみよう．もっとも $X_1, X_2, \cdots, X_n$ がいずれも正規分布 $N(\mu, \sigma^2)$ に従っているときは，既述のように $\bar{X}$ は $N(\mu, \sigma^2/n)$ に従っている．問題は正規分布でなく一般の確率分布をもつ $X_1, X_2, \cdots, X_n$ の算術平均 $\bar{X}$ の確率分布である．この場合甚だ都合のよいことには，始めの確率分布が正規でなくても，相当多くの変量の算術平均 $\bar{X}$ は大体正規分布に従うことが次の定理により示される．この定理を**中心極限定理** (central limit theorem) といい，統計的解析を行なう上に大きな力を発揮している．

**定理　確率変数 $X_1, X_2, \cdots, X_n$ が同一の確率分布（平均 $\mu$，分散 $\sigma^2$ が存在するものとする）に従い，かつ独立であるとき，任意の $a, b$ ($a<b$) に対し**

$$P\left(a \leqq \frac{\bar{X}-\mu}{\sigma/\sqrt{n}} \leqq b\right) \to \int_a^b \frac{1}{\sqrt{2\pi}} e^{-\frac{x^2}{2}} dx, \qquad (n \to \infty).$$

**注意** (1) 中心極限定理は確率論の大きな研究題目で，この定理の内容も，もっと一般的な条件の下に詳細に研究がすすめられて来て多くの結果が発表されている．ここでは統計解析上最も利用度の高い基本的な形が述べられている．

(2) 上の結果をわかり易くいえば，$n$ を相当大きくとれば始めの確率分布がどんな形であっても，$\bar{X}$ をとればその確率的な動きは大体正規分布 $N(\mu, \sigma^2/n)$ とみなしてよい．すなわち $n$ が相当大きいとき

$\bar{X}$ は，ほぼ　$N(\mu, \sigma^2/n)$　に従う

ということである．相当大きくとる $n$ という値はどれほどかということが実際には問題になるであろう．これも始めの確率分布の形でいろいろあり，ある場合は $n$ が 30 程度でも $\bar{X}$ は結構正規分布的の動きをすることが知られているが，始めの確率分布がいろいろの形をとることを考えて，$n$ として少なくとも 100 ぐらいであれば $\bar{X}$ は正規分布に従うとみなして，およその統計的結果を導くことがある．

**証明** $\dfrac{\bar{X}-\mu}{\sigma/\sqrt{n}}$ の m.g.f. $g_n(\theta)=\mathrm{E}\left\{\exp\left(\dfrac{\bar{X}-\mu}{\sigma/\sqrt{n}}\right)\theta\right\}$

$$=\mathrm{E}\left[\left\{\exp\left\{\sum_{i=1}^{n}(X_i-\mu)\theta/\sqrt{n}\,\sigma\right)\right\}\right] \qquad \left(\bar{X}-\mu=\sum_{i=1}^{n}(X_i-\mu)/n \text{ より}\right)$$

$$=\left[\mathrm{E}\left\{\exp\left(\frac{\theta}{\sqrt{n}\,\sigma}(X_i-\mu)\right)\right\}\right]^n. \qquad \left(\begin{array}{l}X_1,\cdots,X_n \text{ が独立で同一}\\ \text{の確率分布をもつから}\end{array}\right)$$

ところが $\mathrm{E}\{(X_i-\mu)/\sigma\}=0,\quad \mathrm{V}\{(X_i-\mu)/\sigma\}=1$ より

$$\frac{X_i-\mu}{\sigma} \text{ の m.g.f. } g(\theta)=\mathrm{E}\left[\exp\left\{\theta\left(\frac{X_i-\mu}{\sigma}\right)\right\}\right]$$

$$=1+\frac{\theta^2}{2}+\mathrm{O}(\theta^3), \qquad (\theta\to 0).$$

ここに $\mathrm{O}(\theta^3)$ は $\theta^3$ と同位の無限小を表わす.

$$g_n(\theta)=\{g(\theta/\sqrt{n})\}^n=\left\{1+\frac{\theta^2}{2n}+\mathrm{O}\left(n^{-\frac{3}{2}}\right)\right\}^n$$

$$=\{(1+t_n)^{1/t_n}\}^{nt_n} \qquad \left(t_n=\frac{\theta^2}{2n}+\mathrm{O}(n^{-\frac{3}{2}}) \text{ とする}\right)$$

$$=\left\{(1+t_n)^{1/t_n}\right\}^{\frac{\theta^2}{2}+\mathrm{O}(n^{-\frac{1}{2}})}\to e^{\frac{\theta^2}{2}}, \qquad (n\to\infty).$$

これより $\dfrac{\bar{X}-\mu}{\sigma/\sqrt{n}}$ の極限分布は $\mathrm{N}(0,1)$ となる. すなわち

$$P\left(a\leqq\frac{\bar{X}-\mu}{\sigma/\sqrt{n}}\leqq b\right)\to\int_a^b\frac{1}{\sqrt{2\pi}}e^{-\frac{x^2}{2}}dx, \qquad (n\to\infty).$$

**例 1.** 確率変数 $X$ が二項分布 $\mathrm{B}(n,p)$ に従うとき, $n$ が相当大きいとき, $X$ は $\mathrm{N}(np,npq)$ に従うとみなして差し支えないということを中心極限定理を用いて説明せよ.

**解** $X$ の確率分布は

$$\mathrm{P}(X=k)={}_nC_k p^k q^{n-k}, \qquad (k=0,1,\cdots,n).$$

$$(0<p<1,\ q=1-p)$$

これは一つの試行における出現確率 $p$ をもつ事象 $A$ が $n$ 回の独立試行中出現する回数を確率変数とみたときの確率分布である. いま次のような新しい確率変数 $Y_i$ を考える. 第 $i$ 回目の試行で $A$ が出現したとき $Y_i=1$, しからざるとき $Y_i=0$ とおく. するとこの $Y_i$ の確率分布は

$$\mathrm{P}(Y_i=1)=p, \qquad \mathrm{P}(Y_i=0)=q.$$

この $Y_i$ の平均, 分散は

$$\mu=\mathrm{E}(Y_i)=1\times p+0\times q=p, \qquad \sigma^2=\mathrm{V}(Y_i)=\mathrm{E}(Y_i^2)-\mathrm{E}^2(Y_i)=pq.$$

この場合 $Y_1+Y_2+\cdots+Y_n=k$ の意味は，$Y_i$ がとる値が1か0であるから $Y_1, Y_2, \cdots, Y_n$ のうち1が $k$ 回あったことになる．すなわち $n$ 回の試行中注目の事象 $A$ が$k$ 回現われたことになる．始めの $X$ は $n$ 回の試行中 $A$ の出現回数であったわけであるから　　$X=Y_1+Y_2+\cdots+Y_n$

となる．ところが中心極限定理によれば

$$\bar{Y}=\sum_{i=1}^{n} Y_i/n=X/n$$

は $n$ が相当大きいときは $N(\mu, \sigma^2/n)$ すなわち $N(p, pq/n)$ に従うとみなせることがわかっている．

そこで $X=n\bar{Y}$ の確率分布は大体正規分布 $N(np, npq)$ とみなせることになる．

**注意**　$p$ が 0 または 1 に近くないときは，二項分布の確率は，正規分布で近似されて計算されることが多い．$n$ が大きいほどよい近似を示すが，$p$ が 0.5 に近いときは $n$ が小さくとも相当よい近似を示す．

**例 2.**　$X$ が二項分布 $B(15, 0.4)$ に従うとき $P(7\leqq X\leqq 9)$ の値を正規分布を用いて近似せよ．

**解**　この二項分布の平均 $E(X)=6$，分散 $V(X)=3.6$.

求める正確な値は

$$P(7\leqq X\leqq 9)=\sum_{k=7}^{9} {}_{15}C_k(0.4)^k(0.6)^{15-k}=0.3564.$$

正規分布 $N(6, 3.6)$ で近似して

$$P(7\leqq X\leqq 9)\fallingdotseq P(6.5\leqq X\leqq 9.5)$$

$$=P\left(\frac{6.5-6}{\sqrt{3.6}}\leqq\frac{X-6}{\sqrt{3.6}}\leqq\frac{9.5-6}{\sqrt{3.6}}\right)\fallingdotseq 0.3636.$$

**注意**　近似計算するときに 7, 9 の代りに 6.5, 9.5 を用いた理由（この方法を**半整数補正法**という）は次のようである．

一般に離散型確率分布

$$P(X=k)=p_k, \quad (\sum_k p_k=1)$$

をもつ確率変数 $X$ について，$P(i\leqq X\leqq j)=\sum_{k=i}^{j} p_k$ は，右図のように区間 $\left(k-\frac{1}{2},\ k+\frac{1}{2}\right)$ の上に高さ $p_k$ をもつ長方形の面積 $S_k$ の和と考えられる．これを確率密度関数の曲線 $f(x)$ で近似すれば

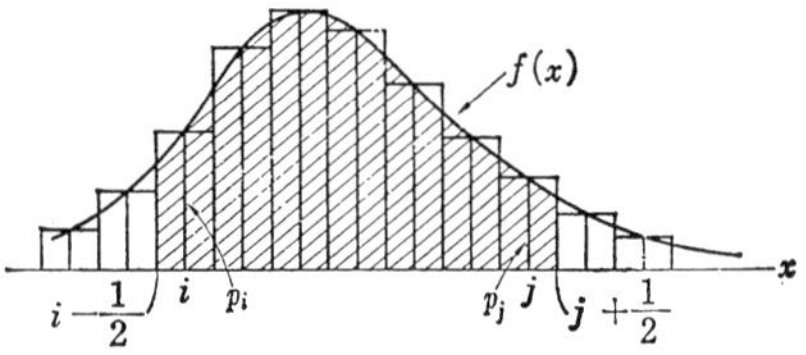

図 2.3

$$\sum_{k=i}^{j} p_k=\sum_{k=i}^{j} S_k\fallingdotseq\int_{i-\frac{1}{2}}^{j+\frac{1}{2}} f(x)dx.$$

**例 3.** r.v. $X_1, X_2, \cdots, X_n$ $(n=100)$ がいずれも同一の確率分布に従い，かつ独立とする．$\mathrm{P}(\bar{X} \leqq a)=0.15$ なる定数 $a$ の概略値を次の各確率分布について求めよ．$c$ は定数とする．

(1) $\mathrm{P}(X=k)=\dfrac{c \cdot 4^k}{k!}, \quad (k=0, 1, 2, \cdots).$

(2) p.d.f. $f(x)=\begin{cases} ce^{-x/5}, & (x \geqq 0), \\ 0 \quad, & (x<0). \end{cases}$

(3) p.d.f. $f(x)=ce^{-x^2-4x}, \quad (-\infty<x<\infty).$

(4) $\mathrm{P}(X=k)={}_{20}C_k \dfrac{4^k}{5^{20}}, \quad (k=0, 1, \cdots, 20).$

(5) p.d.f. $f(x)=\begin{cases} c, & (-2 \leqq x \leqq 4), \\ 0, & (\text{その他}). \end{cases}$

**解** (1) $\mathrm{E}(X)=4$, $\mathrm{V}(X)=4$ より $\bar{X}$ はほぼ $\mathrm{N}(4, 4/100)$ に従う．

$$\mathrm{P}(\bar{X} \leqq a)=\mathrm{P}\left(\frac{\bar{X}-4}{\sqrt{4/100}} \leqq \frac{a-4}{\sqrt{4/100}}\right)=0.15$$

正規分布表より $\dfrac{a-4}{\sqrt{4/100}} \fallingdotseq -1.0364$, $\qquad a \fallingdotseq 3.79.$

(2) $\mathrm{E}(X)=5$, $\quad \mathrm{V}(X)=25.$

同じようにして $\dfrac{a-5}{\sqrt{25/100}} \fallingdotseq -1.0364$, $\qquad a \fallingdotseq 4.48.$

(3) $\mathrm{E}(X)=-2$, $\quad \mathrm{V}(X)=\dfrac{1}{2}.$

$$\frac{a+2}{\sqrt{\dfrac{1}{200}}}=-1.0364, \qquad a \fallingdotseq -2.07.$$

(4) $\mathrm{E}(X)=16$, $\quad \mathrm{V}(X)=\dfrac{16}{5}.$

$$\frac{a-16}{\sqrt{16/500}}=-1.0364, \qquad a \fallingdotseq 15.82.$$

(5) $\mathrm{E}(X)=1$, $\quad \mathrm{V}(X)=36/12=3.$

$$\frac{a-1}{\sqrt{3/100}}=-1.0364, \qquad a \fallingdotseq 0.82.$$

**例 4.** r.v. $X_1, X_2, \cdots, X_m$ $(m=400)$ がいずれも確率分布

$$\mathrm{P}(X=k)=\frac{10^k}{e^{10} \cdot k!} \quad (k=0, 1, 2, \cdots)$$

に従い，また r.v. $Y_1, Y_2, \cdots, Y_n$ $(n=5)$ が N(15, 60) に従うものとする．ここに $X_1, X_2, \cdots, X_m, Y_1, Y_2, \cdots, Y_n$ は独立とする．次の値を求めよ．

（1）　$P(\bar{X}>\bar{Y})$ の概略値．

（2）　$P(\bar{X}+\bar{Y}>a)=0.1$ なる $a$ の概略値．

**解**　（1）$\bar{X}$ の確率分布は正規分布 N(10, 10/400) で近似できる．また $\bar{Y}$ は N(15, 60/5) に従う．よって $\bar{X}-\bar{Y}$ はほぼ $N\left(-5, \frac{1}{40}+12\right)$ に従う．

$$P(\bar{X}>\bar{Y})=P(\bar{X}-\bar{Y}>0)=P\left(\frac{\bar{X}-\bar{Y}+5}{\sqrt{481/40}}>\frac{5}{\sqrt{481/40}}\right)\fallingdotseq 0.0749.$$

（2）$\bar{X}+\bar{Y}$ はほぼ $N\left(25, \frac{481}{40}\right)$ に従う．

$$P(\bar{X}+\bar{Y}>a)=P\left(\frac{\bar{X}+\bar{Y}-25}{\sqrt{481/40}}>\frac{a-25}{\sqrt{481/40}}\right)=0.1.$$

正規分布表を用いて

$$\frac{a-25}{\sqrt{481/40}}\fallingdotseq 1.2816, \qquad a\fallingdotseq 29.4.$$

**例 5.**　ある機械による製品には 2% の不良品が出るとみなされている．いまこの機械による製品 400 個のうち不良品の数が 10 個以内におさまる確率はどのくらいか．

**解**　製品 400 個の中の不良品の数を確率変数 $X$ とすると，$X$ はほぼ二項分布 B(400, 0.02) に従うことになる．このときの $E(X)=8$，$V(X)=7.84$，試行回数 $n=400$ が相当大きいので，中心極限定理により

$X$ は，ほぼ　N(8, 7.84)　に従う．

よって

$$P(X\leqq 10)\fallingdotseq P(X\leqq 10.5)=P\left(\frac{X-8}{\sqrt{7.84}}\leqq\frac{10.5-8}{\sqrt{7.84}}\right)\fallingdotseq 0.8133.$$

### 2.3.2　二項分布のポアソン近似

二項分布

$$P(k)={}_nC_k p^k q^{n-k}, \quad (0<p<1,\ q=1-p), \quad (k=0, 1, \cdots, n)$$

は，$n$ が相当大きく $p$ が相当小さいとき，一つのポアソン分布で近似できるといわれている．その根拠をみる前に一つの数値例を示しておこう．

二項分布で　$n=100$，$p=0.01$　として

$$\mathrm{P}_1(k) = {}_{100}C_k(0.01)^k(1-0.01)^{100-k}, \quad (k=0, \cdots, 100).$$

| $k$ | $\mathrm{P}_1(k)$ | $\mathrm{P}_2(k)$ |
|---|---|---|
| 0 | 0.3 660 | 0.3 679 |
| 1 | 0.3 697 | 0.3 679 |
| 2 | 0.1 849 | 0.1 839 |
| 3 | 0.0 610 | 0.0 613 |
| 4 | 0.0 149 | 0.0 153 |
| 5 | 0.0 029 | 0.0 031 |
| 6 | 0.0 005 | 0.0 005 |
| 7 | 0.0 001 | 0.0 001 |
|  | ⋮ | ⋮ |

この二項分布の平均 $\mu$ は

$$\mu = 100 \times 0.01 = 1.$$

その平均 $\mu=1$ をそのまま平均にもつようなポアソン分布を考えてみる．その形は

$$\mathrm{P}_2(k) = e^{-1}\cdot 1^k/k!, \quad (k=0, 1, 2, \cdots).$$

この両者がよく似ていることは右表でわかろう．

次にこの近似の根拠をさぐってみよう．

**定理** $\boldsymbol{k}$, $\boldsymbol{np=\lambda}$ **を固定して** $\boldsymbol{n\to\infty}$ **とすれば**

$$ {}_n\boldsymbol{C}_k\boldsymbol{p}^k(\boldsymbol{1-p})^{n-k} \to \frac{e^{-\lambda}\lambda^k}{k!}.$$

**証明** 
$$ {}_nC_kp^k(1-p)^{n-k} = \frac{n(n-1)\cdots(n-k+1)}{k!}p^k(1-p)^{n-k}$$
$$= \frac{n(n-1)\cdots(n-k+1)}{k!}\left(\frac{\lambda}{n}\right)^k\left(1-\frac{\lambda}{n}\right)^n\left(1-\frac{\lambda}{n}\right)^{-k} \qquad \left(p=\frac{\lambda}{n}\right)$$
$$= \frac{n(n-1)\cdots(n-k+1)}{n^k}\frac{\lambda^k}{k!}\left(1-\frac{\lambda}{n}\right)^n\left(1-\frac{\lambda}{n}\right)^{-k}$$
$$\longrightarrow \frac{\lambda^k}{k!}e^{-\lambda}, \qquad (n\to\infty).$$

**例** ある量産製品の大きな仕切りの不良率を $p=0.03$ とする．いまこれから 100 個任意に抜き取ったとき，この中に不良品が 4 個以下ふくまれている確率を求めよ．

**解** 仕切りの大きさを無限大とみなせば，1 個抜き取ったときそれが不良品である確率は $p=0.03$ とみなせる．100 個抜き取って，それにふくまれる不良品の数を $X$ とすれば，$X$ の確率分布は二項分布 $\mathrm{B}(100, 0.03)$ となる．

よって

$$P(X \leqq 4) = \sum_{k=0}^{4} {}_{100}C_k(0.03)^k(0.97)^{100-k}.$$

これを平均 $\lambda=100\times 0.03=3$ のポアソン分布で近似して，ポアソン分布表から

$$\mathrm{P}(X \leqq 4) \fallingdotseq \sum_{k=0}^{4}\frac{e^{-3}3^k}{k!} = 0.81\,526$$

## 2.4　標　本　分　布

**2.4.1　正規標本の統計量の分布**　　確率変数 $X_1, X_2, \cdots, X_n$ が独立で，いずれも同一の確率分布に従うとき，これらを大きさ $n$ の任意標本という．この同一の確率分布が特に正規分布のとき，この標本を**正規標本**ということにする．任意標本の関数を**統計量**という．次に統計的な解析によく用いられる統計量の確率分布を列挙しておこう．

**（1）　$\chi^2$ 分布**　　自由度 $m$ の $\chi^2$ 分布の確率密度関数は

$$f(x)=\begin{cases}\dfrac{1}{2^{m/2}\Gamma(m/2)}x^{\frac{m}{2}-1}e^{-\frac{x}{2}} & (x>0),\\ 0 & (x\leqq 0).\end{cases}$$

$$\mathrm{E}(X)=m,\ \mathrm{V}(X)=2m.$$

$m$ が相当大きいとき $\sqrt{2X}-\sqrt{2m-1}$ は漸近的に $\mathrm{N}(0,1)$ に従う．

**定理**　$X$ が $\mathrm{N}(0,1)$ に従うとき，$X^2$ は自由度 1 の $\chi^2$ 分布に従う．

**定理**　$X_1, X_2, \cdots, X_n$ が独立で，いずれも $\mathrm{N}(\mu, \sigma^2)$ に従うとき

$$\sum_{i=1}^{n}\frac{(X_i-\mu)^2}{\sigma^2}$$ は自由度 $n$ の $\chi^2$ 分布に従う．

**定理**　$X_1, X_2, \cdots, X_n$ が独立で，いずれも $\mathrm{N}(\mu, \sigma^2)$ に従うとき

$$\sum_{i=1}^{n}\frac{(X_i-\bar{X})^2}{\sigma^2}$$ は自由度 $n-1$ の $\chi^2$ 分布に従う．

ここに　$\bar{X}=\sum_{i=1}^{n}X_i/n$ とする．

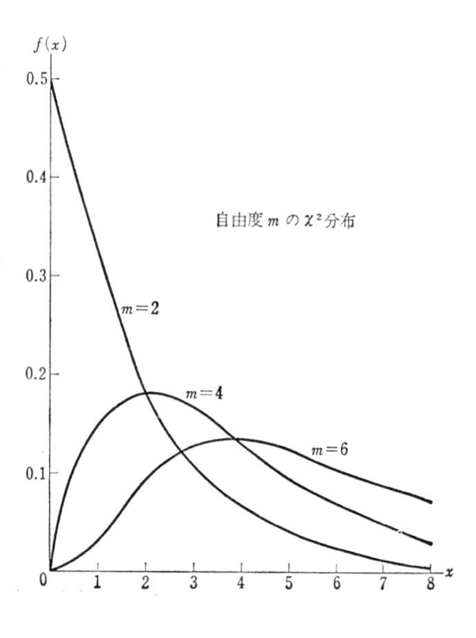


図　2.4

**（2）　$t$ 分布**　　自由度 $m$ の $t$ 分布の確率密度関数は

$$f(x)=\frac{\Gamma\left(\frac{m+1}{2}\right)}{\sqrt{m\pi}\,\Gamma\left(\frac{m}{2}\right)}\frac{1}{\left(1+\frac{x^2}{m}\right)^{\frac{m+1}{2}}}\quad (m>0),\ (-\infty<x<\infty)$$

$$\mathrm{E}(X)=0,\quad (m>1),\quad \mathrm{V}(X)=m/(m-2),\quad (m>2).$$

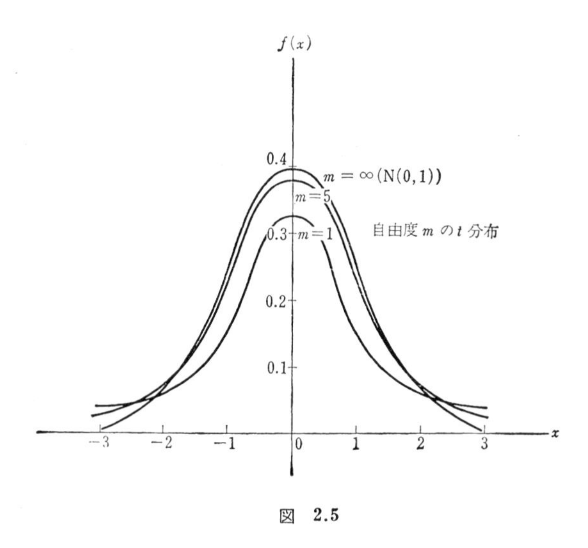


図 2.5

**定理** $X$ が $\mathrm{N}(0,1)$ に従い，$Y$ は自由度 $n$ の $\chi^2$ 分布に従い，かつ両者が独立なるとき

$$\frac{X}{\sqrt{\frac{Y}{n}}}\text{ は自由度 } n \text{ の } t \text{ 分布に従う.}$$

**定理** $X_1, X_2, \cdots, X_n$ が独立で，いずれも正規分布 $\mathrm{N}(\mu, \sigma^2)$ に従うとき

$$\frac{\bar{X}-\mu}{\frac{S}{\sqrt{n-1}}}\text{ は自由度 } n-1 \text{ の } t \text{ 分布に従う.}$$

ここに $S=\sqrt{\sum_{i=1}^{n}(X_i-\bar{X})^2/n}$ （標本標準偏差）とする.

**定理** 2 組の独立な任意標本 $X_1, X_2, \cdots, X_{n_1}$; $Y_1, Y_2, \cdots, Y_{n_2}$ がそれぞれ正規分布 $\mathrm{N}(\mu_1, \sigma_1^2)$，$\mathrm{N}(\mu_2, \sigma_2^2)$ に従うとき，$\sigma_1^2=\sigma_2^2$ ならば

$$\frac{(\bar{X}-\bar{Y})-(\mu_1-\mu_2)}{S_p\left(\frac{1}{n_1}+\frac{1}{n_2}\right)^{1/2}}$$ は自由度 $n_1+n_2-2$ の $t$ 分布に従う．

ここに　$S_p{}^2=\left\{\sum_{i=1}^{n_1}(X_i-\bar{X})^2+\sum_{j=1}^{n_2}(Y_j-\bar{Y})^2\right\}\Big/(n_1+n_2-2)$ とする．

**（3）　F 分布**

自由度 $n_1, n_2$ の F 分布の確率密度関数は

$$f(x)=\begin{cases}\dfrac{\Gamma\left(\dfrac{n_1+n_2}{2}\right)}{\Gamma\left(\dfrac{n_1}{2}\right)\Gamma\left(\dfrac{n_2}{2}\right)}\left(\dfrac{n_1}{n_2}\right)^{\frac{n_1}{2}}x^{\frac{n_1}{2}-1}\left(1+\dfrac{n_1}{n_2}x\right)^{-\frac{n_1+n_2}{2}}, & (x>0), \\ 0 & (x\leqq 0).\end{cases}$$

$$\mathrm{E}(X)=\frac{n_2}{n_2-2},\quad(n_2>2),\qquad \mathrm{V}(X)=\frac{2(n_1+n_2-2)n_2{}^2}{n_1(n_2-2)^2(n_2-4)},\quad(n_2>4).$$

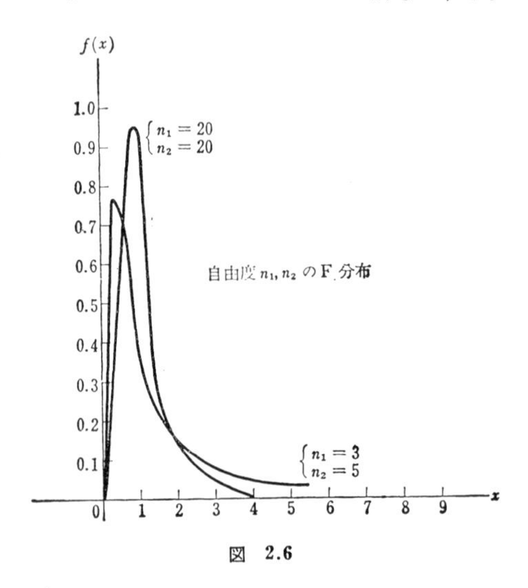


図　2.6

**定理**　$X, Y$ が独立で，それぞれ自由度 $n_1, n_2$ の $\chi^2$ 分布に従うとき

$$\frac{X}{n_1}\Big/\frac{Y}{n_2}$$ は自由度 $n_1, n_2$ の F 分布に従う．

**定理**　2 組の独立な任意標本 $X_1, X_2, \cdots, X_{n_1}$; $Y_1, Y_2, \cdots, Y_{n_2}$ が
それぞれ正規分布 $\mathrm{N}(\mu_1, \sigma_1{}^2)$，$\mathrm{N}(\mu_2, \sigma_2{}^2)$ に従うとき，$\sigma_1{}^2=\sigma_2{}^2$ ならば

$$\frac{\sum_{i=1}^{n_1}(X_i-\bar{X})^2}{n_1-1}\bigg/\frac{\sum_{j=1}^{n_2}(Y_j-\bar{Y})^2}{n_2-1}$$ **は自由度 $n_1-1, n_2-1$ の F 分布に従う.**

**2.4.2 順序統計量** 確率密度関数 $f(x)$ をもつ独立な確率変数 $X_1, X_2, \cdots, X_n$ を大きさの順に並べたものを

$$X_{(1)} \leqq X_{(2)} \leqq \cdots \leqq X_{(n)}$$

とおき，これを**順序統計量** (order statistics) という.

$r_1, r_2, \cdots, r_k$ を $1 \leqq r_1 < r_2 < \cdots < r_k \leqq n$ なる整数とすると，$X_{(r_1)}, X_{(r_2)}, \cdots X_{(r_k)}$ の同時確率密度関数は

$$\frac{n!}{(r_1-1)!(r_2-r_1-1)!\cdots(r_k-r_{k-1}-1)!(n-r_k)!}\left(\int_{-\infty}^{x_{(r_1)}} f(x)dx\right)^{r_1-1}$$

$$\cdot\left(\int_{x_{(r_1)}}^{x_{(r_2)}} f(x)dx\right)^{r_2-r_1-1}\cdots\left(\int_{x_{(r_k)}}^{\infty} f(x)dx\right)^{n-r_k} f(x_{(r_1)})\cdots f(x_{(r_k)}).$$

また $X_{(r)}$ の確率密度関数は

$$g(x_{(r)}) = \frac{n!}{(r-1)!(n-r)!}\left(\int_{-\infty}^{x_{(r)}} f(x)dx\right)^{r-1}\left(\int_{x_{(r)}}^{\infty} f(x)dx\right)^{n-r} f(x_{(r)}),$$

$$(-\infty < x_{(r)} < \infty).$$

**例 1.** $f(x) = 1/\theta$ $(0 \leqq x \leqq \theta)$; $f(x) = 0$ (その他) をもつ独立な $X_1, X_2, \cdots, X_n$ の範囲 $R = X_{(n)} - X_{(1)}$ の確率分布を求めよ.

**解** $X_{(1)}, X_{(n)}$ の同時確率密度関数は

$$g_1(x_{(1)}, x_{(n)}) = \frac{n!}{(n-2)!}\left(\int_{x_{(1)}}^{x_{(n)}} f(x)dx\right)^{n-2} f(x_{(1)})f(x_{(n)})$$

$$= n(n-1)\cdot\frac{(x_{(n)}-x_{(1)})^{n-2}}{\theta^{n-2}}\cdot\frac{1}{\theta^2} = \frac{n(n-1)}{\theta^n}(x_{(n)}-x_{(1)})^{n-2}.$$

$X_{(1)} = U$, $R = X_{(n)} - X_{(1)}$ とおいて $U, R$ の同時確率密度関数 $g_2(u, r)$ は

$$g_2(u, r) = \frac{n(n-1)}{\theta^n} r^{n-2}.$$

$R$ の周辺分布 $h(r)$ は

$$h(r) = \int_0^{\theta-r} g_2(u, r)du = \frac{n(n-1)}{\theta^n} r^{n-2}\int^{\theta-r} du = \frac{n(n-1)}{\theta^n} r^{n-2}(\theta-r),$$

$$(0 \leqq r \leqq \theta).$$

**例 2.**　例1の順序統計量の $X_{(r)}$ の平均，分散を求めよ．

**解**　$$g(x_{(r)})=\frac{n!}{(r-1)!\,(n-r)!\,\theta^n}x_{(r)}{}^{r-1}(\theta-x_{(r)})^{n-r},\quad (0\leqq x_{(r)}\leqq\theta).$$

$$\mathrm{E}(X_{(r)})=\frac{n!}{(r-1)!\,(n-r)!\,\theta^n}\int_0^\theta x_{(r)}{}^r(\theta-x_{(r)})^{n-r}\,dx_{(r)}=\frac{r}{n+1}\theta.$$

$$\mathrm{V}(X_{(r)})=\frac{n!}{(r-1)!\,(n-r)!\,\theta^n}\int_0^\theta x_{(r)}{}^{r+1}(\theta-x_{(r)})^{n-r}dx_{(r)}-\left(\frac{r\theta}{n+1}\right)^2$$

$$=\left(\frac{r(r+1)}{(n+1)(n+2)}-\frac{r^2}{(n+1)^2}\right)\theta^2=\frac{r(n+1-r)}{(n+1)^2(n+2)}\theta^2.$$

## 問　　題［2］

**1.**　事象 $A, B$ が独立なるとき，事象 $A^c, B$ もまた独立である．

**2.**　$\mathrm{P}(A)=0.4$，$\mathrm{P}(B)=0.7$，$\mathrm{P}(A|B)=0.2$ なるとき次の確率を求めよ．

（1）$\mathrm{P}(A\cap B)$．　（2）$\mathrm{P}(B|A)$．　（3）$\mathrm{P}(B|A^c)$．　（4）$\mathrm{P}(A|B^c)$．

（5）$\mathrm{P}(A^c\cap B^c)$．　（6）$\mathrm{P}(A\cup B)$．　（7）$\mathrm{P}(A^c\cap B)$．　（8）$\mathrm{P}(A^c\cup B^c)$．

**3.**　A, B 二つの箱の中に，それぞれ赤球2個，白球3個；赤球1個，白球2個入っていた．1球を A から任意に取り出して B へ移した後，B から任意に1球を取り出したところ赤球であった．それが始め A の中にあったものである確率を求めよ．

**4.**　確率0または1である事象は，任意の事象と独立である．

**5.**　確率変数 $X, Y$ の同時確率分布が右表で与えられているとき，次の確率を求めよ．

（1）$\mathrm{P}(X=0)$，　$\mathrm{P}(Y=2)$．

（2）$\mathrm{P}(Y\leqq 1|X=0)$，　$\mathrm{P}(Y\geqq 1|X\geqq 1)$．

（3）$\mathrm{P}(X+Y>2)$．

（4）$\mathrm{P}(X+Y\geqq 1|X<Y)$．

| $x$ \ $y$ | 0 | 1 | 2 |
|---|---|---|---|
| −1 | 0.01 | 0.20 | 0.05 |
| 0 | 0.28 | 0.02 | 0.12 |
| 2 | 0.16 | 0.05 | 0.11 |

**6.**　$X, Y$ の同時確率密度関数が

$$f(x,y)=\begin{cases} xy, & (0\leqq x\leqq 2,\ 0\leqq y\leqq 1),\\ 0, & (\text{その他})\end{cases}$$

なるとき

（1）$X, Y$ の周辺確率密度関数を求めよ．

（2）$\mathrm{P}(Y\leqq 1)$ を求めよ．

（3）$\mathrm{P}(X+2Y\leqq 1)$ を求めよ．

（4）$X, Y$ が独立であるかどうか調べよ．

（5）$Y$ を指定したとき，$X$ の確率密度関数 $f(x|y)$ を求めよ．

**7.**　$X, Y$ の同時確率密度関数が

$$f(x,y)=\begin{cases} e^{-x-y}, & (x\geqq 0,\ y\geqq 0), \\ 0, & (\text{その他}) \end{cases}$$

なるとき

（1） $\mathrm{P}(X\leqq 1,\ Y\leqq 1)$ を求めよ．

（2） $\mathrm{P}(X-Y\leqq 1)$ を求めよ．

（3） $\mathrm{P}(X+Y\geqq 2)$ を求めよ．

（4） $X$ の周辺確率密度関数を求めよ．

（5） $X, Y$ は独立かどうか調べよ．

（6） $\mathrm{P}(X<Y|X<2Y)$ を求めよ．

**8．** $X, Y$ の同時確率密度関数が

$$f(x,y)=\begin{cases} [1+xy(x^2-y^2)]/4, & (|x|<1,\ |y|<1) \\ 0, & (\text{その他}) \end{cases}$$

なるとき $X,\ Y,\ X+Y$ おのおのの周辺分布の積率母関数を求めよ．また $X+Y$ の分布を見い出せ．

**9．** $Y$ を固定したときの $X$ の条件つき平均を $\mathrm{E}(X|Y)$ と書けば，この平均 $\mathrm{E}\{\mathrm{E}(X|Y)\}$ は，条件なしに求めた平均 $\mathrm{E}(X)$ に等しいことを示せ．ただし，これらの平均は有限であるとする．

**10．** 分散 $\mathrm{V}(X)$ については次の関係が成り立つ．

$$\mathrm{V}(X)=\mathrm{V}\{\mathrm{E}(X|Y)\}+\mathrm{E}\{\mathrm{V}(X|Y)\}$$

**11．** $X$ が p.d.f. $f(x)=ae^{-ax}$ $(x\geqq 0)$; $=0$ $(x<0)$ をもつとき

$$\mathrm{P}(X\leqq t+x|X>t)=\mathrm{P}(X\leqq x).$$

**12．** ある停留場に来るバスの時間間隔は，途中の交通混雑により平均 10 分の指数分布に従うものとみなせることがわかったとする．任意の時刻にその停留場に到着した人が 5 分以上待たされる確率はどれほどか．

**13．** ある機械の修理時間 $X$ が，平均 40 分の指数分布に従うものとする．ところが実際には修理時間が 5 分以下，80 分以上かかったことがないことが資料からわかったとする．このような条件 $\mathrm{P}(X\leqq 5)=0$, $\mathrm{P}(X\geqq 80)=0$ の下での修理時間の確率密度関数，平均および分散を求めよ．

**14．** $X, Y$ が独立で，それぞれ正規分布 $\mathrm{N}(50,100)$, $\mathrm{N}(30,200)$ に従うとき次の値を求めよ．

（1） $\mathrm{P}(X+2Y>100)$.　　（2） $\mathrm{P}(X>2Y)$.

（3） $\mathrm{P}\left(\dfrac{X+2Y}{3}<30\right)$.　　（4） $\mathrm{P}(X+2Y<a)=0.1$ をみたす $a$.

（5） $\mathrm{P}\left(\dfrac{X+2Y}{3}\geqq b\right)=0.2$ をみたす $b$.

**15.**　$X_1, X_2, \cdots, X_n$ が独立で，いずれも $N(50, 250)$ に従うとき，次の値を求めよ．$\bar{X}=\sum_{i=1}^{n} X_i/n$ とする．

（1）　$n=10$ のとき $P\{|\bar{X}-53| \geqq 12\}$.

（2）　$n=10$ のとき $P(\bar{X} \geqq a)=0.1$ をみたす $a$.

（3）　$P(|\bar{X}-50| \leqq 2) \geqq 0.95$ をみたす $n$ の最小値.

**16.**　$X_1, X_2, \cdots, X_n$, $(n=100)$ が独立で，いずれも同一の確率分布に従うものとする．その同一の確率分布が次の各分布であるとき，

$$P(\bar{X} \leqq a)=0.05$$

をみたす $a$ の概略値を求めよ．

（1）　$P(X=k)={}_{10}C_k \dfrac{1}{2^{10}}$,　　$(k=0, 1, \cdots, 10)$.

（2）　$P(X=k)=e^{-4}4^k/k!$　　$(k=0, 1, 2, \cdots)$.

（3）　d.f. $F(x)=\begin{cases} 0, & (x<-1), \\ 1/6, & (-1 \leqq x<1), \\ 2/3, & (1 \leqq x<3), \\ 1, & (3 \leqq x). \end{cases}$

（4）　p.d.f. $f(x)=\begin{cases} 3/x^4, & (1 \leqq x), \\ 0, & (x<1). \end{cases}$

（5）　p.d.f. $f(x)=ce^{-x^2/4}$,　　$(-\infty<x<\infty)$.

（6）　p.d.f. $f(x)=\begin{cases} e^{-x/5}/5, & (x \geqq 0), \\ 0, & (x<0). \end{cases}$

（7）　p.d.f. $f(x)=\begin{cases} 1/2, & (0 \leqq x \leqq 2), \\ 0, & (\text{その他}). \end{cases}$

（8）　p.d.f. $f(x)=\begin{cases} cx^2e^{-x/2}, & (x \geqq 0), \\ 0, & (x<0). \end{cases}$

**17.**　前問の各場合について次の不等式

$$P(|\bar{X}-E(X)| \leqq 0.01) \geqq 0.95$$

をみたす $n$ の最小値を求めよ．

**18.**　$X_1, X_2, \cdots, X_n$ が独立でいずれもコーシー分布

$$f(x)=\frac{1}{\pi}\frac{1}{1+x^2}\quad(-\infty<x<\infty)$$

に従うとき，$\bar{X}$ もまた同じ $f(x)$ に従うことを特性関数を用いて証明せよ．

**19.**　ある品物の1軒の店の1日の売り上げ個数は，平均3個のポアソン分布に従い，各店の売り上げ高は独立とする．このような店が全国で400軒あったとすれば，1日に 1250 個以上売れる確率はほぼどれほどか．

**20.** A, B 二つの地区の1日の交通事故の件数は，それぞれ平均 10, 5 のポアソン分布に従い，かつ独立とする．

（1） 両地区の1日の事故件数の合計はどんな分布に従うか．

（2） 両地区で3日間無事故である確率はどれほどか．

（3） 両地区での1年間（365 日）における事故件数の和を $S$ としたとき

$$P(S \geqq a) = 0.95$$

をみたす整数値 $a$ はほぼどれほどか．（この $a$ は信頼度 0.95 の $S$ の一つの推定値である．）

**21.** ある人がかかりつけの医者のところへ行ったところ先客が5人いた．各人に対する治療時間はいずれも平均 10 分の指数分布に従い，かつ独立とする．1時間以上待たされる確率はどれほどか．

**22.** 上の問題で，ある時刻ににおいて患者が $n$ 人いる確率 $p_n$ が，

$$p_n = 3^n/4^{n+1} \qquad (n=0, 1, 2, \cdots)$$

であるとしたとき，もしその時刻に患者が来たとすれば先客は平均何人ぐらいいるか．また平均どれほど待たされると考えられるか．

**23.** 公衆電話での1人の会話時間は平均2分 30 秒の指数分布に従うものとする．一つの公衆電話の使用回数が何回ぐらいのとき，はじめてその使用時間の合計が 10 時間をこすだろうか．その回数を信頼度 0.9 で推測してみよ．

**24.** 仕切り不良率 $p=0.02$ の量産製品の仕切り（その大きさは無限大とする）から，任意に 100 個抜き取ったとき，不良品の数が1個以上である確率をポアソン近似と正規近似の二つの方法で求めて比較せよ．

**25.** 一つのつぼの中に白球2個と赤球3個が入っている．その中から任意に1球を取り出し，また元に戻して1球を取り出す．これを $n$ 回繰り返すとき，白球が出たら $X=0$，赤球が出たら $X=1$ とすれば，0 か 1 かの値をとる確率変数 $X_1, X_2, \cdots, X_n$ が得られる．

（1） $\sum_{i=1}^{10} X_i$ の確率分布を求めよ．

（2） 100 回繰り返したとき，白球は平均何回ぐらい出るか．また白球の出る回数を $Y$ としたとき

$$P(Y \geqq a) = 0.01$$

をみたす整数値 $a$ はほぼどれほどか．

**26.** $X, Y$ が独立で，ともに次の一様分布

$$f(x) = \begin{cases} 1/2, & (|x| \leqq 1), \\ 0, & (|x| > 1) \end{cases}$$

に従うとき

（1）　$X+Y$ の確率密度関数を求め，そのグラフを描け．

（2）　$\mathrm{P}(-1<X+Y<3/2)$ を求めよ．

**27．**　$X, Y$ が独立で，ともに一様分布

$$f(x)=\begin{cases}1, & (0\leqq x\leqq 1),\\ 0, & (\text{その他})\end{cases}$$

に従うとき

（1）　$X-Y$ の確率密度関数を求めよ．

（2）　$2X-Y$ の確率密度関数を求めよ．

**28．**　$X, Y$ の同時確率密度関数が

$$f(x,y)=\begin{cases}1/50, & (0\leqq x\leqq 10, \quad 0\leqq y\leqq 5)\\ 0, & (\text{その他})\end{cases}$$

なるとき，$X+Y$ の確率密度関数を求めよ．

**29．**　2変量正規分布が次の形

$$f(x,y)=k\exp\left[-\frac{1}{6}\left\{4(x+1)^2-2(x+1)(y-2)+(y-2)^2\right\}\right]$$

であるとき

（1）　$k$ の値，$X, Y$ の平均，分散および共分散を求めよ．

（2）　$\mathrm{P}(X\leqq a)=0.1$，$\mathrm{P}(Y\leqq b)=0.1$ なる $a, b$ を求めよ．

**30．**　2変量正規分布

$$f(x,y)=k\exp\left[-(2x^2-xy+y^2)\right]$$

なるとき，$\sqrt{2}X+Y$，$\sqrt{2}X-Y$ は独立なることを示せ．

**31．**　$X, Y$ が独立で，それぞれ自由度 $n_1, n_2$ の $\chi^2$ 分布に従うとき

$Z=\dfrac{X}{X+Y}$ の確率密度関数を求めよ．

**32．**　$X, Y$ が独立で，いずれも $\mathrm{N}(0,1)$ に従うとき

$\dfrac{X}{Y}$ の確率密度関数を求めよ．

**33．**　$X, Y$ が独立で，いずれも $\mathrm{N}(0,1)$ に従うとき

$Z=\sqrt{X^2+Y^2}$ の確率密度関数を求めよ．

**34．**　$X$ が p.d.f. $f(x)=1/2\pi$　$(0, 2\pi)$;　$=0$（その他）をもつとき

$Y=a\sin(X+b)$　（$a>0$，$b$ は定数）の p.d.f. を求めよ．

**35．**　$X, Y$ がいずれも

$$\text{p.d.f. } f(x)=\begin{cases}1, & (0\leqq x\leqq 1),\\ 0, & (\text{その他})\end{cases}$$

に従い，独立とする．

$U=\dfrac{|X-Y|}{2}$ の確率密度関数を求めよ．

**36.** $X, Y$ が独立で，次の同時確率密度関数をもつとき，$Z=X+Y$ の確率密度関数を求めよ．

（1） $f(x,y)=4(1-x)y,\quad (0\leqq x\leqq 1,\ 0\leqq y\leqq 1).$

（2） $f(x,y)=2x,\quad (0\leqq x\leqq 1,\ 0\leqq y\leqq 1).$

**37.** $X_1, X_2, \cdots, X_{n_1}$ が独立で，いずれも $\mathrm{N}(\mu_1, \sigma_1{}^2)$ に従い，$Y_1, \cdots, Y_{n_2}$ も独立で，ともに $\mathrm{N}(\mu_2, \sigma_2{}^2)$ に従い，$\{X_i\}, \{Y_j\}$ もまた独立とする．$\{X_i\}, \{Y_j\}$ の標本平均および標本分散をそれぞれ $\bar{X}, \bar{Y}, S_1{}^2, S_2{}^2$ とする．

（1） $\bar{X}-\bar{Y}$ の分布を求めよ．

（2） $\dfrac{n_1 S_1{}^2}{\sigma_1{}^2}+\dfrac{n_2 S_2{}^2}{\sigma_2{}^2}$ の分布を求めよ．

（3） $\dfrac{n_1 S_1{}^2}{\sigma_1{}^2}\Big/\dfrac{n_2 S_2{}^2}{\sigma_2{}^2}$ の分布を求めよ．

**38.** $X_1, X_2, \cdots, X_n$ がいずれも $\mathrm{N}(\mu, \sigma^2)$ に従い，かつ独立とする．標本平均，標準偏差をそれぞれ $\bar{X}, S$ とすれば，$n$ が相当大きいとき

$Z=(\bar{X}-\mu)\sqrt{n-1}/S$ はほぼ $\mathrm{N}(0,1)$ に従う．

**39.** $X_1, X_2$ が独立で，いずれも p.d.f. $f(x)$ をもつとき，$X_1, X_2$ の小さいほうを $X_{(1)}$，大きいほうを $X_{(2)}$ とおくとき

（1） $X_{(1)}, X_{(2)}$ の同時確率密度関数を求めよ．

（2） $f(x)=\begin{cases} ae^{-ax}, & (x\geqq 0)\\ 0, & (x<0)\end{cases}$ なるとき $X_{(2)}$ の p.d.f. を求めよ．

**40.** $X_1, X_2, \cdots, X_{2n+1}$ が独立で，いずれも $f(x)=1/a\ (0\leqq x\leqq a)$; $=0$（その他）をもつとき，中央値 $X_{(n+1)}$ の平均，分散を求めよ．

**41.** $X_1, X_2, \cdots, X_n$ が独立で，いずれも次の各分布 $f(x)$ をもつとき，最大順序統計量 $X_{(n)}$，最小順序統計量 $X_{(1)}$，範囲 $R=X_{(n)}-X_{(1)}$，midrange $M=(X_{(1)}+X_{(n)})/2$ の分布を求めよ．

（1） $f(x)=1/a,\quad (0\leqq x\leqq a);\quad =0,\quad$（その他）．

（2） $f(x)=ae^{-ax},\quad (x\geqq 0);\quad =0,\quad (x<0).$

**42.** 分布関数 $F(x)$ をもつ任意の連続分布からの大きさ $n$ の順序統計量を

$X_{(1)}\leqq X_{(2)}\leqq\cdots\leqq X_{(n)}$

とすれば，$F(X_{(1)}), F(X_{(2)}), \cdots, F(X_{(n)})$ は $(0,1)$ における一様分布からの順序統計量となり得ることを示し，$F(X_{(n)})-F(X_{(1)})$ の分布を求めよ．

**43.** $X_1, X_2, \cdots, X_n$ が独立で，いずれも正規分布 $\mathrm{N}(\mu, \sigma^2)$ に従うとき，標本中央値

$\tilde{X}$ は漸近的に正規分布 $\mathrm{N}\left(\mu, \dfrac{\pi\sigma^2}{2n}\right)$ に従うことを示せ.

**44.** $n$ 個の部品の寿命時間測定を行なって，$k(\leqq n)$ 個の寿命が切れたとき測定を打ち切った.

その $k$ 個の寿命時間を短いほうから

$$X_1,\ X_2,\ \cdots,\ X_k$$

とおく.

各部品の寿命時間はいずれも独立で

$$\text{p.d.f.}\qquad f(x,\alpha)=\begin{cases} e^{-x/\alpha}/\alpha, & (x\geqq 0),\\ 0, & (x<0)\end{cases}$$

に従うものとしたとき

（1） $\hat{\alpha}=\dfrac{1}{k}\left\{X_1+\cdots+X_k+(n-k)X_k\right\}$ の平均 $\mathrm{E}(\hat{\alpha})$ を求めよ.

（2） $\dfrac{2k\hat{\alpha}}{\alpha}$ は自由度 $2k$ の $\chi^2$ 分布に従うことを示せ.

**45.** $n$ 個の独立な確率変数 $X_1,\ X_2,\ \cdots,\ X_n$ が，いずれも Weibull 分布

$$f(x)=\begin{cases} \dfrac{m}{\alpha}x^{m-1}e^{-x^m/\alpha}, & (x>0),\\ 0, & (x\leqq 0)\end{cases}$$

に従うとき，

$T=\sum_{i=1}^{n} X_i{}^m/n$ 　とおけば　$\dfrac{2nT}{\alpha}$ は自由度 $2n$ の $\chi^2$ 分布に従うことを示せ。

# 3 章

# 推　　　　定

## 3.1 資料の整理

**3.1.1 資料の図的表現**　いま資料（データまたは標本値という）を $x_1$, $x_2$, …, $x_n$ とおく，この資料の各値は，ある現象に注目して実験なり観測なりいわゆる試行をくり返して得られた測定値と考えられる．この試行をできる限りくり返したとして，その都度得られるだろう測定値の集団を**母集団**ということにしよう．この母集団の構成要素の数が有限かそうでないかで，有限母集団，無限母集団という名で区別されることがある．実際問題を扱うときは，有限母集団の場合が多いのであるが，数学的に解析し易いことを考えて相当多数の要素からなる有限母集団は無限母集団とみなして取り扱うことが常である．たとえば日本の成人男子の身長の平均を調べるためにデータを任意に選んで，母集団の平均を推測するとき，母集団はもちろん有限母集団ではあるが，日本の成人男子の数が非常に大きいので，これを無限母集団として扱うわけである．今後特にことわらない限り母集団とは無限母集団のことを意味するものとする．もし母集団の構成要素である数値全部わかれば，その数値の分布状態すなわち，ある区間内にふくまれている要素が全体のどのくらいの割合になっているかが，はっきりするわけである．ここではこれを数学的にモデル化して，母集団の各数値をとり得る変量（確率変数）を $X$ とし，それがある確率分布（上の母集団に属する数値の分布状態をモデル化したもの）をもつと考えられる場合だけを取り扱うことにしよう．すなわちこのような確率分布でもってその母集団の性質が特殊化される場合だけを取り扱うわけである．この確率分布のことを**母集団分布**という．

いわゆるデータを上の変量 $X$ の1組の実現値と考えることができる．統計学の主な目的が，データをもとにしてそのデータの出元の母集団の性質をつかむことにある．そこで母集団の性質を特性化している母集団分布を知るのが，統計学の主な目的であるということができよう，そのためには母集団の構成要素を全部しらべれば，もちろん母集団分布は判明すべきものであるが，普通はその一部を調べたものがデータとしてわれわれの手許にあるわけである．データをただ多数集めただけでは到底前記の目的は達成されない．そこで先ずデータを整理していわゆる度数分布曲線等を描いてみるのが一つのよくやる方法である．この狙いは母集団分布の様子の大体を，データの図的表現を用いて知ろうとするところにあるといえよう．

その度数分布曲線は変量が連続型であるとき通常次のような要領でつくられる．

データを $x_1, x_2, \cdots, x_n$ とする．

（1）　データのなかの最大値 $x_{(n)}$ と最小値 $x_{(1)}$ を求める．

（2）　データの範囲 $x_{(n)}-x_{(1)}$ を 10 前後の数 $k$ で割ったときの商を参考に計算に都合のよい値 $h$ を求め，$k$ 個の幅 $h$ の区間 $(a_0, a_1)$, $(a_1, a_2)$, $\cdots$, $(a_{k-1}, a_k)$ 定める．このとき $(a_0, a_1)$，$(a_{k-1}, a_k)$ 内にそれぞれ最小値 $x_{(1)}$，最大値 $x_{(n)}$ がふくまれるようにし，また各境界値 $a_0, a_1, \cdots, a_{k-1}, a_k$ の値とデータの中の数値とが重ならないように工夫する．

（3）　$\dfrac{a_{i-1}+a_i}{2}=\xi_i$，$(a_{i-1}, a_i)$ 内にふくまれているデータの値の数（これを度数という）を $f_i$ とおくことにより右の度数分布表をつくる．ここに $a_0\sim a_1, a_1\sim a_2, \cdots, a_{k-1}\sim a_k$ を級，$\xi_1, \xi_2, \cdots, \xi_k$ を級代表値という．

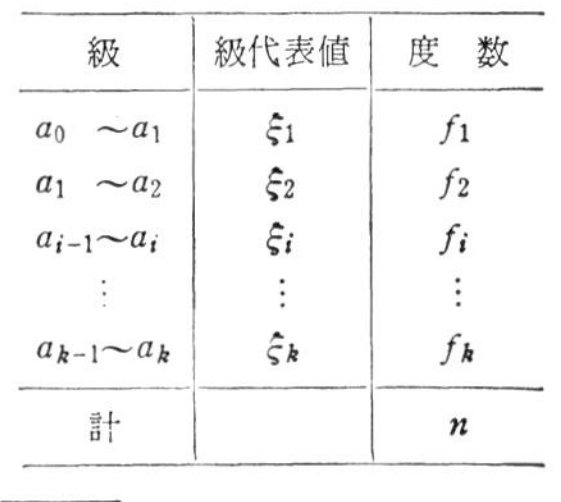

| 級 | 級代表値 | 度　数 |
|---|---|---|
| $a_0\sim a_1$ | $\xi_1$ | $f_1$ |
| $a_1\sim a_2$ | $\xi_2$ | $f_2$ |
| $a_{i-1}\sim a_i$ | $\xi_i$ | $f_i$ |
| ⋮ | ⋮ | ⋮ |
| $a_{k-1}\sim a_k$ | $\xi_k$ | $f_k$ |
| 計 | | $n$ |

（4）　横軸にデータの値，縦軸に度数の値をとって，点 $(\xi_i, f_i)$ $(i=1, 2, \cdots, k)$ を線分で結びつけて**度数折れ線**と呼ばれるものをつくる．またはこれらの点を通るできるだけ滑らかな曲線

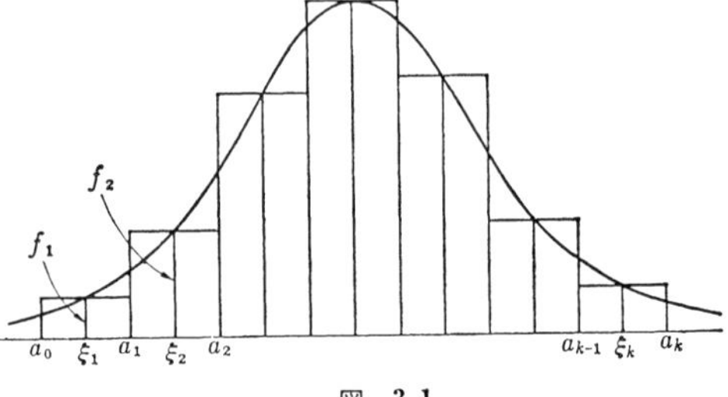


図 3.1

を描く．これを**度数分布曲線**ということがある．また $(a_{i-1}, a_i)$ の上に高さ $f_i$ の矩形をそれぞれ描いた**ヒストグラム** (histogram) と呼ばれるものもよくつくられる．

**注意**　上のヒストグラムの面積は別に1になるようにつくられていないが，これが1となるようにつくられたとき区間 $(a_{i-1}, a_i)$ の上の矩形を面積を $f_i/n$ なるようにすればよい．すなわち単位を適当にかえればよい．これに対応して点 $(\xi_i, f_i)$ を滑らかな曲線で結んで得られる度数分布曲線は $n \to \infty$ ($k \to \infty$ にもする) とすれば母集団分布に確率1で近づくことが理論的に示される．

**例**　ある学校で100人の生徒の体重を測って次の資料を得た．これを用いてヒストグラムをつくれ．

| 51.0 (kg) | 48.5 | 53.7 | 49.5 | 49.4 | 44.7 | 45.0 | 53.5 | 41.5 | 56.8 |
|---|---|---|---|---|---|---|---|---|---|
| 48.5 | 42.4 | 52.0 | 49.7 | 59.0 | 55.0 | 53.2 | 47.6 | 64.0 | 52.3 |
| 47.3 | 57.0 | 53.5 | 38.0 | 55.2 | 50.1 | 48.5 | 54.2 | 52.4 | 46.0 |
| 57.0 | 53.5 | 46.4 | 55.0 | 45.1 | 53.6 | 54.0 | 53.7 | 41.7 | 55.3 |
| 48.7 | 48.4 | 58.5 | 46.5 | 39.5 | 53.8 | 46.0 | 46.0 | 52.5 | 56.5 |
| 45.0 | 47.6 | 48.6 | 52.4 | 52.4 | 49.4 | 54.0 | 48.2 | 43.0 | 57.0 |
| 44.2 | 46.6 | 44.4 | 51.0 | 40.0 | 65.3 | 49.0 | 42.2 | 45.2 | 52.0 |
| 55.0 | 49.8 | 48.7 | 52.5 | 57.4 | 49.0 | 52.4 | 54.0 | 50.5 | 52.0 |
| 48.0 | 50.4 | 46.2 | 46.8 | 40.0 | 57.0 | 49.4 | 58.0 | 45.5 | 49.0 |
| 55.2 | 46.0 | 43.0 | 47.5 | 53.2 | 43.8 | 49.0 | 61.0 | 38.2 | 44.6 |

| 級 | 級代表値 $\xi$ | 度数 $f$ |
|---|---|---|
| 38.0～41.0 未満 | 39.5 | 5 |
| 41.0～44.0 | 42.5 | 6 |
| 44.0～47.0 | 45.5 | 19 |
| 47.0～50.0 | 48.5 | 23 |
| 50.0～53.0 | 51.5 | 16 |
| 53.0～56.0 | 54.5 | 18 |
| 56.0～59.0 | 57.5 | 9 |
| 59.0～62.0 | 60.5 | 2 |
| 62.0～65.0 | 63.5 | 1 |
| 65.0～68.0 | 66.5 | 1 |
| 計 | | 100 |

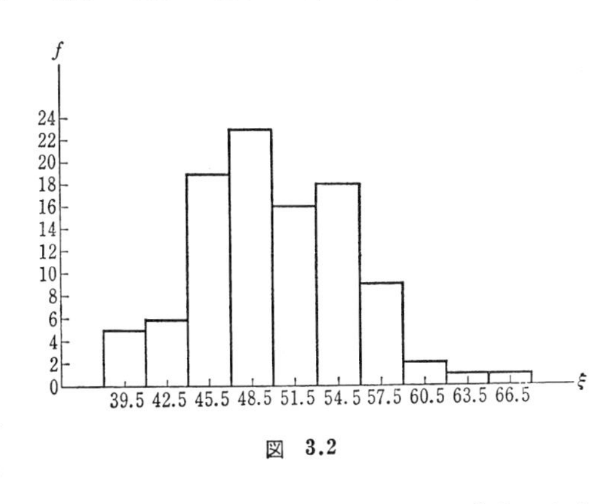


図 3.2

**3.1.2 資料の量的表現**　資料の個数が大きく，バラツキが大きいときは資料をまとめて度数分布表をつくり，それを図で表わすと資料全体の様子が直観的に知れるという便がある．度数分布曲線の様子を知るということは，われわれの狙っている目標たる母集団分布の様子を推測するということに通ずる意味で大切であろう．しかし実際には母集団分布の形よりも，その中心的位置とか，バラツキ等が要求されることが多い．母集団分布のこれらの特性値をデータから推測することが必要になる．よってデータの量的表現が問題になる．そのために用いられている主なものを列挙しておこう．

a．データが生のまま与えられたとき，すなわち

$x_1, x_3, \cdots, x_n$

b．データがまとめられて度数分布表として与えられたとき，すなわち

| 級 | $a_0 \sim a_1$ | $a_1 \sim a_2$ | $\cdots$ | $a_{k-1} \sim a_k$ | 計 |
|---|---|---|---|---|---|
| 級代表値 | $\xi_1$ | $\xi_2$ | $\cdots$ | $\xi_k$ | |
| 度　数 | $f_1$ | $f_2$ | $\cdots$ | $f_k$ | $n$ |

を区別して扱う．

**中心的位置を表わすもの**

**(1)（標本）平均値** $\bar{x}$

a．$$\bar{x} = \frac{x_1 + x_2 + \cdots + x_n}{n},$$

b．$$\bar{x} = \frac{\xi_1 f_1 + \xi_2 f_2 + \cdots + \xi_k f_k}{n}.$$

**(2)（標本）中央値（メジアン）** $\tilde{x}$　標本値を大きさの順に並べて

$$x_{(1)} \leqq x_{(2)} \leqq \cdots \leqq x_{(n-1)} \leqq x_{(n)}$$

とおくとき

a．$$\tilde{x} = \begin{cases} x_{\left(\frac{n+1}{2}\right)}, & (n \text{ が奇数のとき}), \\ \left(x_{\left(\frac{n}{2}\right)} + x_{\left(\frac{n}{2}+1\right)}\right)\Big/2, & (n \text{ が偶数のとき}). \end{cases}$$

b．$\sum_{i=1}^{m-1} f_i \leqq \frac{n}{2}$, $\sum_{i=1}^{m} f_i > \frac{n}{2}$ なる $m$ を求めれば

$$\tilde{x} = a_{m-1} + (a_m - a_{m-1}) \frac{\frac{n}{2} - (f_1 + f_2 + \cdots + f_{m-1})}{f_m}.$$

この他に中心的位置を表わすものとしては，**最頻値**（モード）（最も度数

の大きい標本の値)，**ミッドレンジ** $(x_{(1)}+x_{(n)})/2$ 等が用いられることがある．

また場合によっては次の**相乗平均** $G$, **調和平均** $H$ が用いられることもある．

$$G=\sqrt[n]{x_1x_2\cdots x_n},\qquad H=1\Bigg/\left(\frac{1}{n}\sum_{i=1}^{n}\frac{1}{x_i}\right).$$

**散布度を表わすもの**

**(1)（標本）分散 $s^2$**

a. $$s^2=\frac{(x_1-\bar{x})^2+(x_2-\bar{x})^2+\cdots+(x_n-\bar{x})^2}{n}.$$

これを変形して $s^2=\dfrac{x_1{}^2+x_2{}^2+\cdots+x_n{}^2}{n}-\bar{x}^2$ がよく用いられる

b. $$s^2=\frac{(\xi_1-\bar{x})^2f_1+(\xi_2-\bar{x})^2f_2+\cdots+(\xi_k-\bar{x})^2f_k}{n}$$

$$=\frac{\xi_1{}^2f_1+\xi_2{}^2f_2+\cdots+\xi_k{}^2f_k}{n}-\bar{x}^2.$$

上の b．の分散の形の変形について証明しておこう．

$$s^2=\frac{1}{n}\sum_{i=1}^{k}(\xi_i-\bar{x})^2f_i=\frac{1}{n}\sum_{i=1}^{k}(\xi_i{}^2-2\bar{x}\xi_i+\bar{x}^2)f_i$$

$$=\frac{1}{n}\sum_{i=1}^{k}\xi_i{}^2f_i-\frac{2\bar{x}}{n}\sum_{i=1}^{n}\xi_if_i+\frac{\bar{x}^2}{n}\sum_{i=1}^{k}f_i$$

$$=\frac{1}{n}\sum_{i=1}^{k}\xi_i{}^2f_i-2\bar{x}^2+\bar{x}^2=\frac{\xi_1{}^2f_1+\xi_2{}^2f_2+\cdots+\xi_k{}^2f_k}{n}-\bar{x}^2.$$

**(2)（標本）標準偏差 $s$**　分散 $s^2$ の正の平方根を標準偏差といい $s$ で表わす．

**(3)（標本）範囲 $R$**　標本値の最大値と最小値との差，すなわち

$$R=x_{(n)}-x_{(1)}.$$

この他散布度（バラツキ）を表わすものに，**平均偏差**といって標本値とその平均値との差の絶対値の平均をとったものが用いられることがある．また**四分偏差** $R=\{x_{(\frac{3}{4}n)}-x_{(\frac{1}{4}n)}\}/2$ が用いられることもある．

また 2 組のデータのバラツキを調べるとき，単位が違えば比較し難いし，平均値が大きく違えば比較しても意味がないような場合が起こる．このよう

な場合バラツキをみるためよく用いられものに**変動係数**といって，標準偏差の平均値に対する割合　$V=s/\bar{x}$　がある．この種 $V$ は普通 % で表わされる．

**例**　下記のデータを用いて各の量的表現の値を求めよ．

| | | | | | |
|---|---|---|---|---|---|
| 12.7 | 14.3 | 13.6 | 11.8 | 12.0 | 14.7 |
| 11.9 | 12.0 | 12.8 | 10.4 | 12.3 | 11.8 |

**解**　平均値=12.5，中央値=12.2，分散=1.3，標準偏差=1.1，範囲=3.9，平均偏差=0.9，四分偏差=0.5，変動係数=9%．

**平均値，分散の簡便計算法**　前節において資料の量的表現のため古くから用いられているものを多数あげておいたが，これらの値の良否を決める一つの鍵は，これらが母集団分布の中心的位置とか散布度を示すものによく近似しているという理論的な背景が保証されているかどうかである．これは後述の推定のところでふれるわけであるが，この立場からながめるとき中心的位置を示すものとして平均値，散布度をみるものとして分散があげられる．後述の統計的推測の理論展開をみれば，先ずデータを集めたらその平均値と分散をともかく計算しておくべきであるということが理解されよう．しかし分散 $s^2$ はデータの数値の平方をもとにして計算されるから，名数を取り扱うときは，標準偏差のほうが実際上にはよく用いられているが，理論上には前者の分散のほうがよく用いられることを注意しておこう．そこでここでは多数のデータをまとめてつくられた度数分布表を用いて平均値と分散の簡便計算を行なう方法を述べておこう．

先ず次のような生のデータがあったとする．

| | | | | | | | | | |
|---|---|---|---|---|---|---|---|---|---|
| 61 | 78 | 40 | 45 | 67 | 45 | 78 | 27 | 55 | 37 |
| 37 | 62 | 81 | 63 | 57 | 88 | 70 | 57 | 65 | 5 |
| 85 | 55 | 93 | 12 | 85 | 67 | 25 | 33 | 65 | 51 |
| 65 | 85 | 45 | 53 | 47 | 85 | 63 | 40 | 35 | 63 |
| 13 | 65 | 33 | 69 | 15 | 51 | 7 | 60 | 13 | 47 |
| 45 | 55 | 78 | 47 | 37 | 75 | 23 | 53 | 67 | 47 |
| 13 | 64 | 40 | 75 | 28 | 98 | 14 | 33 | 75 | 67 |
| 47 | 35 | 53 | 23 | 57 | 97 | 37 | 47 | 23 | 57 |
| 57 | 75 | 40 | 57 | 51 | 40 | 88 | 51 | 77 | 75 |
| 45 | 51 | 95 | 75 | 20 | 33 | 70 | 57 | 18 | 53 |

これをまとめて度数分布表をつくる．さらに簡便計算のための表を付加する．

| 級 $a_{i-1} \sim a_i$ | 代表値 $x_i$ | チェック | 度　数 $f_i$ | 変換値 $u_i$ | $u_i f_i$ | $u_i^2 f_i$ |
|---|---|---|---|---|---|---|
| 0～10未満 | 5 | // | 2 | −5 | −10 | 50 |
| 10～20 | 15 | 卌 // | 7 | −4 | −28 | 112 |
| 20～30 | 25 | 卌 // | 7 | −3 | −21 | 63 |
| 30～40 | 35 | 卌 卌 | 10 | −2 | −20 | 40 |
| 40～50 | 45 | 卌 卌 卌 / | 16 | −1 | −16 | 16 |
| 50～60 | 55 | 卌 卌 卌 //// | 19 | 0 | 0 | 0 |
| 60～70 | 65 | 卌 卌 卌 / | 16 | 1 | 16 | 16 |
| 70～80 | 75 | 卌 卌 // | 12 | 2 | 24 | 48 |
| 80～90 | 85 | 卌 // | 7 | 3 | 21 | 63 |
| 90～100 | 95 | //// | 4 | 4 | 16 | 64 |
| 計 | | | 100 | | −18 | 472 |

上の例をもとにして，$\bar{x}$, $s^2$, $s$ の簡便計算法を説明しよう．

最大度数をもつ級代表値を $x_0$ （この例では $x_0=55$），級間隔を $c$ として（この例では $c=10$），$u_i=(x_i-x_0)/c$ $(i=1, 2, \cdots, k)$，$\sum_i f_i=n$ とおけば

| $x_i$ | $f_i$ | $u_i$ | $u_i f_i$ | $u_i^2 f_i$ |
|---|---|---|---|---|
| $x_1$ | $f_1$ | $u_1$ | $u_1 f_1$ | $u_1^2 f_1$ |
| $x_2$ | $f_2$ | $u_2$ | $u_2 f_2$ | $u_2^2 f_2$ |
| ⋮ | ⋮ | ⋮ | ⋮ | ⋮ |
| $x_i$ | $f_i$ | $u_i$ | $u_i f_i$ | $u_i^2 f_i$ |
| ⋮ | ⋮ | ⋮ | ⋮ | ⋮ |
| $x_k$ | $f_k$ | $u_k$ | $u_k f_k$ | $u_k^2 f_k$ |
| 計 | $n$ | | $U$ | $V$ |

$$\bar{x}=\frac{\sum x_i f_i}{n}=\frac{\sum (x_0+cu_i) f_i}{n}=\frac{x_0 \sum f_i}{n}+c\frac{\sum u_i f_i}{n}.$$

ゆえに　$\bar{x}=x_0+c\dfrac{U}{n}$　ここに $U=\sum_i u_i f_i$ とする．

また

$$s^2=\frac{1}{n}\sum_i (x_i-\bar{x})^2 f_i=\frac{1}{n}\sum_i \{(x_0+cu_i)-(x_0+c\bar{u})\}^2 f_i$$

$$\left(\bar{u}=\sum_i u_i f_i/n=\frac{U}{n} \text{ とする}\right)$$

$$=c^2\frac{1}{n}\sum_i (u_i-\bar{u})^2 f_i=c^2\frac{1}{n}\left(\sum_i u_i^2 f_i-2\bar{u}\sum_i u_i f_i+\bar{u}^2\sum_i f_i\right)$$

$$=c^2\left(\frac{1}{n}\sum_i u_i^2 f_i-\bar{u}^2\right).$$

ゆえに　$s^2 = c^2\left\{\dfrac{V}{n}-\left(\dfrac{U}{n}\right)^2\right\}$,　（ここに $V=\sum_i u_i^2 f_i$ とする）.

よって　$s = c\sqrt{\dfrac{V}{n}-\left(\dfrac{U}{n}\right)^2}$.

上の $x_0$ を**仮平均**といい，もちろんこの値のとり方いかんにかかわらず $\bar{x}$, $s^2$ は同一の値をとる.

上の結果を用いて計算しみれば

$$\bar{x} = 55+10\times\frac{-18}{100} = 56.8$$

$$s^2 = 100\times\left\{\frac{472}{100}-\left(\frac{-18}{100}\right)^2\right\} = 468.76$$

$$s = 21.65.$$

**例**　次の度数分布表で与えられたデータの平均値，分散，標準偏差を求めよ.

| $x_i$ | 28.5 | 32.5 | 36.5 | 40.5 | 44.5 | 48.5 | 52.5 | 56.5 | 60.5 | 64.5 | 68.5 | 72.5 | 計 |
|---|---|---|---|---|---|---|---|---|---|---|---|---|---|
| $f_i$ | 2 | 2 | 3 | 8 | 13 | 15 | 24 | 16 | 13 | 2 | 1 | 1 | 100 |

**解**

| $x_i$ | $f_i$ | $u_i$ | $u_i f_i$ | $u_i^2 f_i$ |
|---|---|---|---|---|
| 28.5 | 2 | −6 | −12 | 72 |
| 32.5 | 2 | −5 | −10 | 50 |
| 36.5 | 3 | −4 | −12 | 48 |
| 40.5 | 8 | −3 | −24 | 72 |
| 44.5 | 13 | −2 | −26 | 52 |
| 48.5 | 15 | −1 | −15 | 15 |
| 52.5 | 24 | 0 | 0 | 0 |
| 56.5 | 16 | 1 | 16 | 16 |
| 60.5 | 13 | 2 | 26 | 52 |
| 64.5 | 2 | 3 | 6 | 18 |
| 68.5 | 1 | 4 | 4 | 16 |
| 72.5 | 1 | 5 | 5 | 25 |
| 計 | 100 | | −42 | 436 |

$$\bar{x} = 52.5+\frac{-42}{100}\times 4 = 50.82$$

$$s^2 = \left\{\frac{436}{100}-\left(\frac{-42}{100}\right)^2\right\}\times 16 = 66.94$$

$$s = 8.2$$

## 3.2 点　推　定

**3.2.1 母集団と任意標本**　20 才の日本男子の平均身長 $\mu$ を調べるために，20 才の男子 $n$ 人を任意に選んで身長を測って

$$x_1,\ x_2,\ \cdots,\ x_n$$

を得たとする．これをもとにして平均身長 $\mu$ として最も信頼できる値は何かという問題を考えてみよう．この場合 20 才の男子全部の身長の測定値の集団を母集団と考える．この母集団の大きさは，もちろん有限であるが，その大きさは非常に大きいので，これを通常無限母集団と考える．そしてこの母集団を特徴づけるのに，その各値をとる確率変数 $X$ の確率分布を用いる．身長のような場合，$\mu$ を平均とする正規分布 $\mathrm{N}(\mu, \sigma^2)$ で母集団を特徴づけるのが常である．

上のデータ $x_1, x_2, \cdots, x_n$ は $\mathrm{N}(\mu, \sigma^2)$ に従う確率変数 $X$ の 1 組の実現値とも考えられる．ところがこのデータにより $\mu$ を推定しようというような統計的な議論をするとき，肝心のことはただ 1 組のデータの数値のみに依存することを避けて，何度も同じ大きさのデータをこの母集団から任意に抽出したと考えて理論を展開することである．そうなると上のデータは，次の条件

確率変数 $X_1, X_2, \cdots, X_n$ はいずれも正規分布 $\mathrm{N}(\mu, \sigma^2)$ に従い，かつ独立である．

をみたす $X_1, X_2, \cdots, X_n$ の一つの実現値と考えられる．

このような $n$ 個の確率変数 $X_1, X_2, \cdots X_n$ を母集団 $\mathrm{N}(\mu, \sigma^2)$ より抽出された**任意標本**といい，その実現値たるデータを任意標本値ということにする．

ここで問題になることは，上の条件をみたすようなデータを母集団から，どのようにして抽出するかということである．これは標本調査という統計学の分野の問題であるが，ここではデータはそのような条件をみたすように何等かの方法で抽出されたものと仮定して，その後の統計的推測を考えることにする．そうなると母集団というものをそれほど表面に出す必要はない．そこで任意標本 $X_1, \cdots, X_n$ という意味を，同一の確率分布をもち，かつ独立な $n$ 個の確率変数と解釈して，母集団を殊更もち出さないこともある．

**3.2.2 良い推定量の一つの基準**　いまここで問題にしている推定の狙いは次のようにいえる．

確率分布 $p(x,\theta)$ をもつ任意標本 $X_1, X_2, \cdots, X_n$ をもとにして，未知のパラメータ（これを母数という）$\theta$ の良い推定量（$X_1, X_2, \cdots, X_n$ の関数を**推定量**という）$\hat{\theta}=\delta(X_1, X_2, \cdots, X_n)$ を求めよう．

ここに確率分布 $p(x,\theta)$ の形は，正規分布とか二項分布のように型はともかく判っておって，ただその分布の平均とか分散のような母数 $\theta$ のみが未知で推定の対象になっているという簡単な場合を取り扱ってみよう．

なおこの種の推定を後述の区間推定と区別して**点推定**という．

ここで先ず $\theta$ の良い推定量という意味をはっきり決めてかからねばならない．そのために二つの推定量 $\hat{\theta}_1, \hat{\theta}_2$ の優劣を決める基準を与えてみる．

常識的にはデータ $x_1, x_2, \cdots, x_n$ の数値を推定量 $\hat{\theta}$ に代入して得られる推定値が，母数 $\theta$ に近いほど良いということになろう．すなわち

不等式　$|\hat{\theta}_1-\theta|<|\hat{\theta}_2-\theta|$

が，任意のデータ $x_1, x_2, \cdots, x_n$ に対し常に成立しているときは，文句なく $\hat{\theta}_1$ のほうが $\hat{\theta}_2$ より良い推定量であるといえよう．しかし $\theta$ が未知である以上，一般には上の関係の成否を調べようがないわけである．そこで平均的距離を比較するということになる．

推定量 $\hat{\theta}_1, \hat{\theta}_2$ は任意標本 $X_1, X_2, \cdots, X_n$ の関数である．その意味で $\hat{\theta}_1$, $\hat{\theta}_2$ は確率変数である．そこで平均を考えて

$$\mathrm{E}|\hat{\theta}_1-\theta|<\mathrm{E}|\hat{\theta}_2-\theta|$$

のとき，$\hat{\theta}_1$ のほうが $\hat{\theta}_2$ より良いということになる．ところが絶対値の平均は，計算が一般に面倒になるので，この代りに**2乗誤差** $(\hat{\theta}_1-\theta)^2$ の平均をとって

$$\mathrm{E}(\hat{\theta}_1-\theta)^2<\mathrm{E}(\hat{\theta}_2-\theta)^2$$

なるとき，$\hat{\theta}_1$ のほうが良いとする基準が考えられる．

この2乗誤差の平均を基準にして，1番良い推定量は何かということになると理論的にむずかしくなる．そこで実際面では次のような考えが採用されることが多い．

$\theta$ の推定量の範囲を制限して，平均的に母数 $\theta$ に等しくなるという保証の

ある推定量 $\hat{\theta}$，すなわち

$$\mathrm{E}(\hat{\theta}) = \theta$$

をみたす推定量 $\hat{\theta}$（これを**不偏推定量**という）に対象をしぼって，その中から上の2乗誤差の平均が，できるだけ小さいもの，もし可能ならば一番小さいものを探そうという考えである．

この不偏推定量 $\hat{\theta}$ は任意標本 $X_1, X_2, \cdots, X_n$ の関数であるから，データをとるたびに，それをもとにして求められる $\hat{\theta}$ の値はいろいろ変わるが，その中心的位置に目標の母数 $\theta$ がある．すなわち $\hat{\theta}$ は $\theta$ に対して偏った値をとらないという保証があるということになる．

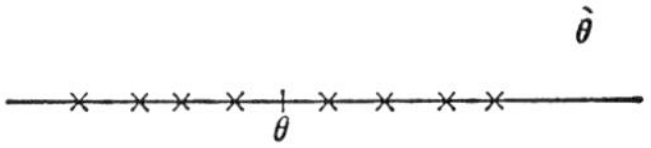

この不偏性が良い推定量としての一つの資格に要求されるのはもっともの感がある．ともかく無数あるともいえる推定量の中から，この不偏性がはっきり証明されたものだけが，良い推定量の第1候補にあげられる．あとは2乗誤差の平均の小さいほど良いと考える．この2乗誤差の平均 $\mathrm{E}(\hat{\theta}-\theta)^2$ は，$\hat{\theta}$ が $\theta$ の不偏推定量であるから $\mathrm{E}(\hat{\theta})=\theta$ の性質をもっているので $\mathrm{E}(\hat{\theta}-\theta)^2$ は，$\hat{\theta}$ の分散 $\mathrm{V}(\hat{\theta})$ である．結局これまで述べた推定の考えは次のようになる．

$\hat{\theta}$

$\theta$

図 3.3

$\theta$ の良い推定量を求めるには，先ず不偏推定量 $\hat{\theta}$ を求める．そのうち分散 $\mathrm{V}(\hat{\theta})$ の小さいものほど良し（**より有効**であるという）とする．できれば1番小さい分散をもつ $\hat{\theta}$ を探す．

**注意**　推定量の良否を論じることは，推定方法の良否を論じていることになる．

**例**　母平均 $\mu$ を推定するのに，任意標本 $X_1, X_2, \cdots, X_n$（平均 $\mu$，分散 $\sigma^2$）の全部を用いての推定量 $\hat{\mu}_1=(X_1+X_2+\cdots+X_n)/n$ と，1部を使っての推定量 $\hat{\mu}_2=(X_1+X_2+\cdots+X_m)/m$，$(m<n)$ との優劣を比較せよ．

**解**　$\mathrm{E}(X_1)=\mathrm{E}(X_2)=\cdots=\mathrm{E}(X_n)=\mu,$

$\mathrm{V}(X_1)=\mathrm{V}(X_2)=\cdots=\mathrm{V}(X_n)=\sigma^2.$

これより　$\mathrm{E}(\hat{\mu}_1)=\mu,\qquad \mathrm{E}(\hat{\mu}_2)=\mu.$

よって $\hat{\mu}_1, \hat{\mu}_2$ ともに $\mu$ の不偏推定量である．ところが分散は

$$\mathrm{V}(\hat{\mu}_1)=\sigma^2/n,\qquad \mathrm{V}(\hat{\mu}_2)=\sigma^2/m.$$

$m<n$ を用いると

$$V(\hat{\mu}_1) < V(\hat{\mu}_2).$$

ゆえに $\hat{\mu}_1$ のほうが $\hat{\mu}_2$ より良い推定量であるといえる．すなわち $\hat{\mu}_1$ のほうが $\hat{\mu}_2$ より有効である．

**3.2.3　クラーメル-ラオ（Cramér-Rao）の不等式**　前節で二つの不偏推定量の優劣は分散の大小で調べられたが，不偏推定量が多数あることになると最小分散をもつ不偏推定量の存在が問題になる．これに対し次のクラーメル-ラオの不等式は有効な決め手を提供している．

**定理 3.1**（クラーメル-ラオの不等式）　**確率分布 $p(x,\theta)$ をもつ任意標本を $X_1, X_2, \cdots, X_n$ とし，また $\theta$ の不偏推定量を $\hat{\theta}=\delta(X_1, X_2, \cdots, X_n)$ とおく．関数 $p$ と $\delta$ とがある種の条件**（これを**正則条件**ということがある）**をみたすとき，任意の不偏推定量 $\hat{\theta}$ に対し不等式**

$$V(\hat{\theta}) \geqq \frac{1}{n\mathrm{E}\left[\left(\dfrac{\partial \log p(X,\theta)}{\partial\theta}\right)^2\right]}$$

**が成立する．**（証明は付録参照）

注意（1）ある種の条件は巻末の付録に載せてあるが，これをみたす $p(x,\theta)$ としては正規分布，指数分布，二項分布，ポアソン分布等，実用上よく用いられる分布があげられる．ただし一様分布はこの条件をみたしていないことを注意しておこう．すなわち一様分布にはこのクラーメル-ラオの結果を適用できないわけである，

（2）不等式の右辺の分母 $\partial \log p(X,\theta)/\partial\theta$ の意味は，$\partial \log p(x,\theta)/\partial\theta$ の結果の $x$ に，$p(x,\theta)$ を確率分布にもつ確率変数 $X$ を代入したものである．したがって，これは確率変数となり，その2乗の平均が考えられる．

（3）推定量の関数 $\delta$ にも条件がついているが，ゆるい条件であるから相当広範囲の推定量が対象となり得る．そこで上の不等式の右辺に等しい分散をもつ不偏推定量 $\theta^*$ がもし存在すれば，それがほぼ最小分散をもつ不偏推定量と考えてよかろう．この意味で $\theta^*$ は**最良推定量**の名で呼ばれることもあるが，ここでは**有効推定量**ということにする．

（4）正則条件が満足されないときは，クラーメル-ラオの不等式に拘束されることなく，別途に考える．当然クラーメル-ラオの不等式の右辺を形式的に求めたものより小さい分散をもった不偏推定量もあり得ることになる．

**例**　正規母集団 $N(\mu, \sigma^2)$ からの任意標本を $X_1, X_2, \cdots, X_n$ とおくとき，$\bar{X}=(X_1+X_2+\cdots+X_n)/n$ は母平均 $\mu$ の有効推定量である．

**証明**　$p(x,\mu)=\dfrac{1}{\sqrt{2\pi}\sigma}e^{-\frac{(x-\mu)^2}{2\sigma^2}}$，

$$\log p(x,\mu) = -\log(\sqrt{2\pi}\sigma) - \frac{(x-\mu)^2}{2\sigma^2},$$

$$\frac{\partial \log p(x,\mu)}{\partial\mu} = \frac{x-\mu}{\sigma^2}.$$

よって $\mathrm{E}\left[\left(\frac{\partial \log p(X,\mu)}{\partial\mu}\right)^2\right] = \mathrm{E}\left[\left(\frac{X-\mu}{\sigma^2}\right)^2\right] = \frac{1}{\sigma^4}\mathrm{E}[(X-\mu)^2]$

$$= \frac{1}{\sigma^4}\mathrm{V}(X) = \frac{1}{\sigma^2}.$$

ゆえに正則条件をみたす任意の不偏推定量 $\hat{\mu}$ に対し

$$\mathrm{V}(\hat{\mu}) \geqq \frac{\sigma^2}{n}.$$

ところが，$\bar{X} = (X_1 + X_2 + \cdots + X_n)/n$ について

$$\mathrm{E}(\bar{X}) = \mu, \qquad \mathrm{V}(\bar{X}) = \sigma^2/n.$$

$\bar{X}$ は $\mu$ の不偏推定量となり

$$\mathrm{V}(\hat{\mu}) \geqq \mathrm{V}(\bar{X}).$$

この $\bar{X}$ は母平均 $\mu$ の有効推定量である．

## 3.3 母平均，母分散，母標準偏差の点推定

### 3.3.1 母平均の点推定

任意標本を $X_1, X_2, \cdots, X_n$ とおく．

標本平均 $\bar{X} = \dfrac{X_1 + X_2 + \cdots + X_n}{n}$ は母平均 $\mu$ が存在するならば，その母集団分布の型に関係なく $\mu$ の不偏推定量になっている．

母集団分布が正規分布，指数分布，二項分布，ポアソン分布等の場合には有効推定量になっている．

**注意** 一様分布

$$f(x,\theta) = \begin{cases} \dfrac{1}{\theta}, & (0 < x < \theta), \\ 0, & (\text{その他}) \end{cases} \qquad (\theta \text{ は未知母数})$$

の平均 $\mu = \dfrac{\theta}{2}$ の推定の場合，$\bar{X}$ は最小分散をもつ不偏推定量になっていない．この場合はクラーメル-ラオの不等式成立の前提たる正則条件が満足されていない（問題［3］，3)．

### 3.3.2 母分散の点推定

**定理 3.2** 平均 $\mu$，分散 $\sigma^2$ をもつ任意標本を $X_1, X_2, \cdots, X_n$ とおく．

$$\sum_{i=1}^{n} (X_i - \bar{X})^2/(n-1) \text{ は } \sigma^2 \text{ の不偏推定量である．}$$

**注意** （1） データ $x_1, \cdots, x_n$ をもとにして，母分散 $\sigma^2$ を推定するのに

$$\text{標本分散}\quad s^2=\sum_{i=1}^{n}(x_i-\bar{x})^2/n$$

が，古くからよく用いられていたが，これは不偏性を重視しての $\sigma^2$ の推定値とはいえない．この意味では

$$\sum_{i=1}^{n}(x_i-\bar{x})^2/(n-1)$$

が用いらるべきである．これを**不偏分散**と呼ぶことがある．

データの大きさが小さいとき，これが用いられることがある．

（2） 上の定理は，母集団分布に母分散 $\sigma^2$ が存在しさえすれば，その型が一般であっても成り立つことは，有意義のことである．

**証明**

$$\mathrm{E}\left[\frac{1}{n-1}\sum_{i=1}^{n}(X_i-\bar{X})^2\right]=\frac{1}{n-1}\mathrm{E}\left[\sum_{i=1}^{n}(X_i-\bar{X})^2\right]$$

$$=\frac{1}{n-1}\mathrm{E}\left[\sum_{i=1}^{n}\{(X_i-\mu)-(\bar{X}-\mu)\}^2\right]$$

$$=\frac{1}{n-1}\mathrm{E}\left[\sum_{i=1}^{n}(X_i-\mu)^2-2(\bar{X}-\mu)\sum_{i=1}^{n}(X_i-\mu)+n(\bar{X}-\mu)^2\right]$$

$$=\frac{1}{n-1}\mathrm{E}\left[\sum_{i=1}^{n}(X_i-\mu)^2-n(\bar{X}-\mu)^2\right]$$

$$=\frac{1}{n-1}\left[\sum_{i=1}^{n}\mathrm{E}\{(X_i-\mu)^2\}-n\mathrm{E}\{(\bar{X}-\mu)^2\}\right]$$

$$=\frac{1}{n-1}\left(n\sigma^2-n\frac{\sigma^2}{n}\right)=\frac{1}{n-1}(n-1)\sigma^2=\sigma^2.$$

ゆえに $\dfrac{1}{n-1}\sum_{i=1}^{n}(X_i-\bar{X})^2$ は母分散 $\sigma^2$ の不偏推定量である．

**系**　$$\mathrm{E}\left\{\sum_{i=1}^{n}(X_i-\bar{X})^2\Big/n\right\}=\frac{n-1}{n}\sigma^2.$$

### 3.3.3 母標準偏差の点推定

$\sum_{i=1}^{n}(X_i-\bar{X})^2/(n-1)$ は母分散 $\sigma^2$ の不偏推定量であるが，$\sqrt{\sum_{i=1}^{n}(X_i-\bar{X})^2\Big/(n-1)}$ は母標準偏差 $\sigma$ の不偏推定量になっていない．すなわち

$$\mathrm{E}\left[\sqrt{\sum_{i=1}^{n}(X_i-\bar{X})^2\Big/(n-1)}\right]\neq\sigma.$$

$\sigma$ の不偏推定量については，特に正規母集団で $n$ が小さいときには次の結果が用いられている．

**定理 3.3** 正規母集団 $\mathrm{N}(\mu, \sigma^2)$ から抽出された任意標本を

$X_1, X_2, \cdots, X_n$ とおく．

$$\sqrt{\frac{n}{2}}\frac{\Gamma\left(\frac{n-1}{2}\right)}{\Gamma\left(\frac{n}{2}\right)}\sqrt{\sum_{i=1}^{n}(X_i-\bar{X})^2\Big/n}$$ は $\sigma$ の不偏推定量である．

**証明** $X_1, X_2, \cdots, X_n$ がいずれも $\mathrm{N}(\mu, \sigma^2)$ に従い，かつ独立であるから

$\sum_{i=1}^{n}(X_i-\bar{X})^2/\sigma^2$ は自由度 $n-1$ の $\chi^2$ 分布に従う（付録参照）．

ところが一般に r.v. $X$ が p.d.f. $f(x)=\dfrac{1}{2^{\frac{n}{2}}\Gamma\left(\frac{n}{2}\right)}e^{-\frac{x}{2}}x^{\frac{n}{2}-1}$ $(x>0)$; $=0$

$(x\leqq 0)$（自由度 $n$ の $\chi^2$ 分布）をもつとき $Y=\sqrt{X}$ の p.d.f. $g(y)$ は

$$g(y)=\frac{2}{2^{\frac{n}{2}}\Gamma\left(\frac{n}{2}\right)}e^{-\frac{y^2}{2}}y^{n-1} \qquad (y>0); \quad =0 \qquad (y\leqq 0).$$

よって $$\mathrm{E}(Y)=\frac{2}{2^{\frac{n}{2}}\Gamma\left(\frac{n}{2}\right)}\int_0^\infty e^{-\frac{y^2}{2}}y^n\,dy=\frac{\sqrt{2}\,\Gamma\left(\frac{n+1}{2}\right)}{\Gamma\left(\frac{n}{2}\right)}.$$

これより $$\mathrm{E}\left(\sqrt{\sum_{i=1}^{n}(X_i-\bar{X})^2/\sigma^2}\right)=\frac{\sqrt{2}\,\Gamma\left(\frac{n}{2}\right)}{\Gamma\left(\frac{n-1}{2}\right)}.$$

ゆえに $$\mathrm{E}\left(\sqrt{\frac{n}{2}}\frac{\Gamma\left(\frac{n-1}{2}\right)}{\Gamma\left(\frac{n}{2}\right)}\sqrt{\sum_{i=1}^{n}(X_i-\bar{X})^2\Big/n}\right)=\sigma.$$

これを用いれば母集団が正規とみなせるときは，それから任意に取り出されたデータ $x_1, x_2, \cdots, x_n$ をもとにして，母標準偏差 $\sigma$ を推定することができる．

そのためには，先ずデータより標本標準偏差

$$s=\sqrt{\sum_{i=1}^{n}(x_i-\bar{x})^2\Big/n}$$

を求め，$n$ に関係する適当な定数 $a_n$ を掛けて，得られる $a_ns$ をもってすればよいということになる．

この $a_n$ は

$$a_n=\sqrt{\frac{n}{2}}\Gamma\left(\frac{n-1}{2}\right)\Big/\Gamma\left(\frac{n}{2}\right)$$

のことで，右にその数表が与えられている．

| $n$ | $a_n$ | $n$ | $a_n$ |
|---|---|---|---|
| 2 | 1.77 | 12 | 1.07 |
| 3 | 1.38 | 13 | 1.06 |
| 4 | 1.25 | 14 | 1.06 |
| 5 | 1.19 | 15 | 1.05 |
| 6 | 1.15 | 16 | 1.05 |
| 7 | 1.13 | 17 | 1.05 |
| 8 | 1.11 | 18 | 1.04 |
| 9 | 1.09 | 19 | 1.04 |
| 10 | 1.08 | 20 | 1.04 |
| 11 | 1.08 | | |

注意　(1)　$\sigma$ を点推定するのに，不偏性を尊重するときは，母集団が正規のときは上のように処置できたが，一般の場合に通用するような不偏推定量は見い出されていない．それに反し $\sigma^2$ の不偏推定量としては母集団の型に関係しない不偏分散が存在する．この意味でデータから散布度をみるものとして，不偏分散のほうが標本標準偏差より理論面では，すっきりしている．

(2)　$\sigma$ の推定に範囲 $R$ が用いられることがある．たとえば品質管理など，その例である．ここでいう範囲 $R$ とは，任意標本 $X_1, X_2, \cdots, X_n$ の中の最大順序統計量 $X_{(n)}$ と最小順序統計量 $X_{(1)}$ との差，すなわち

$$R=X_{(n)}-X_{(1)}$$

のことである．$R$ で $\sigma$ を推定しようとすると $R$ の確率分布を知る必要がある．ここでまた母集団を正規と限定して $R$ の確率分布を求め，$b_nR$ が $\sigma$ の不偏推定量になるように $b_n$ の値を定めればよい．右表は

$$\mathrm{E}(b_nR)=\sigma$$

なる $b_n$ の表である．

| $n$ | $b_n$ | $n$ | $b_n$ |
|---|---|---|---|
| 2 | 0.89 | 9 | 0.34 |
| 3 | 0.59 | 10 | 0.32 |
| 4 | 0.49 | 11 | 0.32 |
| 5 | 0.43 | 12 | 0.31 |
| 6 | 0.39 | 13 | 0.30 |
| 7 | 0.37 | 14 | 0.29 |
| 8 | 0.35 | 15 | 0.29 |

**例**　正規母集団 $\mathrm{N}(\mu, \sigma^2)$ から任意に取り出された大きさ 20 のデータ

| | |
|---|---|
| 15, 13, 18, 16, 14 | 12, 17, 15, 16, 11 |
| 13, 19, 14, 15, 17 | 16, 15, 14, 17, 12 |

を用いて，母標準偏差 $\sigma$ を推定せよ．

**解**　標本標準偏差　$s=2.06$

$$a_ns=1.04\times2.06=2.1$$

また範囲を用いて $\sigma$ を推定してみる．先ず $\mathrm{E}(R)$ をデータから推定するため点線で分けたように，データを大きさ 5 の 4 個のグループに分ける．各グループの範囲を求めて

$$18-13=5,\quad 19-13=6,\quad 17-11=6,\quad 17-12=5$$

そこで E($R$) の推定値として $\bar{R}=(5+6+6+5)/4=5.5$.

よって $n=5$ として $b_n=0.43$ を数表から求める.

$$b_n\bar{R}=0.43\times5.5=2.4.$$

## 3.4 有限母集団の母平均，母分散の点推定

いままで母集団の大きさについては，特にことわらなかったが，いずれも無限母集団である．有限母集団の大きさが相当大きいときは，無限母集団の結果を適用するのが普通である．この意味で有限母集団の母平均を推定したいときは，それから任意に抽出したデータの標本平均値 $\bar{x}$ を用いるのであるが，有限母集団の構成要素の数値の総和を求めるということになると，この母集団を有限とみて，その大きさ $N$ を用いて，総和の推定値として $N\bar{x}$ をもってするのが普通である．ここに有限母集団としての母平均の推定を，不偏性を重視した立場から調べてみる必要がある.

いま母集団の要素を

$$a_1, a_2, \cdots, a_N$$

とおく．この母平均 $\mu$ を

$$\mu=\frac{a_1+a_2+\cdots+a_N}{N}$$

と定義する．この母集団より何度も任意に $n$ 個の標本を取り出したとして，その確率変数を

$$X_1, X_2, \cdots, X_n$$

とする.

先ず $i$ 番目の確率変数 $X_i$ の平均 E($X_i$)，分散 V($X_i$) を求めてみる.

$X_i$ がとりうる値は $a_1, a_2, \cdots, a_N$ のいずれか一つで，しかも同じ確率でとるとしよう（これが任意にとり出したという意味である）．$X_i$ の確率分布は

$$\mathrm{P}(X_i=a_r)=\frac{1}{N}, \quad (r=1, \cdots, N).$$

そこで定義により平均 E($X_i$) は

$$\mathrm{E}(X_i)=\frac{a_1}{N}+\frac{a_2}{N}+\cdots+\frac{a_N}{N}=\mu.$$

これから $\bar{X}=(X_1+X_2+\cdots+X_n)/n$ については

$$\mathrm{E}(\bar{X})=\mathrm{E}\left(\sum_{i=1}^{n}X_i\Big/n\right)=\frac{1}{n}\sum_{i=1}^{n}\mathrm{E}(X_i)=\mu.$$

すなわち**標本平均 $\bar{X}$ は母平均 $\mu$ の不偏推定量になっている.**

ついでに $\bar{X}$ の分散 $\mathrm{V}(\bar{X})$ を求めておこう.

先ず母分散 $\sigma^2$ を次の形で定義しておく.

$$\sigma^2=\sum_{r=1}^{N}(a_r-\mu)^2\Big/N.$$

すると $X_i$ の分散 $\mathrm{V}(X_i)$ は

$$\mathrm{V}(X_i)=\mathrm{E}[(X_i-\mu)^2]=\sum_{r=1}^{N}(a_r-\mu)^2\Big/N=\sigma^2,\qquad (i=1,2,\cdots,n).$$

これで有限母集団からの任意（各 $a_r$ が等確率で選ばれるという意味）標本 $X_1,X_2,\cdots,X_n$ についても，その平均，分散はいずれも母平均 $\mu$，母分散 $\sigma^2$ に等しいことがわかった．ただし無限母集団と違い，独立ではないことが，このあとの計算で明らかになる．

$$\bar{X}\text{ の分散}\quad \mathrm{V}(\bar{X})=\mathrm{E}[(\bar{X}-\mu)^2]=\mathrm{E}\left[\left(\frac{X_1+X_2+\cdots+X_n-n\mu}{n}\right)^2\right]$$

$$=\mathrm{E}\left[\frac{1}{n^2}\left(\sum_{i=1}^{n}(X_i-\mu)\right)^2\right]$$

$$=\frac{1}{n^2}\mathrm{E}\left[\sum_{i=1}^{n}(X_i-\mu)^2+\sum_{i\neq j}(X_i-\mu)(X_j-\mu)\right]$$

$$=\frac{1}{n^2}\sum_{i=1}^{n}\mathrm{E}\left[(X_i-\mu)^2\right]+\frac{1}{n^2}\sum_{i\neq j}\mathrm{E}(X_i-\mu)(X_j-\mu),$$

ここに和の記号 $\sum_{i\neq j}$ は異なる $i,j$ のあらゆる順列の数 $n(n-1)$ 個の全部にわたって加えることを意味する．

さて確率変数 $X_i$ がある値 $a_k$ をとり，同時に他の確率変数 $X_j$ がある値 $a_l$ をとる確率は，異なる $k,l$ の順列のどれについても同一とみなせるから，その確率は

$$\frac{1}{\mathrm{N}(N-1)}$$

である．よって

$$\mathbf{E}[(X_i-\mu)(X_j-\mu)] = \sum_{k\neq l}(a_k-\mu)(a_l-\mu)/\mathrm{N}(N-1)$$

$$= \frac{1}{\mathrm{N}(N-1)}\sum_{k=1}^{N}(a_k-\mu)\left\{\sum_{l=1}^{N}(a_l-\mu)-(a_k-\mu)\right\}$$

$$= \frac{-1}{\mathrm{N}(N-1)}\sum_{k=1}^{N}(a_k-\mu)^2$$

$$= -\frac{\sigma^2}{N-1}.$$

このことは $X_i, X_j$ が独立でないことを示している

上の結果を用いれば

$$\mathrm{V}(\bar{X}) = \frac{1}{n^2}\cdot n\sigma^2-\frac{n(n-1)}{n^2}\cdot\frac{\sigma^2}{N-1}.$$

これをまとめれば

**定理 3.4** $\mathbf{V}(\bar{X}) = \dfrac{N-n}{N-1}\cdot\dfrac{\sigma^2}{n}.$

無限母集団のとき，すなわち $N\to\infty$ のときは

$$\mathrm{V}(\bar{X}) \to \sigma^2/n.$$

これはよく知られている結果と一致する．

次に有限母集団の母分散 $\sigma^2$ の不偏推定量を定めよう．

$$\mathrm{E}\left[\sum_{i=1}^{n}(X_i-\bar{X})^2\right] = \mathrm{E}\left[\sum_{i=1}^{n}(X_i-\mu)^2-n(\bar{X}-\mu)^2\right]$$

$$= \sum_{i=1}^{n}\mathrm{E}(X_i-\mu)^2-n\,\mathrm{E}(\bar{X}-\mu)^2$$

$$= n\sigma^2-n\cdot\frac{N-n}{N-1}\cdot\frac{\sigma^2}{n}$$

$$= \frac{N(n-1)}{N-1}\cdot\sigma^2.$$

これより

$$\mathrm{E}\left[\sum_{i=1}^{n}(X_i-\bar{X})^2\Big/\frac{N(n-1)}{N-1}\right] = \sigma^2,$$

すなわち

$\displaystyle\sum_{i=1}^{n}(X_i-\bar{X})^2\Big/\frac{N(n-1)}{N-1}$ は $\sigma^2$ の一つの不偏推定量である．

これでみると有限母集団のときの，母分散の不偏推定量の形が無限母集団の場合と異なった形をとっている．

しかし母分散の定義を始めから

$$\sigma_1{}^2 = \sum_{i=1}^{N} (a_i-\mu)^2/(N-1)$$

としておけば

$$\mathrm{E}\left[\sum_{i=1}^{n} (X_i-\bar{X})^2/(n-1)\right] = \sigma_1{}^2$$

となり，形だけは有限，無限両母集団とも一致する．そこで上の $\sigma_1{}^2$ でもって，有限母集団の母分散が定義されることもある．

**例**　ある量産製品の仕切りの大きさを $N$，その中にふくまれている不良品の数を $M$ とする．この中から任意に $n$ 個抜き取ったとき，その中にふくまれている不良品の数を $r$ とおくとき，

（1）　平均 $\mathrm{E}(r/n)$，分散 $\mathrm{V}(r/n)$ を求めよ．

（2）　$M, N-M$ ともに $n$ にくらべて非常に大きいとき，$r$ の確率分布はほぼ二項分布とみなせることを示せ．

**解**　（1）仕切り中の不良品に1，良品に0を対応させ，仕切り不良率を $M/N=p$ とおけば

$$母平均\ \mu=p,\qquad 母分散\ \sigma^2=p(1-p).$$

また $\bar{X}$ は標本の不良率 $r/n$ と考えられる．

よって

$$\mathrm{E}(r/n)=\mathrm{E}(\bar{X})=\mu=p,\qquad \mathrm{V}(r/n)=\mathrm{V}(\bar{X})=\frac{N-n}{N-1}\cdot\frac{p(1-p)}{n},$$

すなわち

$$\mathrm{E}(r/n)=M/N,\qquad \mathrm{V}(r/n)=\frac{N-n}{N-1}\cdot\frac{M(N-M)}{nN^2}.$$

（2）　$r$ の確率分布を $p(r)$ とおけば

$$\begin{aligned}
p(r) &= {}_MC_r\cdot{}_{N-M}C_{n-r}/{}_NC_n\\
&= \frac{n!}{r!(n-r)!}\cdot\frac{M(M-1)\cdots(M-r+1)\cdot(N-M)(N-M-1)\cdots(N-M-n+r+1)}{N(N-1)\cdots(N-n+1)}\\
&= \frac{n!}{r!(n-r)!}\left(\frac{M}{N}\right)^r\left(\frac{N-M}{N}\right)^{n-r}\\
&\quad\cdot\frac{\left(1-\frac{1}{M}\right)\left(1-\frac{2}{M}\right)\cdots\left(1-\frac{r-1}{M}\right)\cdot\left(1-\frac{1}{N-M}\right)\cdots\left(1-\frac{n-r-1}{N-M}\right)}{\left(1-\frac{1}{N}\right)\cdots\left(1-\frac{n-1}{N}\right)}.
\end{aligned}$$

ゆえに $n, r$ を固定して考えているから $r/M, (n-r)(N-M)n/N$ 等を省略すれば

$$p(r) \fallingdotseq {}_nC_r\left(\frac{M}{N}\right)^r\left(1-\frac{M}{N}\right)^{n-r}.$$

## 3.5 最　尤　法

いままで母数の推定量としての一つの基準をあげ，母数として母平均，母分散，母標準偏差を例にとって点推定を考えてきた．これらの推定量は大体の形が始めから予想できるものであった．そうでないとき，推定量を求める一つの有効な方法が**最尤法**と呼ばれるものである．次にその方法を述べてみよう．

母集団の確率分布を $p(x, \theta)$（$\theta$ は未知母数）とし，この母集団から任意に抽出されたデータを $x_1, x_2, \cdots, x_n$ とおく．

するとこの確率分布に従い，かつ独立な $n$ 個の確率変数

$$X_1, X_2, \cdots, X_n$$

が，それぞれ $x_1, x_2, \cdots, x_n$ の値をとる確率は，離散型のとき

$$p(x_1, \theta)p(x_2, \theta)\cdots p(x_n, \theta)$$

と考えられる．

$\theta$ は元来定数であるべきであるが，これを変数のように考え，固定された $x_1, x_2, \cdots, x_n$ に対し上の積を最大にするような $\theta$ を求めてみる．それを $\hat{\theta}$ とおけば，$\hat{\theta}$ は $x_1, x_2, \cdots, x_n$ の関数と考えられる．すなわち

$$\hat{\theta} = \delta(x_1, x_2, \cdots, x_n).$$

この $\hat{\theta}$ を母数にもつ母集団から，データ $x_1, x_2, \cdots, x_n$ が抽出されたと考えられる可能性が最も大きいようだ．つまりこの $\hat{\theta}$ が本物の $\theta$ に最も近い値ではないだろうか．このような考えを，母集団分布が連続型である場合に拡大して，先ず $\theta$ の関数

$$L(\theta) = p(x_1, \theta)p(x_2, \theta)\cdots p(x_n, \theta)$$

を考え，これを最大にする $\theta$ の値 $\hat{\theta}$ が存在したとき，この $\hat{\theta}$ を $\theta$ の**最尤推定値**という．$x_1, \cdots, x_n$ に，任意標本 $X_1, X_2, \cdots, X_n$ を代入した $\hat{\theta}$ を**最尤推定量**という．

上の $L(\theta)$ は**尤度関数**と呼ばれている．この $L(\theta)$ を最大にする $\theta$ も，

$\log L(\theta)$ を最大にする $\theta$ も同一であるから，通常微分可能であるときは

$$\frac{\partial \log L(\theta)}{\partial \theta}=0 \qquad \text{（\textbf{尤度方程式} という）}$$

の根として $\theta=\hat{\theta}$ が求められる．

**注意** (1) 尤度関数を最大にする $\theta$ を求めるという考え方には，いろいろ批判があるが，ともかくかようにして求められた最大推定量には，推定量として好ましい性質（これらについては点推定の基準として既述のもの以外をもふくめて，もっと詳しい点推定の議論が必要になる．その1部を付録にあげておいた）をもっていることが明らかにされている．

(2) 最尤推定量は一般には不偏性をもっていないが，それを適当に修正して不偏推定量にできるという利点がある．

(3) 最尤推定量は**不変性**と呼ばれる次のような利点もある．

$\hat{\theta}$ が $\theta$ の最尤推定量であれば，$\hat{\theta}$ の任意の関数 $u(\hat{\theta})$ は $u(\theta)$ の最尤推定量になっている．

不偏推定量は不変性をもっていないことは，母分散と母標準偏差の不偏推定に関する既述の例でも明らかであろう．

**例 1.** 母集団分布が

$$f(x,\theta)=\begin{cases}\theta^2 x e^{-\theta x} & (x \geqq 0)\\ 0 & (x<0)\end{cases}$$

のとき，$\theta$ の最尤推定値を求めよ．

**解**　$L(\theta)=\theta^{2n}x_1x_2\cdots x_n e^{-\theta(x_1+x_2+\cdots+x_n)}$,

$$\log L(\theta)=2n\log\theta+\sum_{i=1}^{n}\log x_i-\theta\left(\sum_{i=1}^{n}x_i\right)$$

$$\frac{\partial \log L(\theta)}{\partial\theta}=\frac{2n}{\theta}-\left(\sum_{i=1}^{n}x_i\right)=0$$

これより　最尤推定値 $\hat{\theta}=2/\bar{x}$.

**例 2.** 正規母集団 $\mathrm{N}(\mu,\sigma^2)$ の $\mu,\sigma^2$ の最尤推定量を求めよ．

**解**　$$f(x;\mu,\sigma^2)=\frac{1}{\sqrt{2\pi}\,\sigma}e^{-\frac{(x-\mu)^2}{2\sigma^2}}$$

$$L(\mu,\sigma^2)=\left(\frac{1}{\sqrt{2\pi}\,\sigma}\right)^n e^{-\frac{1}{2\sigma^2}\sum_{i=1}^{n}(x_i-\mu)^2}$$

$$\log L(\mu,\sigma^2)=-n\log(\sqrt{2\pi})-n\log\sigma-\frac{1}{2\sigma^2}\sum_{i=1}^{n}(x_i-\mu)^2$$

$$\begin{cases} \dfrac{\partial \log L(\mu, \sigma^2)}{\partial \mu} = \dfrac{1}{\sigma^2} \sum_{i=1}^{n} (x_i - \mu) = 0 \\ \dfrac{\partial \log L(\mu, \sigma^2)}{\partial (\sigma^2)} = -\dfrac{n}{2\sigma^2} + \dfrac{1}{2\sigma^4} \sum_{i=1}^{n} (x_i - \mu)^2 = 0 \end{cases}$$

この連立方程式を解いて

$$\hat{\mu} = \bar{x}, \qquad \hat{\sigma}^2 = \sum_{i=1}^{n} (x_i - \bar{x})^2 / n.$$

$\mu, \sigma^2$ の最尤推定量は，それぞれ $\bar{X}$,　$\sum_{i=1}^{n} (X_i - \bar{X})^2 / n$ である．

**例 3.** 母集団分布が

$$f(x, \theta) = \begin{cases} \dfrac{1}{\theta} & (0 \leqq x \leqq \theta) \\ 0 & (\text{その他}) \end{cases}$$

のとき，$\theta$ の最尤推定値を求めよ．

**解** $L(\theta) = f(x_1, \theta) f(x_2, \theta) \cdots f(x_n, \theta) = \begin{cases} 1/\theta^n, & (\max_i x_i \leqq \theta), \\ 0, & (0 < \theta < \max_i x_i). \end{cases}$

この $L(\theta)$ を最大にする $\theta$ の値は $\hat{\theta} = \max_i x_i$, すなわち $\theta$ の最尤推定値はデータの最大値である．

## 3.6 区 間 推 定

**3.6.1 区間推定の一般的方法**　前節までの推定は点推定と呼ばれるものであったが，本節では未知母数を区間で推定する問題を取り扱ってみよう．点推定では，未知母数 $\theta$ をデータをもとにして得られた $\hat{\theta}$ という値でもって見当つけたわけであるが，この推定値 $\hat{\theta}$ が $\theta$ とぴったり一致することは到底望むべくもない．もっとも本当の $\theta$ の値が判らないのであるから，一致しているかどうか調べようもない．まあその推定値を求める過程が，もっともらしい理論根拠によっているというだけである．実際的には，その $\theta$ と推定値 $\hat{\theta}$ とのくるいがどの程度か知りたい場合が多い．もちろんそのくるいが，きちんとわかるはずがないから，このくるいがある値以下であるということが，相当大きい確率でいえればよしとしなければなるまい．すなわち

$$\mathrm{P}(|\hat{\theta} - \theta| < \varepsilon) = \alpha$$

なる $\varepsilon$ をできるだけ小さく，$\alpha$ をできるだけ大きくしたいわけである．括孤内の不等式を書きなおせば

$$P(\hat{\theta}-\varepsilon<\theta<\hat{\theta}+\varepsilon)=\alpha$$

となる．

これは未知母数 $\theta$ が区間 $(\hat{\theta}-\varepsilon, \hat{\theta}+\varepsilon)$ にふくまれている確率が $\alpha$ ということを意味している．$\hat{\theta}$ はデータの値によりいろいろの値をとる確率変数であって，この区間は信頼度 $\alpha$ の信頼区間といわれる．また実際にはデータから求められる $\theta$ の実現値が，たとえば $\hat{\theta}=53.2$ とし，さらに $\alpha=0.9$, $\varepsilon=5$ とすれば信頼区間 (48.2,58.2) が得られる．そのとき問題の未知母数 $\theta$ は，区間 (48.2,58.2) 内にあるはずである，また，その信頼度は 0.9 程度である，この推定は9分通り間違いない，といったような発言が許されよう．このような区間を 90％（信頼度 0.9 の）信頼区間と呼ぶこともある．

このようなとき 100％信頼区間を要求すれば，それに対応する区間は $(-\infty, \infty)$ といった具合になりかねない．これでは問題にならない．一般に信頼度を高めれば，信頼区間の幅は大きくならざるを得ないし，逆に信頼区間を縮めようとすれば信頼度は小さくなるものである．

そこで通常信頼度 $\alpha$ を決めて，それに応ずる信頼区間を定めるといったやり方がとられる．この区間推定は点推定より，実際的であるともいえよう．この種の区間推定の狙いを一般的にいえば次のようになる．

ある母集団（未知母数を $\theta$ とおく）から抽出された大きさ $n$ の任意標本を

$$X_1, X_2, \cdots, X_n$$

とおく．これを用いて

$$P[a(X_1, X_2, \cdots, X_n)<\theta<b(X_1, X_2, \cdots X_n)]=\alpha$$

をみたす区間 $(a, b)$ を求めよう．

上の $\alpha$ として通常 0.9～0.99 の間の値がとられる．

信頼度 $\alpha$ の信頼区間を求めるには，次のような方法がよく用いられる．

（i） $X_1, X_2, \cdots, X_n$ と母数 $\theta$ の関数 $T(X_1, X_2, \cdots, X_n, \theta)$ で，しかもその確率分布が $\theta$ に依存しないようなものを探す．

（ii） $P(a'<T(X_1, X_2, \cdots X_n, \theta)<b')=\alpha$

をみたす区間 $(a', b')$ を求める．

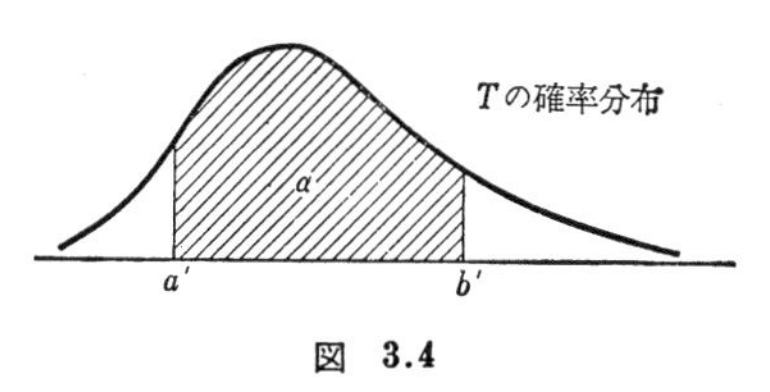

図 3.4

なお，この区間 $(a', b')$ は通常，数表を用いて求められる．それは右図のように面積が $\alpha$ になるように選ばれるのであるが，単に面積が $\alpha$ であればよいというのでは，その区間の決め方は無数あるわけである．そのうち区間の長さ $b'-a'$ ができるだけ小さくなるように選ばれるのが常である．これは区間推定に当り，同じ信頼度に対しては，推定区間の長さは短いほど望ましいという理由による．この問題は取り扱う母数によっては，最小の区間が決めかねて，この点すっきりしないこともある．

（iii）（ii）の確率の括弧内の不等式を変形して

$$a(X_1. X_2, \cdots, X_n) < \theta < b(X_1, X_2, \cdots, X_n)$$

なる両端が，標本の関数として求められる．この区間についても，次の関係が成り立っている

$$\mathrm{P}[a(X_1, X_2, \cdots, X_n) < \theta < b(X_1, X_2, \cdots X_n)] = \alpha.$$

（iv）信頼度 $\alpha$ の信頼区間は

$$(a(X_1, X_2, \cdots, X_n),\ b(X_1, X_2, \cdots, X_n))$$

であるが，実際にはデータの値を代入して得られた区間

$$(a(x_1, x_2, \cdots, x_n),\ b(x_1, x_2, \cdots, x_n))$$

が $100\alpha\,\%$ 信頼区間の名で呼ばれることが多い．

**3.6.2 母平均の区間推定** 母集団からの任意標本を $X_1, X_2, \cdots, X_n$ とし

$$\bar{X} = \sum_{i=1}^{n} X_i/n, \qquad S^2 = \sum_{i=1}^{n} (X_i - \bar{X})^2/n$$

とおく．

（**a**）**正規母集団 $\mathbf{N}(\mu, \sigma^2)$** 前節の信頼区間を求める過程の（i）にあたる部分は

$$T(X_1, X_2, \cdots, X_n, \mu) = \frac{\bar{X} - \mu}{S/\sqrt{n-1}}$$ **は自由度 $n-1$ の $t$ 分布に従う**

を用いる．これより

$$\mathrm{P}\left(-t_\alpha < \frac{\bar{X} - \mu}{S/\sqrt{n-1}} < t_\alpha\right) = \alpha.$$

ここに $t_\alpha$ は右図のように，$t$ 分布表より求める．括弧内の不等式を変形して

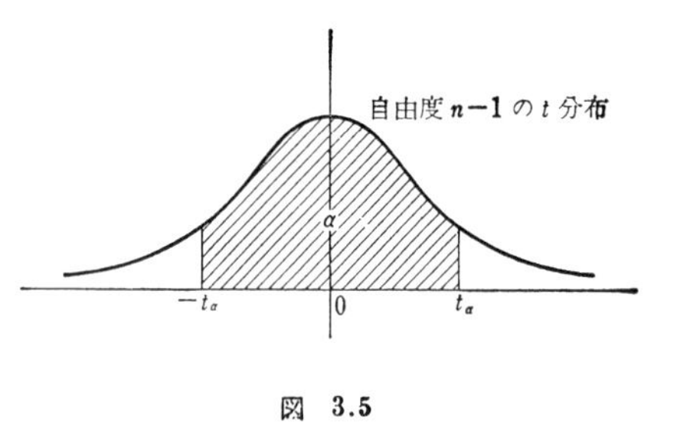


図 3.5

$$P\left(\bar{X}-\frac{S}{\sqrt{n-1}}t_\alpha<\mu<\bar{X}+\frac{S}{\sqrt{n-1}}t_\alpha\right)=\alpha.$$

よって $\mu$ の $100\alpha$ % 信頼区間は

$$\left(\bar{X}-\frac{S}{\sqrt{n-1}}t_\alpha,\qquad \bar{X}+\frac{S}{\sqrt{n-1}}t_\alpha\right).$$

**例 1.** ある金属棒の長さを測定して次の結果を得た

12.3, 12.4, 12.1, 12.4, 12.2 (cm)

この長さ $\mu$ の 95% 信頼区間を求めよ．

ただし金属棒の長さの測定値は正規分布 $N(\mu, \sigma^2)$ に従うものとする．

**解** 与えられたデータから平均値 $\bar{x}$, 標準偏差 $s$ を求めて

$$\bar{x}=12.28,\quad s=0.117.$$

自由度 4 の $t$ 分布の 5 % 点を $t$ 分布表より求めて

$$t_{0.05}=2.78.$$

この $\bar{x}, s$ を 95% 信頼区間

$$\left(\bar{X}-2.78\times\frac{S}{2},\ \ \bar{X}+2.78\times\frac{S}{2}\right)$$

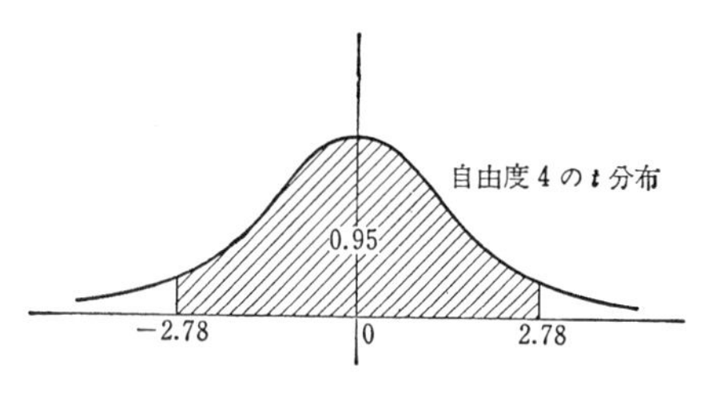


図 3.6

に代入して求める信頼区間は (12.1, 12.4).

注意 (1) 本当の金属棒の長さ $\mu$ は，区間 (12.1, 12.4) の間にあるはずであるという意味ではなく，それを求める方法が信頼度 0.95 をもっているということである．すなわちこのようなデータをたとえば 100 回くり返してとって，その都度 $\bar{x}, s$ を計算し $(\bar{X}-2.78\cdot S/2,\ \bar{X}+2.78\,S/2)$ に代入して，具体的な区間を求めてみると，その中の 95 回ぐらい本当の金属の棒の長さ $\mu$ もふくむ区間が得られるはずであるという意味である．

(2) 上の方法は母分散 $\sigma^2$ が不明でも用いられるという利点がある．もし母分散 $\sigma^2$ が何等かの方法で既知として扱うことができれば次の方法がとられる．いまその既知の母分散を $\sigma_0^2$ とおけば

$$T(X_1, X_2, \cdots, X_n, \mu) = \frac{\bar{X}-\mu}{\sigma_0/\sqrt{n}} \quad \text{は N(0,1) に従う}$$

という結果を用いて，次の $100\alpha$％信頼区間が得られる．

$$\left(\bar{X} - \frac{\sigma_0}{\sqrt{n}} a_\alpha,\ \bar{X} + \frac{\sigma_0}{\sqrt{n}} a_\alpha\right).$$

ここに $a_\alpha$ は右図のように，正規分布 N(0,1) 表より求められる．

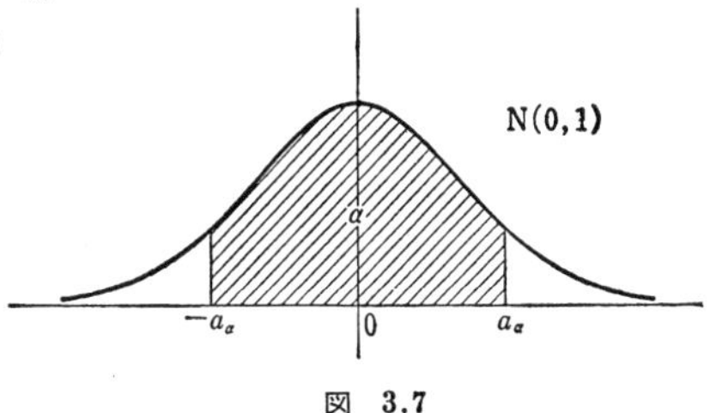


図 3.7

(3) 上の方法は，標本の大きさ $n$ がどんなに小さくとも用いられるという利点がある．このように $n$ を固定して扱う方法を後述の大標本的と区別して小標本的ともいわれる．しかし母集団が正規でないと利用できないという欠点がある．もし母集団の分布がどうみても正規とみなすのが無理だというときは，母平均 $\mu$ を区間推定するためには相当大きな標本をとって，次の大標本的扱いをするのが常である．

**(b) 一般母集団（大標本）** 標本の大きさが相当大きいときは，中心極限定理より導かれた次の結果が用いられる

$$\frac{\bar{X}-\mu}{S/\sqrt{n}} \quad \text{はほぼ正規分布 N(0,1) に従う．}$$

これより $100\alpha$％信頼区間は

$$\left(\bar{X} - \frac{S}{\sqrt{n}} a_\alpha,\ \bar{X} + \frac{S}{\sqrt{n}} a_\alpha\right).$$

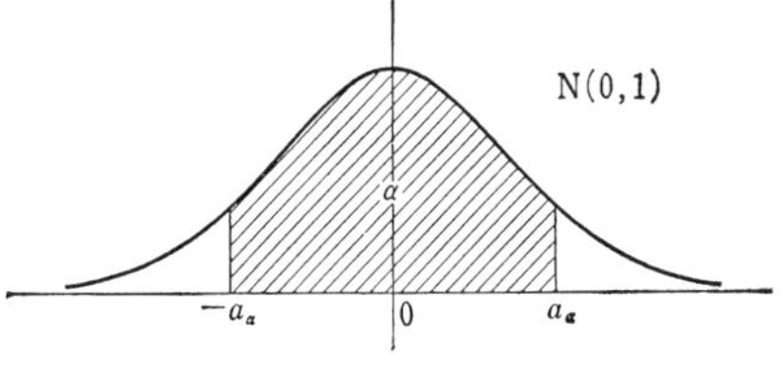


図 3.8

この方法を適用したよい例が後述の百分率の区間推定である．

### 3.6.3 正規母集団の母分散の区間推定

$X_1, X_2, \cdots, X_n$ がいずれも $N(\mu, \sigma^2)$ に従い，かつ独立なるとき

$$\sum_{i=1}^{n} (X_i - \bar{X})^2/\sigma^2 \quad \text{は自由度 } n-1 \text{ の } \chi^2 \text{ 分布に従う}$$

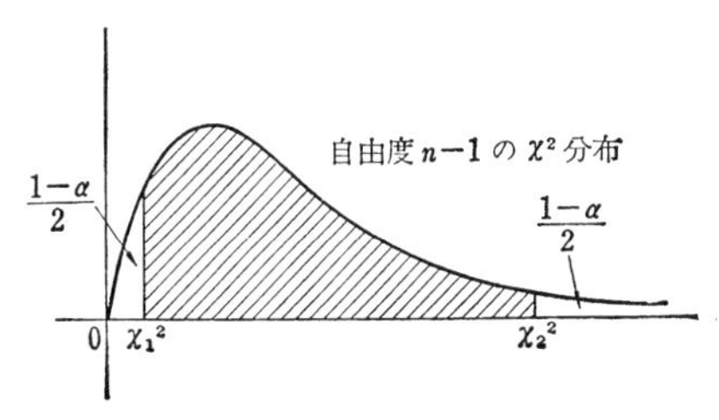


図 3.9

という結果を用いれば，$\sigma^2$ の $100\alpha$％信頼区間は

$$\left(\sum_{i=1}^{n}(X_i-\bar{X})^2/\chi_2^2,\quad \sum_{i=1}^{n}(X_i-\bar{X})^2/\chi_1^2\right),$$

ここに $\chi_1^2, \chi_2^2$ は図 3.9 のように，$\chi^2$ 分布表より求められる．

**注意**　(1)　上の区間が最短信頼区間かどうかの問題は未解決のようである。

(2)　母平均 $\mu$ が既知と考えられる場合それを $\mu=\mu_0$ とすれば

$\Sigma (X_i-\mu_0)^2/\sigma^2$ は自由度 $n$ の $\chi^2$ 分布に従う

を用いれば，信頼区間が得られる．

**例 2.**　大きさ 20 の標本を観測の結果標本平均 $\bar{x}=37$，標本標準偏差 $s=5$ を得た．　母集団を正規と仮定して母分散 $\sigma^2$ に対する 90% 信頼区間を求めよ．

**解**　$nS^2/\sigma^2$ は自由度 19 の $\chi^2$ 分布に従うことを用いて

$$\mathrm{P}(nS^2/\sigma^2 \geqq \chi_1^2)=0.95,\qquad \mathrm{P}(nS^2/\sigma^2 \geqq \chi_2^2)=0.05$$

をみたす $\chi_1^2, \chi_2^2$ を $\chi^2$ 分布表より求めて

$$\chi_1^2=10.1,\qquad \chi_2^2=30.1.$$

これを用いて求める 90% 信頼区間は

$$(16.6,\ 49.5).$$

## 3.7　百分率の区間推定

**3.7.1　大標本区間推定**　　ある事象 $A$ の起こる確率 $p$ を，独立にくり返した $n$ 回の試行結果から $p$ の区間推定をするとき，それぞれの回に $A$ が起こったら 1，起こらなかったら 0 と記録する．すると大きさ $n$ のデータは

$$0,\ 0,\ 1,\ 0,\ 0,\ \cdots,\ 1,\ 0$$

という $n$ 個の 0 と 1 とからできた集合になる．これに対応する $n$ 個の独立な確率変数 $X_1, X_2, \cdots, X_n$ を考えれば，各確率変数 $X_i$ はいずれも次の確率分布をもつと考えられる．

$$\mathrm{P}(X_i=1)=p,\qquad \mathrm{P}(X_i=0)=1-p.$$

これが母集団分布である．

この平均 $\mu$，分散 $\sigma^2$ はその定義から

$$\mu=1\times p+0\times(1-p)=p,$$

$$\sigma^2=(1-p)^2p+(0-p)^2(1-p)=p(1-p).$$

また

$$\bar{X}=\sum_{i=1}^{n} X_i/n = r/n.$$

この $r$ はデータの中の1の合計で，$n$ 回の試行中に起こった事象 $A$ の回数を意味する．この $r$ は明らかに確率変数である．中心極限定理により

$$\frac{\bar{X}-\mu}{\sigma/\sqrt{n}} \text{ は，ほぼ } \mathrm{N}(0,1) \text{ に従う．}$$

これを書きなおせば

$$\left(\frac{r}{n}-p\right)\Big/\sqrt{p(1-p)/n} \text{ は，ほぼ } \mathrm{N}(0,1) \text{ に従う．}$$

そこで $\dfrac{r}{n}=\hat{p}$ とおき，$100\alpha\%$ 信頼区間を求めてみよう．

まず $\mathrm{P}\left(\dfrac{|\hat{p}-p|}{\sqrt{p(1-p)/n}}<a_\alpha\right)=\alpha$ なる $a_\alpha$ を正規分布表から求める．

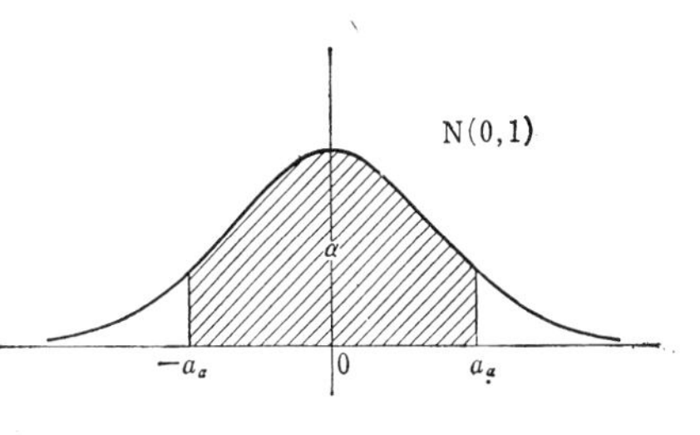


図　3.10

括弧内の不等式を変形して

$$(\hat{p}-p)^2<a_\alpha{}^2 p(1-p)/n$$

この $p$ についての2次不等式を解いて

$$\frac{\hat{p}+\dfrac{a_\alpha{}^2}{2n}-a_\alpha\sqrt{\dfrac{\hat{p}(1-\hat{p})}{n}+\dfrac{a_\alpha{}^2}{4n^2}}}{1+\dfrac{a_\alpha{}^2}{n}}<p<\frac{\hat{p}+\dfrac{a_\alpha{}^2}{2n}+a_\alpha\sqrt{\dfrac{\hat{p}(1-\hat{p})}{n}+\dfrac{a_\alpha{}^2}{4n^2}}}{1+\dfrac{a_\alpha{}^2}{n}}.$$

$n$ が相当大きいので，$1/\sqrt{n}$ より小さい $1/n$ 程度の微小量を省略して

$$\hat{p}-a_\alpha\sqrt{\hat{p}(1-\hat{p})/n}<p<\hat{p}+a_\alpha\sqrt{\hat{p}(1-\hat{p})/n}.$$

よって求める $100\alpha\%$ 信頼区間は

$$\left(\frac{r}{n}-a_\alpha\sqrt{\frac{r(n-r)}{n^3}},\qquad \frac{r}{n}+a_\alpha\sqrt{\frac{r(n-r)}{n^3}}\right).$$

**注意**　(1)　上の区間推定の結果は，前節の一般母集団の母平均の大標本的区間推定の方法でも得られる．

データを0と1との集合とすれば，百分率 $p$ は母平均であり，$\bar{x}$ は $n$ 回の独立試行中 $A$ の起こった相対度数 $r/n$ と考えられる．

この場合標本分散 $s^2$ は

$$s^2=\sum_{i=1}^{n} x_i^2/n-\bar{x}^2=\frac{r}{n}-\left(\frac{r}{n}\right)^2=\frac{r}{n}\left(1-\frac{r}{n}\right).$$

(b) の区間推定の式に代入すれば，$p$ の $100\alpha\%$ 信頼区間として

$$\left(\frac{r}{n}-a_\alpha\sqrt{\frac{r(n-r)}{n^3}},\ \frac{r}{n}+a_\alpha\sqrt{\frac{r(n-r)}{n^3}}\right).$$

(2) 大標本的扱いをするとき，条件としてデータの大きさ $n$ が相当大きいことが必要である．どれくらいの大きさならよいのかという疑問に対しては理論的な結果は見当らないようである．しかし $n$ が大きいから大標本的扱いというわけでなく，$n$ がどんなに小さくとも $n\to\infty$ のときの結果を適用するときは大標本的扱いというわけである．たとえば本題のように二項分布を正規分布で近似するとき $np\geqq 5$ のとき，近似のくるいは非常に小さいといわれている．そこで $p=0.5$, $n=10$ のときでも大標本的に正規分布で近似することもあろう．

**例1.** 量産製品の仕切りから100個を任意に抜き取り調べたところ不良品5個を得た．仕切り不良率 $p$ の 90% 信頼区間を求みよ．

**解** $n=100$, $r=5$, $a_\alpha=1.65$ を代入して求める信頼区間は

(0.01, 0.09).

**3.7.2 小標本区間推定**　まず一般母集団の未知母数 $\theta$ の小標本的扱いとして，次のような方法がある．

未知母数 $\theta$ の推定量 $\hat{\theta}$ が確率密度関数 $g(\hat{\theta}:\theta)$ をもっていたとする．$\hat{\theta}$ の実現値を $\hat{\theta}'$ とするとき，次の関係

$$\int_{\hat{\theta}'}^{\infty} g(\hat{\theta}:\theta)\,d\hat{\theta}=\frac{\alpha}{2},\qquad \int_{-\infty}^{\hat{\theta}'} g(\hat{\theta}:\theta)\,d\hat{\theta}=\frac{\alpha}{2}$$

をみたす $\theta$ の解をそれぞれ $\theta_1,\theta_2$ とすれば区間 $(\theta_1,\theta_2)$ は $\theta$ に対する信頼度 $1-\alpha$ の一つの信頼区間である．

これは次のように略証される．

$$\int_{\hat{\theta}_1}^{\infty} g(\hat{\theta}:\theta)\,d\hat{\theta}=\frac{\alpha}{2},$$

$$\int_{-\infty}^{\hat{\theta}_2} g(\hat{\theta}:\theta)\,d\hat{\theta}=\frac{\alpha}{2}$$

をみたす $\hat{\theta}_1,\hat{\theta}_2$ はいずれも $\theta$ の関数である．

これらを $(\theta,\hat{\theta})$ 平面上に図示して次のように，二つの曲線 $\hat{\theta}_1,\hat{\theta}_2$ が得られたとする．この場合いずれの曲線も $\theta$ 軸に平行な直線とは，ただ1点で

交わるものと仮定する．$(0,\hat{\theta}')$，$(\theta,0)$ を通りそれぞれ $\theta$ 軸，$\hat{\theta}$ 軸に平行な直線と2曲線との交点をそれぞれ $\theta_1$，$\theta_2$; $\hat{\theta}_1, \hat{\theta}_2$ とする．

いま $\theta_1<\theta<\theta_2$ という事象と $\hat{\theta}_2<\hat{\theta}'<\hat{\theta}_1$ という事象を考えると，その一方が起これば他方も起こる．

そこで
$$\mathrm{P}(\theta_1<\theta<\theta_2) = \mathrm{P}(\hat{\theta}_2<\hat{\theta}'<\hat{\theta}_1).$$
ところが $\mathrm{P}(\hat{\theta}_2<\hat{\theta}'<\hat{\theta}_1)=1-\alpha.$

よって $\mathrm{P}(\theta_1<\theta<\theta_2)=1-\alpha.$

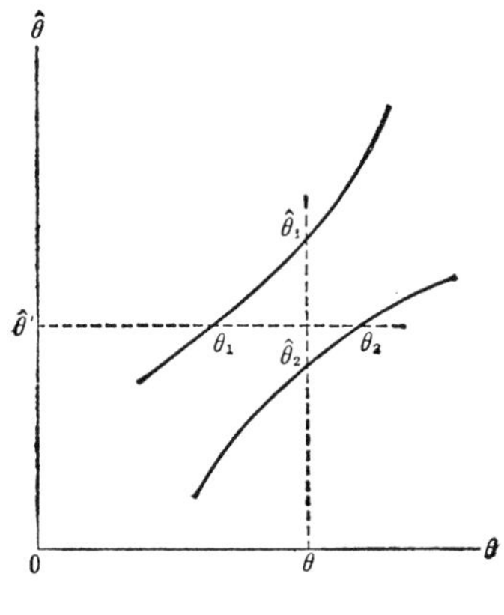


図 3.11

すなわち区間 $(\theta_1, \theta_2)$ は $\theta$ の信頼度 $1-\alpha$ の信頼区間である．

この方法で百分率 $p$ の区間推定をしてみよう．

この場合の母集団分布は

$$\mathrm{P}(X=1)=p, \qquad \mathrm{P}(X=0)=1-p.$$

これは離散型であるが，考え方は前と同じであるから，まず二つの関係式

$$\sum_{y=r}^{n} {}_nC_y p^y (1-p)^{n-y} = \frac{\alpha}{2}, \tag{1}$$

$$\sum_{y=0}^{r} {}_nC_y p^y (1-p)^{n-y} = \frac{\alpha}{2} \tag{2}$$

をみたす $p$ を与えられた $n, r, \alpha$ に対して求めて，それぞれ

$$p=p_1, \qquad p=p_2$$

とする．

すると区間 $(p_1, p_2)$ は $p$ の信頼度 $1-\alpha$ の信頼区間になっている．問題は $p_1, p_2$ を具体的にどうして求めるかということである．ところが (1)，(2) は次のように変形できる

$$\sum_{y=r}^{n} {}_nC_y p^y (1-p)^{n-y} = \frac{n!}{(r-1)!(n-r)!}\int_0^p t^{r-1}(1-t)^{n-r}dt = \frac{\alpha}{2}, \tag{3}$$

$$\sum_{y=0}^{r} {}_nC_y p^y (1-p)^{n-y} = \frac{n!}{r!(n-r-1)!}\int_p^1 t^{r}(1-t)^{n-r-1}dt = \frac{\alpha}{2}. \tag{4}$$

これをみたす $p=p_1$, $p=p_2$ を**不完全ベータ関数表**から求めることができる.

**注意** (1) **ベータ関数** (beta function) $\mathrm{B}(p,q)$ とは

$$\mathrm{B}(p,q)=\int_0^1 t^{p-1}(1-t)^{q-1}dt=\Gamma(p)\Gamma(q)/\Gamma(p+q),\quad (p>0,q>0).$$

ここに $\Gamma(n)$ はガンマ関数で

$$\Gamma(n)=\int_0^\infty t^{n-1}e^{-t}\,dt.$$

**不完全ベータ関数** $\mathrm{I}_x(p,q)$ とは

$$\mathrm{I}_x(p,q)=\frac{1}{\mathrm{B}(p,q)}\int_0^x t^{p-1}(1-t)^{q-1}\,dt.$$

この精密な表を**不完全ベータ関数表**といい, カール・ピアソン (K. Pearson) によりつくられたものがある.

(2) ベータ関数と F 分布との関係から, F 分布表を用いて $p_1, p_2$ を見出すこともできる. その方法を略記する.

$$n-r=\frac{n_1}{2}-1,\qquad r=\frac{n_2}{2}$$

をみたす $n_1, n_2$ を定める.

次に　変数変換

$$t=1-\frac{n_1x}{n_1x+n_2}$$

を行えば (3) は変形されて

$$\mathrm{P}(X>x')=\frac{\alpha}{2},$$

ここに $X$ は自由度 $n_1, n_2$ の F 分布に従う確率変数で, $x'$ は

$$p=1-\frac{n_1x'}{n_1x'+n_2}$$

をみたしている.

すなわち $x'$ は自由度 $n_1, n_2$ の F 分布の $100\times\frac{\alpha}{2}$ % 点として表より求められる. 上の式より $p$ が求められる. これが $p_1$ の値である.

(4) に対しては, まず

$$r=\frac{m_1}{2}-1,\qquad n-r=\frac{m_2}{2}$$

なる $m_1, m_2$ を求める.

変数変換

$$t=\frac{m_1x}{m_1x+m_2}$$

を行なえば, 自由度 $m_1, m_2$ の F 分布が得られる. この F 分布の $100\times\frac{\alpha}{2}$ % 点 $x''$ を F 分布表より求める. $p_2$ は

$$p_2=\frac{m_1x''}{m_1x''+m_2}$$

として求められる．

例 2.　15 回の試行中 5 回出現したことを知って未知の出現確率 $p$ の 98 % 信頼区間を求めよ．

**解**　上の注意 (2) の方法で求めてみる．

$n=15,\ r=5,\ \alpha=0.02$ となる．

$$15-5=\frac{n_1}{2}-1,\qquad 5=\frac{n_2}{2}$$

から　$n_1=22,\qquad n_2=10.$

自由度 $n_1=22,\ n_2=10$ の F 分布の 1% 点 $x'=4.39$ を用いて

$$p_1=1-\frac{n_1x'}{n_1x'+n_2}=0.09.$$

また信頼区間の上限 $p_2$ を求めるため自由度 $m_1=12,\ m_2=20$ の F 分布の 1%点 $x''=3.23$ を用いて

$$p_2=\frac{m_1x''}{m_1x''+m_2}=0.66.$$

これより $p$ の 98% 信頼区間は　(0.09, 0.66).

**注意**　上の問題を不完全ベータ関数表を用いて解けば，同じ結果が容易に得られる．

## 問　　題［3］

**1.**　確率分布 $p(x)$ (平均 $\mu$, 分散 $\sigma^2$) をもつ母集団からの大きさ 2 の任意標本を $X_1, X_2$ とする．未知母数 $\mu$ の三つの推定量

$$\hat{\mu}_1=\frac{X_1+X_2}{2},\qquad \hat{\mu}_2=\frac{X_1+2X_2}{3},\qquad \hat{\mu}_3=\frac{X_1+3X_2}{4}$$

の優劣を比較せよ．

**2.**　$X_1, X_2, \cdots, X_n$ がいずれも次の確率分布 $p(x,\theta)$ をもつ母集団からの任意標本とするとき，未知母数 $\theta$ の有効推定量を求めよ．

(1)　$p(x,\theta)=\dfrac{1}{\sqrt{2\pi}}e^{-\frac{(x-\theta)^2}{2}},\qquad (-\infty<x<\infty).$

(2)　$p(x,\theta)=\theta^x(1-\theta)^{1-x},\qquad (x=0,1),\qquad (0<\theta<1).$

(3)　$p(x,\theta)=e^{-\theta}\theta^x/x!,\qquad (x=0,1,2,\cdots),\qquad (\theta>0).$

(4)　$p(x,\theta)=\dfrac{1}{\theta}e^{-x/\theta},\qquad (x\geqq 0);\qquad =0,\qquad (x<0),\qquad (\theta>0).$

（5）　$p(x,\theta)={}_kC_x\theta^x(1-\theta)^{k-x}$,　　$(x=0,1,\cdots,k)$,　　$(0<\theta<1)$.

**3.**　区間 $(0,\theta)$ 上の矩形分布をもつ母集団からの大きさ $n$ の任意標本を $X_1,X_2,\cdots,X_n$ とするとき，母平均 $\mu$ の二つの推定量 $\hat{\mu}_1=\bar{X}$, $\hat{\mu}_2=(n+1)X_{(n)}/2n$ の優劣を比較せよ．

**4.**　確率密度関数

$$f(x,\theta)=\begin{cases}1/\theta, & (0<x<\theta),\\ 0, & (\text{その他})\end{cases}$$

の未知母数 $1/\theta$ の不偏推定量は存在しないことを示せ．ただし標本の大きさを 1 とする．

**5.**　次の確率分布 $p(x,\theta)$（$\theta$ は未知母数）からの任意標本 $X_1,X_2,\cdots,X_n$ を用いて $\theta^2$ の一つの不偏推定量を求めよ．

（1）　$p(x,\theta)=e^{-\frac{x}{\theta}}/\theta$,　　$(x\geqq 0)$;　　$=0$,　　$(x<0)$,　　$(\theta>0)$.

（2）　$p(x,\theta)=\theta^x(1-\theta)^{1-x}$,　　$(x=0,1)$,　　$(0<\theta<1)$.

**6.**　一つの試行で，出現確率 $p$ の事象 $A$ が起こったとき $X=1$，起こらなかったとき $X=0$ とおく．この確率変数 $X$ の平均，分散を $\mu,\sigma^2$ とする．いまこの試行を $n$ 回独立にくり返えしたとき，事象 $A$ がちょうど $r$ 回起こったとする．平均 $\mu$，分散 $\sigma^2$ の不偏推定量を $n,r$ で表わせ．

**7.**　ある品物の 1 日の売り上げ量を 1 か月（30 日）調べた結果次のようであった．

| | | | | | |
|---|---|---|---|---|---|
| 5.1 | 5.3 | 5.6 | 5.1 | 5.5 | 5.5 |
| 5.5 | 4.8 | 5.2 | 5.7 | 5.4 | 5.1 |
| 5.8 | 5.3 | 5.2 | 5.3 | 5.1 | 5.4 |
| 4.7 | 5.2 | 5.3 | 5.2 | 5.3 | 5.6 |
| 5.0 | 5.0 | 5.4 | 5.1 | 5.4 | 5.5 |

この 1 日の売上げ量は正規分布 $\mathrm{N}(\mu,\sigma^2)$ に従うものとする．

（1）　$\mu,\sigma^2,\sigma$ を点推定せよ．

（2）　5 日間の売り上げ量の平均，分散，標準偏差を点推定せよ．

**8.**　最尤推定量の不変性を示せ．

**9.**　問 7 の $\mu,\sigma^2,\sigma$ の最尤推定値を求めよ．

**10.**　問 7 の 1 日の売り上げ量を $X$ とするとき，

$$\mathrm{P}(X\geqq a)=0.9$$

をみたす $a$ の最尤推定値を求めよ．

**11.**　池の中にいる魚の数 $N$ を推定するために，$m$ 匹の魚を捕え印をつけて放し，後に $n$ 匹を捕えたところ，そのうち $r$ 匹の魚に印がついていた．このことから $N$ の最尤推定値を求めよ．

**12.** p.d.f. $f(x,\theta)=1/2\theta$, $(-\theta\leqq x\leqq\theta)$; $=0$,（その他），$(\theta>0)$ をもつ母集団から任意に抽出されたデータを $x_1, x_2, \cdots, x_n$ とおく．
$\theta$ および母分散 $\sigma^2$，母標準偏差 $\sigma$ の最尤推定値を求めよ．

**13.** p.d.f. $f(x,\alpha)=(\alpha+1)x^{\alpha}$, $(0<x<1)$; $=0$,（その他），$(\alpha>0)$ の $\alpha$ の最尤推定値を求めよ．

**14.** p.d.f. $f(x,\alpha)=2(\alpha-x)/\alpha^2$, $(0<x<\alpha)$; $=0$,（その他）からの大きさ 2 の標本値を $x_1, x_2$ とおくとき，未知母数 $\alpha$ の最尤推定値を求めよ．

**15.** 問 2 の各分布の平均，分散，標準偏差の最尤推定量を求めよ．

**16.** p.d.f. $f(x,\beta)=\beta^{\alpha+1}x^{\alpha}e^{-\beta x}/\alpha!$, $(x\geqq 0)$; $=0$, $(x<0)$,（$\alpha$ は正整数，$\beta>0$）の $\beta$ の最尤推定量を求めよ．またこの分布の平均，分散，標準偏差の最尤推定量を求めよ．

**17.** 2 変量正規分布

$$f(x,y)=\frac{1}{2\pi\sigma_1\sigma_2\sqrt{1-\rho^2}}\exp\left[-\frac{1}{2(1-\rho^2)}\left\{\frac{(x-\mu_1)^2}{\sigma_1{}^2}-\frac{2\rho(x-\mu_1)(y-\mu_2)}{\sigma_1\sigma_2}+\frac{(y-\mu_2)^2}{\sigma_2{}^2}\right\}\right]$$

の未知母数 $\mu_1, \mu_2, \sigma_1, \sigma_2, \rho$ の最尤推定量を求めよ．

**18.** 問 7 における母平均 $\mu$ の 90%，95%，99% 信頼区間を求めよ．

**19.** 問 2 の各分布について，母平均 $\mu$ および $\theta$ の 95% 信頼区間を大標本的に求めよ．

**20.** p.d.f. $f(x,\theta)=1/\theta$, $(0\leqq x\leqq\theta)$; $=0$,（その他）をもつ母集団から任意に抽出された大きさ 4 の標本値 2.6, 1.2, 4.3, 1.6 を用いて

（1）$\theta$ の最尤推定値を求めよ．

（2）$\theta$ の 95% 信頼区間を求めよ．

**21.** 前問において母集団分布が

p.d.f. $f(x,\theta)=4x^3/\theta^4$, $(0\leqq x\leqq\theta)$; $=0$,（その他）

なるときはどうか．

**22.** ある種の電球の量産製品の大きな仕切りから，任意に 50 個抜き取ってその寿命を調べたところ，その平均値が 1450 時間であった．この仕切り中の全部の電球の平均寿命の 95% 信頼区間を求めよ．もしこの量産工程の電球寿命の標準偏差が 200 時間であるとした場合は上の区間推定はどうなるか．

**23.** ある会社における，ある時間帯での電話通話時間を 400 件について調べたところ，1 通話所要時間の平均が 2 分 15 秒，標準偏差が 30 秒であった．この時間帯における 1 通話所要平均時間の 90% 信頼区間を求めよ．

**24.** ある時計店が，あるメーカーの製品の精度を調べるために，そのメーカー製の

同型の時計5個を標準時計で 24 時間動かしてみた．これらが標準時計とのくるいとして次の結果を得た．

遅れ　3, 5;　進み　2, 7, 10　(秒)

（1） 上のメーカー製のこの型の時計が，標準時計で 24 時間後に示す時間の平均 $\mu$ の 95% 信頼区間を求めよ．

（2） 24 時間後に示す表示時間の標準偏差 $\sigma$ の 95% 信頼区間を求めよ．

**25．** ある治癒法を 35 人の患者に施こしたところ 30 人に効果があった．この治療法の治癒率 $p$ の 98% 信頼区間を求めよ．またこれを大標本的に求めよ．

**26．** ある番組が，任意に選ばれた400個のテレビ中 50 個で視られていることが判った．この番組の視聴率の 90% 信頼区間を求めよ．

**27．** 1回の試行における出現確率が $p$ である事象 $A$ が，$n=500$ 回の独立試行中 $r=320$ 回現われたとする．$p$ の 95% 信頼区間を求めよ．また $A$ の出現相対度数 $r/n$ と $p$ との差が，95% の信頼度で 0.01 以下になるように，試行回数を定めよ．ただし $p=0.5$, 0.4, 0.3, 0.2, 0.1 とし，これを求め表をつくれ．

**28．** $A$, $B$ 両地区の需要を1年間のデータをもとに調べた結果，1日の需要の平均，標準偏差がそれぞれ

$$\bar{x}_A=123.4,\qquad s_A=3.5$$

$$\bar{x}_B=107.6\qquad s_B=3.1$$

であった．両地区の1日の需要の合計に対する 95% 信頼区間を求めよ．

**29．** 正規母集団 $\mathrm{N}(\mu, \sigma^2)$ から任意に抽出された大きさ 25 の標本の平均，不偏分散が，それぞれ 15.2, 68.4 であるとき，$\mu, \sigma^2$ おのおの の 95% 信頼区間を求めよ．

**30．** 二つの正規母集団 $\mathrm{N}(\mu_1, 25)$, $\mathrm{N}(\mu_2, 36)$ からそれぞれ大きさ $n_1=20$, $n_2=30$ の任意標本をとり，それらの平均値として

$$\bar{x}_1=80,\qquad \bar{x}_2=75$$

を得た，$\mu_1-\mu_2$ の 90% 信頼区間を求めよ．

**31．** A, B 両地区から任意に選ばれた 200 名，300 名について，ある政策の賛否を調べて，支持率としてそれぞれ 58%，42% を得た．これらの支持率の差の 95% 信頼区間を求めよ．

**32．** ある機器の寿命分布は $f(x)=\dfrac{1}{1200}e^{-x/1200}, x>0$（単位，時間）で与えられているものとする．このような機器を搭載した航空機が 120 時間とび続けるとする．何台の機器を積みこんでおけば信頼度が 99.9% 以上になり得るか．

# 4 章

# 検　　　定

## 4.1　統計的仮説検定

**4.1.1　判断と誤り**　　データをもとにして判断を下すとき，データ抽出の偶然性によってその判断に誤りを犯すことがある．そのとき，その判断自身は正しかったかも知れないが，それと同じように判断したとき，それが常に正しいという保証がない場合が多い．ここで問題にしたいのは一つの判断そのものの誤りではなく，その判断の方法の誤りである．先ず簡単な例をあげることにしよう．

**例**　袋の中に赤，白 2 色の球が 3 個入っている．この中から任意に 1 個取り出しまた元に戻す．このような操作を 5 回続けたとき，赤赤白赤赤の順序に出たとする．このデータをもとにして袋の中の赤球の数を推測せよ．

袋の中の赤球の数は 1 または 2 であることは始めから判っている．その中どちらか一つを，ともかく結論するよう要求されたとする．先ず常識的な判断を下そう．データの内容は赤が多いのであるから，袋の中の赤球の数は 2 である，というほうを主張したとする．もちろんこの判断自身は正しいかどうかは，袋の中を調べればわかる．ただ 1 回の判断の良否が，この例のように直ちに判ることは，実際問題ではほとんど望めない．また仮りにわかったとしても，それはそれだけの話しで，ここで論じたいのはその判断の方法の良否である．そのために先ず上の常識的な“判断法の誤り”というものを取り上げてみる．その判断法が誤りを犯すこともあり得ることは当然であるが，どの程度の誤りを犯すかが問題である．これはこの種の実験を数多く行なえば，その誤りの割合を見当つけることはできよう．しかしこのような簡単な例ではその誤りの確率が次のようにして計算できる．

$H_0$: 袋の中に赤球 1 個，白球 2 個入っているという仮定（ここではこれを**仮説 $H_0$** ということにする）のもとに，データのように赤，赤，白，赤，赤の順序に出る確率は

$$\frac{1}{3}\times\frac{1}{3}\times\frac{2}{3}\times\frac{1}{3}\times\frac{1}{3}\fallingdotseq 0.008$$

となる．常識的な上の判断つまり**仮説 $H_1$**，

**$H_1$: 袋の中には赤球2個，白球1個入っている**

を採択するということは，そうでない仮説 $H_0$ が真であっても起こり得る可能性（たとえそれが0.008という小さな確率でも）を無視している，それだけの誤りを犯しているということになる．すなわち，上のデータのように5回実験して赤，赤，白，赤，赤という順序に出たら，仮説 $H_1$ を採択するという判断の方法は，0.8％ 程度の誤りを犯すおそれがあるということになる．ここで問題になるのは上の判断の方法が，実験する前にはっきり決められてないことである．つまりこの判断の方法では，5回の実験で上のデータと違う結果が出たらどう判断するのかという点が明記されていない．このデータと違うときは反対の判断，仮説 $H_0$ を採択せよということになりかねない．そうなるとこの順序でなく赤，赤，赤，赤，白と出たら判断が反対になったり，5回全部赤が出ても袋の中は赤1個と判断するということになり，妙なことになろう．これはこの種の判断の方法（これを**仮説検定法**という）は，データの具体的結果にとらわれ過ぎることを避けて，実験する前に定められておるべきものだということを物語っている．

上の常識的な判断は，データの中に赤が白より多いから袋の中もそうだろうという考えが基盤になっている．その線に沿って一つの仮説検定法をつくってみる．

1個ずつ抜きとっては戻すという操作を5回続けたとき起こるべき，すべての場合をあげれば

$E_0$… 5回全部白

$E_1$… 1回赤4回白

$E_2$… 2回赤3回白

$E_3$… 3回赤2回白

$E_4$… 4回赤1回白

$E_5$… 5 回全部赤

の 6 通りである．ここに赤白の出る順序を問題にしなかったのは，その出る順序によって，袋の中の赤の数の推測が左右されるのは不自然であるからである．そこで上の常識的な線に沿った仮説検定法は，通常次のような形式で表わされる．

**仮説 $H_0$: 袋の中に赤球 1 個，白球 2 個入っている，**

**を設けておき，実験結果が**

**$E_3, E_4, E_5$ いずれかであれば，"$H_0$ をすてる" と判断する，**

**$E_0, E_1, E_2$ いずれかであれば，"$H_0$ をすてない" と判断する．**

各判断にも，それぞれの誤りは避け難い．その内容は少し違うわけで，別々の名で呼ばれている．前者を**第 1 種の誤り**，後者を**第 2 種の誤り**という．第 1 種の誤りとは，$H_0$ が真なるとき "$H_0$ をすてる" と判断することにより起こる誤りであるから，その誤りの確率 $\alpha$ を前の問題について計算すれば

$$\alpha = {}_5C_3\left(\frac{1}{3}\right)^3\left(\frac{2}{3}\right)^2 + {}_5C_4\left(\frac{1}{3}\right)^4\left(\frac{2}{3}\right) + {}_5C_5\left(\frac{1}{3}\right)^5 \fallingdotseq 0.20$$

第 2 種の誤りは，$H_0$ が真でないとき（$H_1$ が真であるということになる）"$H_0$ をすてない" と判断することにより起こる誤りで，その確率 $\beta$ は

$$\beta = {}_5C_0\left(\frac{1}{3}\right)^5 + {}_5C_1\left(\frac{2}{3}\right)\left(\frac{1}{3}\right)^4 + {}_5C_2\left(\frac{2}{3}\right)^2\left(\frac{1}{3}\right)^3 \fallingdotseq 0.20$$

これによると，上の仮説検定法により判断すると，100 回の中 20 回ぐらい誤りをおかすということになる．これはちょっと誤りが大き過ぎないだろうか，もっと誤りの確率の小さい検定法が望ましい．小さい確率として 0.05 以下の値をとることが一般に行なわれている．すなわちこの種の統計的判断には，大きいときは 5% ぐらいの誤りがみこまれているということである．もちろん人命に関するような問題のときは，この確率は，はるかに小さい値がとられる．いずれにしても，データをもとにしての統計的判断には，誤りの確率を計算しておくべきである．これはいうべくして仲々面倒な問題ではあるが，できるだけそうすべきであって，これなしには折角の判断も無責任な放言ということになろう．

上の検定法の誤りの確率 0.2 は，上の意味においても少々大き過ぎる．そ

こでもう少しきびしい次の検定法を工夫してみる．

**実験結果が　$\boldsymbol{E}_4, \boldsymbol{E}_5$ のいずれかならば，"$\boldsymbol{H}_0$ をすてる"，**

**$\boldsymbol{E}_0, \boldsymbol{E}_1, \boldsymbol{E}_2, \boldsymbol{E}_3$ のいずれかならば "$\boldsymbol{H}_0$ をすてない"**

このときの第1種の確率 $\alpha$，第2種の確率 $\beta$ は

$$\alpha = {}_5C_4\left(\frac{1}{3}\right)^4\left(\frac{2}{3}\right)+{}_5C_5\left(\frac{1}{3}\right)^5 \fallingdotseq 0.05,$$

$$\beta = {}_5C_0\left(\frac{1}{3}\right)^5+{}_5C_1\left(\frac{2}{3}\right)\left(\frac{1}{3}\right)^4+{}_5C_2\left(\frac{2}{3}\right)^2\left(\frac{1}{3}\right)^3+{}_5C_3\left(\frac{2}{3}\right)^3\left(\frac{1}{3}\right)^2\fallingdotseq 0.23$$

これによると $\alpha$ の大きさはともかく，$\beta$ の値は前の検定法より大きくなっている．もちろん検定法としては，$\alpha, \beta$ ともに小さい方が望ましいわけである．ところが都合が悪いことに一方を小さくすると，他方は大きくなる傾向がある．その上 $\beta$ の計算は普通困難である．この種の検定法は，いちおう仮説 $H_0$ を設けて，その採否をデータから決めるという形がとられる．このとき第2種の誤りの確率 $\beta$ は，その仮説 $H_0$ 以外の仮説（これを**対立仮説**という）を真として計算される．上の例では，対立仮説が $H_1$ 一つであるから，対立仮説がはっきりしていて $\beta$ の計算に支障はないが，もし始めから袋の中に赤，白2色の球が 10 個も入っているとして，仮説 $H_0$（赤球9個，白球1個）の採否を判断するということになったとする．対立仮説 $H_1$ は8通り考えられて $\beta$ の計算は少し面倒になる．仮説 $H_0$ は普通一つ設けられ，対立仮説はものによっては無数ともなるから，$\beta$ の計算はほとんど不可能になる．こうなると比較的求め易い第1種の誤りの確率だけでも小さな一定値に押えておいて，第2種の誤りの確率 $\beta$ の値を，できるならなるべく小さくなるような検定法が望まれよう．この考えを基盤にして，作られた仮説検定法が実際に多く用いられている．次節にその検定法を定式化したものを述べておこう．

**4.1.2 仮説検定法**　上の仮説検定とは，母集団分布 $p(x, \theta)$ の未知母数 $\theta$ について設けられた仮説 $H_0$: $\theta=\theta_0$ を，この母集団から任意に抽出した大きさ $n$ のデータ $x_1, x_2, \cdots, x_n$ をもとにして，その仮説 $H_0$ をすてるかどうかを決めることであるといえる．第1種の誤りの確率を $\alpha$ にするような検定法は，一般に次のようにして求められる．

（ i ） 仮説 $H_0$: $\theta=\theta_0$ を設ける．

（ ii ） 確率分布が知られている適当な統計量 $T$ を与える．

（ iii ） 一つの領域 $R$ をつくって，$T$ が $R$ 内に落ちる確率を，$\theta=\theta_0$ として計算し，それが $\alpha$ になるようにする．すなわち

$$\mathrm{P}(T\in R|\theta=\theta_0)=\alpha$$

なる領域をつくる．

（iv） $T$ の実現値がこの $R$ 内に落ちたら，"仮説 $H_0$ をすてる"，また $R$ 内に落ちなかったら "$H_0$ をすてない" と判断する．

上の 4 段階 (i)〜(iv) についてもいろいろ問題がある．少しふれておこう．

(i) については，仮説 $H_0$ をどう設けるかということである．前の例で説明してみよう．この例では，袋の中の赤球に数値 1，白球に 0 を対応させて考える．袋の中から 1 球とり出したときの数値を $X$ とおけば，この確率変数 $X$ の確率分布 $p(x,\theta)$ は

$$\begin{cases}\mathrm{P}(X=1)=p(1,\theta)=\theta, \\ \mathrm{P}(X=0)=p(0,\theta)=1-\theta,\end{cases}\qquad \left(\theta=\frac{1}{3}\ \text{または}\ \frac{2}{3}\right).$$

これが母集団分布である．

データは　$x_1=1$, $x_2=1$, $x_3=0$, $x_4=1$, $x_5=1$

である．

ここで設けた仮説は $H_0$: $\theta=\theta_0=1/3$ である．しかし本題では仮説として考えられるのは $\theta=\theta_0=1/3$ と $\theta=\theta_1=2/3$ の二つだけである．

仮説 $H_0$ として $\theta=\theta_0=1/3$ を設けたのは，データをみて対立仮説 $H_1$: $\theta=\theta_1=2/3$ を採択したい希望があり，そうしたときの誤りを計算するためであった．つまり第 1 種の誤り $\alpha$ に注目したことになる．それはこの問題を別にして一般には第 2 種の誤りの確率 $\beta$ は求め難いということによる．

$\alpha$ は "仮説 $H_0$ をすてる" と判断するとき起こる誤りの確率で，$\beta$ は "仮説 $H_0$ をすてない" と判断したときの誤りの確率である．前者にくらべ後者の値は一般に，あいまいである，ということになれば，統計的推測では後者の判断を下すときは，あまり責任がもてないということになる．そこで "$H_0$ をすてない" といった表現が使われるわけである．一般に統計的な判断は，"仮説を棄てる" と主張する方が得意である．いきおい仮説としては，でき

ればすてられそうな仮説を設ける方が都合がよい．こういうことから，仮説検定を行なうとき設ける仮説 $H_0$ のことが（何もすてられそうに思えなくても差支えない）**帰無仮説**という名で呼ばれているのであろう．また同じような理由で（iii）の段階の領域 $R$ を**棄却領域**といい，しからざる領域を採択領域というような名で特に呼ぶことはしていない．

（ii）については，採用される統計量 $T$ が問題により，いろいろ異なる．その上 $T$ の確率分布が求められるため，母集団の型とか標本の数などについて条件が課せられている．この段階（ii）が，データを形式的に用いて検定を行なうときの理論根拠であるから，その適用に注意が必要である．

上の例では　$T=X_1+X_2+X_3+X_4+X_5$

をとれば，$H_0$: $\theta=1/3$ のもとで各 $X_i$ の確率分布が $\mathrm{P}(X_i=1)=1/3$, $\mathrm{P}(X_i=0)=2/3$ であるから，

$T$ の確率分布は

$$\mathrm{P}(T=r|H_0) = {}_5C_r\left(\frac{1}{3}\right)^r\left(\frac{2}{3}\right)^{5-r},$$

$$(r=0, 1, \cdots, 5).$$

（iii）については棄却領域 $R$ のつくり方が問題である．第1種の誤りの確率 $\alpha$（これは**危険率**または**有意水準**と呼ばれている）は，0.05以下の一定の値として始めから与えられているものとする．

$$\mathrm{P}(T \in R|H_0) = \alpha$$

をみたす領域 $R$ をつくるには，通常数表が用いられる．

単に面積が $\alpha$ になればよいのであるから，右図のようにいろいろあるわけである．**この $R$ の作り方により，それぞれ違った仮説検定法が生まれることになる．**そうなると違った検定法を

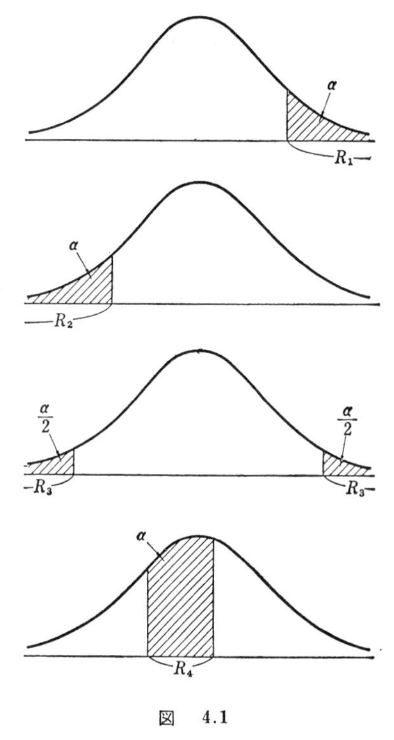

図　4.1

用いれば同じデータから違った結論が出ても少しもおかしくない．こうなると統計的推論の結果をきくとき，少なくともその危険率とか用いた検定法について関心をもつべきだということになる．

上の各種の検定法の良否を決めること，できれば最良の検定法をつかむことが問題である．上の検定法は第1種の誤りの確率に関する限り，いずれも $\alpha$ である．すなわちこの点では優劣はない．そこで第2種の誤りの確率 $\beta$ の小さいほど良い検定法であると考える．これも検定法の良否を決める一つの基準であるが，肝心の $\beta$ の計算が困難であるから，あまり有効ではないが，特殊の場合には興味ある結果も知られている．これについては次節でふれておこう．

上の例では，$\alpha=0.05$ としたときの棄却領域として $R=\{4,5\}$ がとられている．この場合は $\beta$ の計算が容易であるから，この $R$ に対応する検定法が最小の $\beta$ をもつことが示される．すなわち上の検定法が，**最良の検定法**といえよう．

（iv）については，形式的に判断が下されるだけで問題はないようであるが，実際問題との関連が，その判断の表現の仕方に注意が必要であろう．一般に $\beta$ の値は計算されていない場合が多いから，帰無仮説 $H_0$ をすてるという判断のときはともかく，そうでない判断のときは，あまり強く主張はできない．いずれにしても統計的結論を濫用しないことが肝心である．そこで $T$ の実現値 $T^*$ が $R$ 内に落ちない場合の判断の表現が，$H_0$ をすてないといった具合の弱い表現になるわけである．この表現はもう少し統計独得の言葉 "**有意でない**" が使われることが多い．これは，データの結果と帰無仮説との間のくるいに本質的な意味はない．データの抽出に伴う偶然性によって，たまたま出たくるいで問題にするほどのくるいでないという意味である．

上の例では，$T$ の実現値 $T^*$ は4であるから，この $T^*$ はあらかじめ作られた棄却領域 $R$ に落ちている．そこで $H_0$ をすてる（有意である）と判断する．つまり袋の中の赤球の数は2であることが統計的に推論される．

## 4.2 母平均の検定

**例 1.** 従来の機械による製品の1個当りの重さの平均は2.5gであった．い

ま新しい機械による製品から任意に 25 個抜き取って重さを測り，次の結果

平均 $\bar{x}=2.3\,\mathrm{g}$,　　標準偏差 $s=0.2\,\mathrm{g}$

を得た．新しい機械の製品と従来の製品との間に重さの平均について差異が認められるか．

この問題が要求していることは，新しい機械でつくられた無数と思われるほどの多数の製品の重さの平均 $\mu$ と従来の製品の平均 2.5 g との間に差異があるかどうかを，僅か大きさ 25 のデータから判断してくれということである．いま便宜上先に述べた四つの段階 (i)～(iv) に分けて考えてみよう．

（i） 仮説 $H_0$: $\mu=\mu_0=2.5$ を設ける．従来の製品の平均の重さと比較するのであるから，その平均 2.5 を帰無仮説にとりあげたわけである．

（ii） この問題にふさわしい統計量 $T$ として何を用いたらよいのか．本題は母平均 $\mu$ に関するものであるから，その推定量として任意標本 $X_1, \cdots, X_n$ の平均 $\bar{X}=\sum_{i=1}^{n} X_i/n$ をとりあげ，その確率分布を調べるという方法がよく用いられる．ここで $\bar{X}$ の確率分布の既述の事項を再記しておこう．

独立な確率変数 $X_1, X_2, \cdots, X_n$ が，いずれも正規分布 $\mathrm{N}(\mu, \sigma^2)$ に従うとき

$\bar{X}$ は $\mathrm{N}(\mu, \sigma^2/n)$ に従う，

すなわち

（$a$） $\dfrac{\bar{X}-\mu}{\sigma/\sqrt{n}}$ は，$\mathrm{N}(0, 1)$ に従う．

また

（$b$） $\dfrac{\bar{X}-\mu}{S/\sqrt{n-1}}$ は，自由度 $(n-1)$ の $t$ 分布に従う．

ここに　$S=\sqrt{\sum_{i=1}^{n}(X_i-\bar{X})^2/n}$ とする．

独立な確率変数 $X_1, X_2, \cdots, X_n$ が，いずれも同一の一般分布（平均 $\mu$, 分散 $\sigma^2$）に従うとき，$n$ が相当大きいならば

（$c$） $\dfrac{\bar{X}-\mu}{S/\sqrt{n}}$ は，ほぼ $\mathrm{N}(0, 1)$ に従う．

仮説検定における第 2 段階では，仮説 $\mu=\mu_0$ のもとでの統計量 $T$ の確率分布が必要である．そのうえ第 4 段階で $T$ の実現値が必要になる．つまり

データの値を代入して $T$ の実現値が定まらなければならない．そうなると母分散 $\sigma^2$ が不明であるから (a) は役立たない．その代りに (b) が役立ちそうである．そのためには母集団が正規であるという条件が課せられている．一般に重さのような測定値の集団は正規母集団とみなして統計的に処置されることが多い．このように考えて本題では次の事項

$$T=\frac{\bar{X}-\mu_0}{S/\sqrt{n-1}}=\frac{\bar{X}-2.5}{S/\sqrt{24}} \quad \text{は自由度 24 の } t \text{ 分布に従う，}$$

を用いることにする．

（iii） 危険率（有意水準）$\alpha$ については別に要求されていないが，適宜 $\alpha$ を決めて検定する必要がある．そこで $\alpha=0.05$ としてみる．次に棄却領域 $R$ を決める番である．これが理論的に最も難しい問題である．面積 $\alpha$ に対応する $R$ は，いろいろ作られる．つまり第1種の誤りの確率が $\alpha$ になるような検定法はいくらでもつくられる．そのうち最も良い（第2種の誤りの確率を最小にするの意味）検定法となると理論は面倒であり，特殊の場合を除いてほとんど解決されていない．その特殊の場合に $R$ のつくり方は対立仮説のあり方により決められている．詳しい説明は付録に譲ることにして結果だけあげれば，

正規母集団 $N(\mu,\sigma^2)$ の母平均 $\mu$ の仮説 $\mu=\mu_0$ を検定するとき，棄却領域の作り方はもし対立仮説 $\mu_1$ が

$\mu_1>\mu_0$ なるときは右側に $R_1$ をつくる．（右片側検定）

$\mu_1<\mu_0$ なるときは左側に $R_2$ をつくる．（左片側検定）

$\mu_1\neq\mu_0$ （$\mu_1$ の位置がはっきりしないとき）なるときは両側に $R_3$ をつくる．（両側検定）

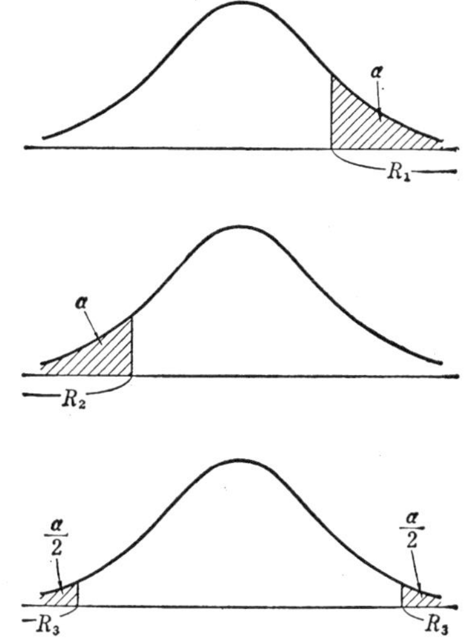


図 4.2

本題では新しい機械を導入する以上，重さは軽減できそうなみこみがあったとする．すなわち $\mu_1<\mu_0$ と仮定しておこう．

上の考えにより，$t$ 分布表を用いて棄却領域 $R$ を

$$R=(-\infty,\ -1.71)$$

と決める．

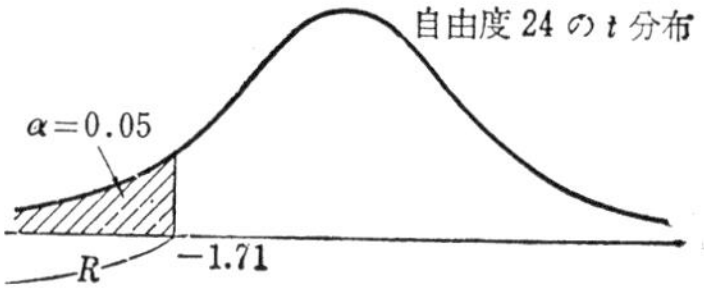

図 4.3

（iv）　データの値を統計量 $T$ に代入して

$$T^*=\frac{2.3-2.5}{0.2/\sqrt{24}}=-4.9\in R,\qquad \text{“}H_0\text{ をすてる”と判断する．}$$

すなわち新しい製品と従来の製品との重さの平均の間には差異が，危険率 0.05 で統計的に認められたことになる．

もし新しい機械についての先入感なしに取り扱い，対立仮説 $\mu_1$ は $\mu_0$ に対し大小全く不明として両側検定を採用してみる．

このとき　$R=(-\infty,\ -2.06)\cup(2.06,\ \infty)$．

この検定法を採用しても同じ判断が下される．

**注意**　（1）　片側検定，両側検定の考えはネイマン-ピアソン（Neyman-Pearson）によるもので，古典的なものであるが，実際にはよく用いられている．

（2）　正規母集団 $N(\mu,\sigma^2)$ の分散が既知 $\sigma^2=\sigma_0{}^2$ と考えて差し支えないような場合には，段階（ii）の理論根拠として前述の（a）の結果が用いられる．

**例 2.**　ある地方の中学生 100 人を任意に選んで，ある能力テストを課した結果　平均 $\bar{x}=110.1$　標準偏差 $s=4.3$　を得た．この能力テストの全国平均点は 112.3 であった．この地方の中学生のこの種の平均能力と全国平均能力との間に差異があるか．有意水準を $\alpha=0.01$ とせよ．

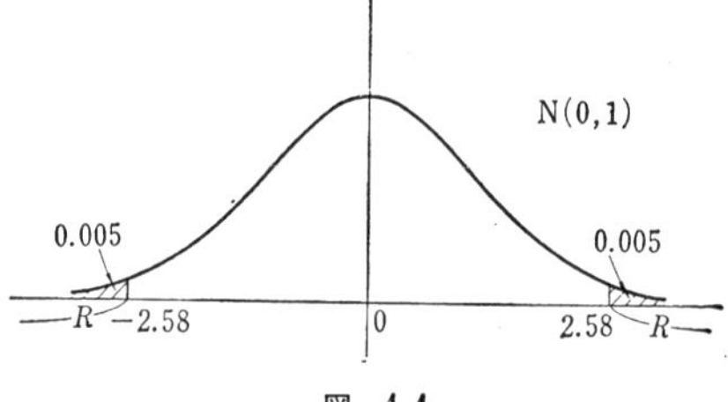


図 4.4

**解**　（i）　仮説 $H_0$: 母平均 $\mu=112.3$．

（ii）　データの大きさが相当大きいので，大標本的に取り扱って

$$T=\frac{\bar{X}-112.3}{S/\sqrt{100}}\quad \text{は，ほぼ } N(0,1) \text{ に従う，を用いる．}$$

（iii） 対立仮説には特別の条件を課さないで，両側検定を採用して

$R=(-\infty, -2.58)\cup(2.58, \infty)$.

（iv） データの値を代入して

$$T^*=\frac{110.1-112.3}{4.3/10}=-5.1\in R, \quad \text{"}H_0 \text{ をすてる"}.$$

差異が認められる．

**母平均の仮説検定の手法的要領**　データ $x_1, x_2, \cdots, x_n$. これより求められた平均値を $\bar{x}$，標準偏差を $s$，危険率（有意水準）を $\alpha$ とする．

（i） 帰無仮説 $H_0$: $\mu=\mu_0$.

（ii） （1） 正規母集団 $N(\mu, \sigma^2)$ （$\sigma^2=\sigma_0{}^2$ 既知）のとき，

$$T=\frac{\bar{X}-\mu_0}{\sigma_0/\sqrt{n}} \quad \text{は，} N(0, 1) \text{ に従う．}$$

（2） 正規母集団 $N(\mu, \sigma^2)$ （$\sigma^2$ 未知）のとき，

$$T=\frac{\bar{X}-\mu_0}{S/\sqrt{n-1}} \quad \text{は，自由度 } (n-1) \text{ の } t \text{ 分布に従う．}$$

ここに $S=\sqrt{\sum_1^n (X_i-\bar{X})^2/n}$ とする．

（3） 一般母集団のとき，標本数 $n$ が相当大きいならば，

$$T=\frac{\bar{X}-\mu_0}{S/\sqrt{n}} \quad \text{は，ほぼ } N(0, 1) \text{ に従う．}$$

（iii） 対立仮説を $\mu_1$ とおく．

$\mu_1>\mu_0$ のとき 右片側検定，

$\mu_1<\mu_0$ のとき 左片側検定，

$\mu_1\neq\mu_0$ のとき 両側検定．

（iv） $T$ の実現値を $T^*$ とおく．

$T^*\in R$ のとき $H_0$ をすてる（有意である），

$T^*\notin R$ のとき $H_0$ をすてない（有意でない）．

## 4.3 百分率の検定

**例 1.** ある新しい機械による量産製品の大きな仕切りから任意に 100 個抜いて調べたところ不良品 3 個が見い出された．従来の機械による量産製品の

仕切り不良率は 5% だとする．新しい機械により仕切り不良率の減少が期待できるか．ただし有意水準を 0.01 とせよ．

これは仕切り不良率 $p$ の仮説検定の問題である．一般的にいえば，これは百分率の検定問題である．この場合の母集団分布は

$$\mathrm{P}(X=1)=p,\quad \mathrm{P}(X=0)=1-p,\quad (0<p<1)$$
$$(\mathrm{E}(X)=p,\quad \mathrm{V}(X)=p(1-p))$$

である．これは 1 個抜いたそれが不良品ならば $X=1$，良品ならば $X=0$ とおいて，考えられた確率分布である．

この確率分布をもつ大きさ $n$ の任意標本を

$$X_1,\ X_2,\ \cdots,\ X_n$$

とおくと，$n$ が相当大きいとき中心極限定理より

$$(\bar{X}-p)\Big/\sqrt{\frac{p(1-p)}{n}}\quad \text{は，ほぼ } \mathrm{N}(0,1) \text{ に従う．}$$

$n$ 個の標本中の不良品の数を $r$ とすれば　$\bar{X}=r/n$　となる．

よって　$\left(\dfrac{r}{n}-p\right)\Big/\sqrt{\dfrac{p(1-p)}{n}}$　は，ほぼ $\mathrm{N}(0,1)$ に従う．

そこで大標本的に扱って，次のような順序で仮説検定が行なえる．

（i）　仮説 $H_0$: $p=p_0=0.05$，　対立仮説 $p_1 \neq p_0$ とする．

（ii）　$T=(\bar{X}-p_0)\Big/\sqrt{\dfrac{p_0(1-p_0)}{n}}$

$$=(\bar{X}-0.05)\Big/\sqrt{\frac{0.05\times 0.95}{100}}$$

はほぼ $\mathrm{N}(0,1)$ に従う．

（iii）　$\alpha=0.01$ として両側検定法を採用する．

$$R=(-\infty,\ -2.58)\cup(2.58,\ \infty).$$

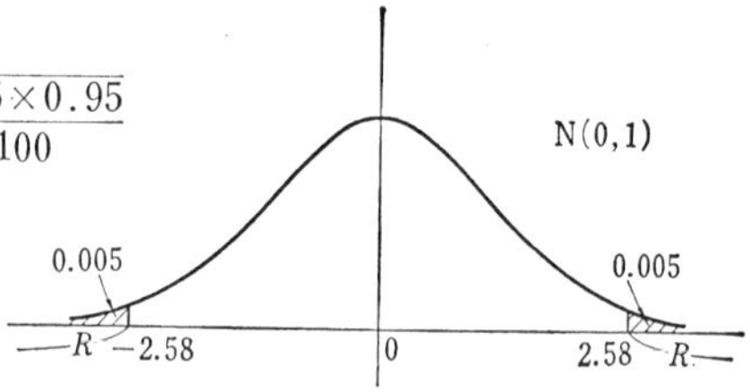

図　4.5

（iv）　実現値を $T^*$ とすれば

$$T^*=\frac{0.03-0.05}{\sqrt{\dfrac{0.05\times 0.95}{100}}}=-0.92\notin R,\quad \text{“}H_0 \text{ をすてない”．}$$

有意という結論はでない，すなわちこの程度の標本不良率の減少では，仕

切り不良率の減少という期待は統計的には認められない.

**注意** (1) $n$ が相当大きいとき上の大標本的扱いをするわけであるが，このような百分率の場合，多くの実験から得たことではあるが，$np_0 \geqq 5$ のときは，上の (ii) が成り立つと考えてもよかろうといわれている.

(2) 両側検定法，右または左片側検定法のいずれをとるかは，対立仮説の帰無仮説に対する在り方により，母平均検定と同じように取り扱われる.

**例 2.** 1本のえんどう豆の木から任意に 36 個の豆をとり，色をしらべたところ黄色 25 個，緑色 11 個であった．有名なメンデル (Mendel) の法則によると，前者の数と後者の数の比が 3:1 である．この実験のデータからメンデルの法則は疑わしいと思うがどうだろうか．危険率を $\alpha=0.01$ とせよ．

**解** 確率分布 $\mathrm{P}(X=1)=p$, $\mathrm{P}(X=0)=1-p$ (一つの豆が緑色である確率を $p$ とおく) をもつ大きさ $n=36$ の任意標本を

$$X_1,\ X_2,\ \cdots,\ X_{36}$$

とする．$p$ について仮説 $H_0$: $p=p_0=1/4$ (メンデルの法則) を設け，あとは前の大標本的扱い ($np_0 \geqq 5$ がこの扱いをする一つの根拠) をして，この仮説を検定することができる.

ここでは小標本的な扱いをしてみる.

$$T=X_1+X_2+\cdots+X_{36} \text{ は二項分布 } \mathrm{B}(n,p_0) \text{ に従う,}$$

ことを用いて与えられた危険率 $\alpha$ に対し

$$\sum_{r=0}^{r_0} {}_nC_r p_0{}^r (1-p_0)^{n-r} \leqq \frac{\alpha}{2}, \quad \sum_{r=r_1}^{n} {}_nC_r p_0{}^r (1-p_0)^{n-r} \leqq \frac{\alpha}{2}$$

なる最大値 $r_0$, 最小値 $r_1$ を求め，棄却領域 $R=[0,r_0]\cup[r_1,n]$ を定める．これで両側検定法がつくられる．ところが上のように $r_0, r_1$ を求めるのは面倒であるから次のような要領で検定するのが普通である.

いま不完全ベータ関数表を用いて次の値を求めてみる.

$$\sum_{r=11}^{36} {}_{36}C_r \left(\frac{1}{4}\right)^r \left(\frac{3}{4}\right)^{36-r} = \frac{36!}{10!25!}\int_0^{0.25} t^{10}(1-t)^{25}dt = 0.275.$$

このことより $\alpha=0.01$ に対する棄却領域 $R$ 内に実現値 $r=11$ は明らかにふくまれていないことがわかる．すなわち "$H_0$ はすてられない" と判断できる．よってこれだけのデータではメンデルの法則を否定することはできない.

同じような計算は，百分率の区間推定のところで述べたように F 分布表を利用してもできる.

**例 3.**　ある母集団の百分率$p$についての仮説を，それより抽出した大きさ$n$の任意標本をもとにして，次の条件をみたすように検定したい．

帰無仮説 $H_0$: $p=p_0=0.01$,　　対立仮説 $H_1$: $p=p_1=0.1$

第1種の誤りの確率 $\alpha=0.02$,　　第2種の誤りの確率 $\beta=0.05$.

およそどのような検定法をつくればよいか．

**解**　$p_1>p_0$ より右片側検定法を採用する．百分率 $p_0$ をもつ母集団よりの大きさ $n$ の任意標本中，確率 $p_0$ の事象がふくまれている個数を確率変数 $X$ で表わせば

$$P(X=r)={}_nC_r p_0{}^r(1-p_0)^{n-r},\qquad (r=0,1,\cdots,n).$$

棄却領域 $R$ を　$R=[r_1,n]$ とすれば，$\alpha=0.02$, $\beta=0.05$ より

$$\begin{cases}\displaystyle\sum_{r=r_1}^{n}{}_nC_r p_0{}^r(1-p_0)^{n-r}=\sum_{r=r_1}^{n}{}_nC_r(0.01)^r(0.99)^{n-r}=0.02, & (1)\\ \displaystyle\sum_{r=0}^{r_1-1}{}_nC_r p_1{}^r(1-p_1)^{n-r}=\sum_{r=0}^{r_1-1}{}_nC_r(0.1)^r(0.9)^{n-r}=0.05. & (2)\end{cases}$$

これをみたす $n, r_1$ を求めれば，問題の検定法を定めることができる．
$n$ が相当大きいときは，二項分布はポアソン分布で近似できるから (1), (2) は

$$\begin{cases}\displaystyle\sum_{r=0}^{r_1-1}e^{-np_0}(np_0)^r/r!\fallingdotseq 0.98 & (3)\\ \displaystyle\sum_{r=0}^{r_1-1}e^{-np_1}(np_1)^r/r!\fallingdotseq 0.05 & (4)\end{cases}$$

ところが，一般に

$$A=\sum_{m=0}^{k}\frac{e^{-\lambda}\lambda^m}{m!}=\frac{1}{k!}\int_{\lambda}^{\infty}t^k e^{-t}\,dt$$

$$=\frac{1}{2^{k+1}k!}\int_{2\lambda}^{\infty}u^k e^{-\frac{u}{2}}\,du$$

の関係を用いれば，上のポアソン分布の部分和は $\chi^2$ 分布表より求められる．

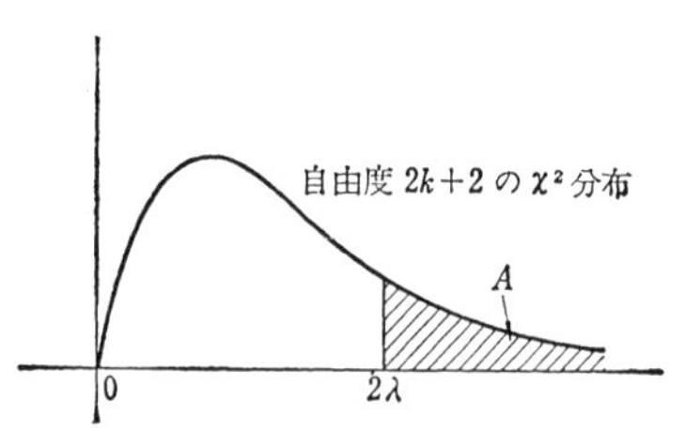


図　4.6

そこで (3), (4) より

$\chi_0{}^2=2np_0$ はほぼ自由度 $2(r_1-1)+2=2r_1$ の $\chi^2$ 分布の 98% 点であり，$\chi_1{}^2=2np_1$ はほぼ自由度 $2r_1$ の 5% 点である．しかも

$$\chi_0{}^2:\ \chi_1{}^2=p_0:p_1=1:10$$

であるから，$\chi^2$ 分布表の 98%，5% 点の欄のうち，自由度が偶数で，その両者の値の比が 1 : 10 ぐらいのところに着目すればよい．

このようにして $2r_1=6$．　よって $r_1=3$．

また 98%，5% 点をみて

$$2np_0=1.134, \quad 2np_1=12.592.$$

よって $n$ を大き目にとって

$$n=63.$$

結局要望をみたす検査法は，母集団から $n=63$ 個の標本を任意にとって，その中に含まれている出現確率 $p$ の事象の数 $r$ が

$r<3$ のときは $p=p_0=0.01$ とし，

$r\geqq 3$ のときは $p=p_1=0.1$ と判定する．

**注意** (1) 1回抜取検査は上の方式による．$H_0$ は仕切りの合格，$H_1$ は不合格と解釈する．$\alpha$ は生産者危険率，$\beta$ は消費者危険率と呼ばれているものである．すなわち本来合格品（合格，不合格は普通ある規約で規定されていて，不良率 1% の仕切りは合格品とする）であるものが，上の検査方式で不合格と判定される確率が $\alpha$ で，これは生産者側が関心をもつもので，この $\alpha$ については通常注文が出される．同様に $\beta$ は消費者側から出る注文である．

(2) 抜取検査方式には，なお2回抜取検査とか，逐次抜取検査とかいろいろ考えられている．

## 4.4 等平均，等分散の検定

### 4.4.1 二つの正規母集団の等平均の検定（等分散の場合）

$\mathrm{N}(\mu_1, \sigma_1^2)$ よりの大きさ $n_1$ の任意標本を $X_{11}, X_{12}, \cdots, X_{1n_1}$,

$\mathrm{N}(\mu_2, \sigma_2^2)$ よりの大きさ $n_2$ の任意標本を $X_{21}, X_{22}, \cdots, X_{2n_2}$,

かつ $\{X_{1i}\}$ と $\{X_{2j}\}$ とは独立とする．

(i) 帰無仮説 $H_0$: $\mu_1=\mu_2$，対立仮説 $\mu_1\neq\mu_2$.

(ii)
$$T=\frac{(\bar{X}_1-\bar{X}_2)\sqrt{n_1n_2/(n_1+n_2)}}{\left\{\left[\sum_{i=1}^{n_1}(X_{1i}-\bar{X}_1)^2+\sum_{j=1}^{n_2}(X_{2j}-\bar{X}_2)^2\right]\Big/(n_1+n_2-2)\right\}^{1/2}}$$

は等分散 $\sigma_1^2=\sigma_2^2$ のとき自由度 $(n_1+n_2-2)$ の $t$ 分布に従う，

ここに $\bar{X}_1=\sum_{i=1}^{n_1}X_{1i}/n_1$, $\bar{X}_2=\sum_{j=1}^{n_2}X_{2j}/n_2$ とする．

(iii) 有意水準 $\alpha$ の棄却領域 $R$ は

$$R=(-\infty,\ -t_\alpha)\cup(t_\alpha,\ \infty)\qquad \text{(両側検定)}.$$

(iv)　$T$ の実現値 $T^*$ が

$T^*\in R$　のとき　$H_0$ をすてる．

$T^*\notin R$　のとき　$H_0$ をすてない．

注意　(1)　上の検定方法は二つの母集団が正規である上に，分散が等しいという強い条件の下で，初めて有効である．これは (ii) の段階で上のような統計量 $T$ の確率分布を導くための止むを得ざる条件である．一般に2組のデータを比較して，そのおのおのの出所である母集団分布が同じであるかどうかに関心がある場合が多い．この種の問題は2標本問題といわれるものである．この問題は，正規分布の分散が等しいことを仮定して等平均を検定しているのであるから，一種の2標本問題といえる．上の方法は前提条件がいかにも強い．正規分布とか，等分散であるかどうかという点を，ともかく一応検定して統計的に認めた上で上の等平均の検定を進めるわけであるが，理論的にはこのような条件なしに検定する方法が望ましい．そこで正規分布といったように母集団分布の型を特別にしない，いわゆる "分布によらない" または "ノンパラメトリック (nonparametric)" な検定法が考えられている．これが "**2 標本問題 (two sample problem)**" の名で呼ばれている研究課題である．

(2)　対立仮説として $\mu_1>\mu_2$．$\mu_1<\mu_2$ いずれかが設けられる場合は，両側検定でなく右片側検定，左片側検定が採用される．

(3)　上の検定法は母分散に $\sigma_1^2=\sigma_2^2$ という仮定が設けられたが，もし $\sigma_1^2$，$\sigma_2^2$ ともに既知として取り扱うことができるなら，この仮定は別に必要はない．そのときは

$$T=\frac{\bar{X}_1-\bar{X}_2}{\sqrt{\dfrac{\sigma_1^2}{n_1}+\dfrac{\sigma_2^2}{n_2}}}\quad \text{は N(0,1) に従う，}$$

という結果を用いればよい．

**例1.**　A，B 二つの方法の教育効果を比較するために，それぞれの教育を受けた者 12 名，10 名を任意に選んで効果を試験してみた．その結果前者の平均値，標準偏差として　$\bar{x}_1=85,\quad s_1=4.$

後者からは　$\bar{x}_2=81,\quad s_2=5.$

A，B 二つの方法に差異が認められるかどうか．有意水準 $\alpha=0.01$ で検定せよ．なお試験の点数は，正規分布に従い，その分散は $A,B$ により違いはないものとする．

**解**　(i)　$H_0$: $\mu_1=\mu_2$,　　$H_1$: $\mu_1\neq\mu_2$

(ii)　$T=\dfrac{(\bar{X}_1-\bar{X}_2)\sqrt{120/22}}{\sqrt{(12S_1^2+10S_2^2)/20}}$　は自由度 20 の $t$ 分布に従う．

(iii)　$T^*=1.99.$

(iv) 棄却領域 $R=(-\infty,-2.85)\cup(2.85,\infty)$,

$T^* \notin R$, $H_0$ はすてられない.

二つの教育方法の差は，統計的には認め難い.

### 4.4.2 二つの正規母集団の等分散の検定

(i) 帰無仮説 $H_0$: $\sigma_1{}^2=\sigma_2{}^2$, 対立仮説 $H_1$: $\sigma_1{}^2\neq\sigma_2{}^2$.

(ii) $T=F=\dfrac{\sum_{i=1}^{n_1}(X_{1i}-\bar{X}_1)^2}{n_1-1}\Bigg/\dfrac{\sum_{j=1}^{n_2}(X_{2j}-\bar{X}_2)^2}{n_2-1}$ は仮説 $H_0$ のもとでは

自由度 $(n_1-1, n_2-1)$ の F 分布に従う.

(iii) F 分布表を用いて

$P(F>f_1)=P(F<f_2)=\alpha/2$

なる $f_1, f_2$ を求め，棄却領域として

$R=(0, f_2)\cup(f_1,\infty)$.

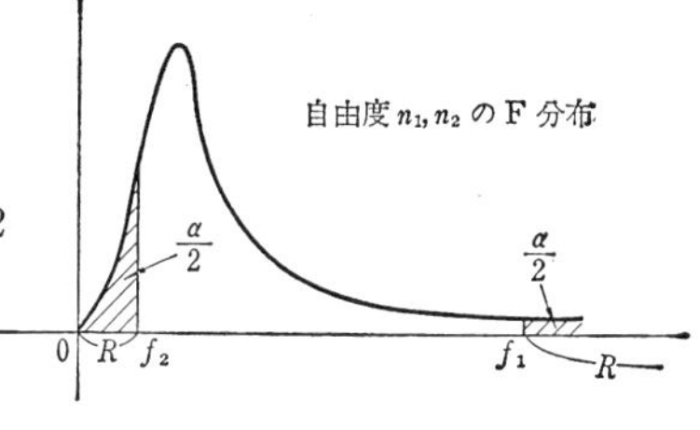


図 4.7

なお普通の F 分布表は $T>1$ の場合すなわち $F$ の分子が分母より大の場合のみ扱っているので，これを用いるためには，まず実現値

$$\sum_{i=1}^{n_1}(x_{1i}-\bar{x}_1)^2/(n_1-1) \quad と \quad \sum_{j=1}^{n_2}(x_{2j}-\bar{x}_2)^2/(n_2-1)$$

との大小を比較して，たとえば前者が大ならば，自由度 $n_1-1, n_2-1$ の F 分布をもとにし

$P(F>f^*_{\alpha/2})=\alpha/2$

なる $f^*_{\alpha/2}$ を求め，棄却領域として $R'=(f^*_{\alpha/2},\infty)$ を採用する.

(iv) F の実現値 F* が

$F^*\in R'$ のとき $H_0$ をすてる.

$F^*\notin R$ のとき $H_0$ をすてない.

**注意** (1) F の実現値 F* が 1 より大なるように，場合によっては分子分母を入れ換えて棄却領域 $R'$ を採用する根拠は，一般に F 分布について成立する

$f_2=1/f_1$

という関係による.

（2）上の統計量 F の代りに

$$Z=\frac{1}{2}\log_e \mathrm{F}$$

を用いて，$z$ 分布表を用いることもできる．

（3）**一つの正規母集団の母分散の検定**については，問題［4］，3 の解参照．

**例 2.** 例 1 の問題の等分散について $\alpha=0.02$ として検定せよ．

解　（i）$H_0$: $\sigma_1{}^2=\sigma_2{}^2$　　$H_1$: $\sigma_1{}^2 \neq \sigma_2{}^2$.

（ii）$\mathrm{F}=\dfrac{12S_1{}^2}{11}\Big/\dfrac{10S_2{}^2}{9}$　は自由度 11, 9 の F 分布に従う．

また　$\mathrm{F}=\dfrac{10S_2{}^2}{9}\Big/\dfrac{12S_1{}^2}{11}$　は自由度 9, 11 の F 分布に従う．

（iii），（iv）の段階は既述のような要領で行なう．

1 より大きい実現値　$\mathrm{F}^*=\dfrac{10\times 25}{9}\Big/\dfrac{12\times 16}{11}=1.591.$

ところが自由度 9, 11 の F 分布の 1％ 点は $\mathrm{F}_{11}^{9}(0.01)=4.63.$

$\mathrm{F}^* \notin R=(4.63,\infty)$，$H_0$ をすてない．

よって分散が等しいことを否定できない．

**4.4.3　一般母集団の等平均の検定（大標本的検定）**　一般母集団（平均 $\mu$，分散 $\sigma^2$）より抽出された任意標本 $X_1, X_2, \cdots, X_n$ について，$n$ が相当大きいときは

$\bar{X}$　はほぼ $\mathrm{N}(\mu, \sigma^2/n)$ に従う．

このことより等平均の検定としては，$n$ が相当大きいときは

$$(\bar{X}_1-\bar{X}_2)\Big/\sqrt{\frac{S_1{}^2}{n_1}+\frac{S_2{}^2}{n_2}}\quad \text{はほぼ } \mathrm{N}(0,1) \text{ に従う，}$$

という結果を用いることができよう．

また二つの母集団がともに，二項分布，ポアソン分布，指数分布のように一つの母数をふくんでいる場合は，等平均という仮説のもとには，当然母分散 $\sigma^2$ も同一となるから $n$ が相当大きいときは

$$(\bar{X}_1-\bar{X}_2)\Big/\left\{\sigma\sqrt{\frac{1}{n_1}+\frac{1}{n_2}}\right\}\quad \text{はほぼ } \mathrm{N}(0,1) \text{に従う，}$$

ということが用いられる．一般に $\sigma$ は未知であるから，この $\sigma$ の代りに全部の任意標本を用いて得られた統計量 $S$

$$S=\sqrt{\frac{\sum_{i=1}^{n_1}(X_{1i}-\bar{X})^2+\sum_{j=1}^{n_2}(X_{2j}-\bar{X})^2}{n_1+n_2}},\quad \bar{X}=\frac{\sum_{i=1}^{n_1}X_{1i}+\sum_{j=1}^{n_2}X_{2j}}{n_1+n_2}$$

を近似的におきかえてつかう．特に二つの百分率の比較検定の大標本的扱いは次の要領で行なわれる．

未知の百分率 $p_1$ をもつ母集団よりの任意標本の大きさ $n_1$，標本比率を $r_1/n_1$，また $p_2$ をもつ母集団よりの標本比率を $r_2/n_2$ とおき，仮説 $H_0$: $p_1=p_2$ に対する一つの検定法が次のようにつくられる．

（i） $H_0$: $p_1=p_2$ 対立仮説 $H_1$: $p_1\neq p_2$

（ii） $n$ が相当大きいとき

$$T=\left(\frac{r_1}{n_1}-\frac{r_2}{n_2}\right)\Big/\sqrt{p(1-p)\left(\frac{1}{n_1}+\frac{1}{n_2}\right)}\quad \text{はほぼ N(0, 1) に従う，}$$

ここに $p=(r_1+r_2)/(n_1+n_2)$ とする．

（iii），（iv）の段階は既述のような要領で行なわれる．

**例** 二つの機械により生産された大きな仕切りからの標本不良率がそれぞれ 3%，5% であった．二つの仕切り不良率の間に差異が認められるか．ただし標本の大きさは，それぞれ 100, 400 であった．有意水準 $\alpha=0.05$ として検定せよ．

**解** （i） $H_0$: $p_1=p_2$, $H_1$: $p_1\neq p_2$.

（ii） $$T=\left(\frac{r_1}{100}-\frac{r_2}{400}\right)\Big/\sqrt{\frac{r_1+r_2}{500}\cdot\frac{500-(r_1+r_2)}{500}\left(\frac{1}{100}+\frac{1}{400}\right)}$$

はほぼ N(0, 1) に従う．

（iii） $\alpha=0.05$, $R=(-\infty,-1.96)\cup(1.96,\infty)$.

（iv） $$T^*=(0.03-0.05)\Big/\sqrt{\frac{23}{500}\cdot\frac{477}{500}\left(\frac{1}{100}+\frac{1}{400}\right)}=-0.9\notin R.$$

差異は認められない．

## 4.5 適合度の検定（$\chi^2$ 検定）

いままで任意標本をもとにして仮説を検定するとき，母集団分布が正規分布と仮定される場合がしばしばあった．測定値よりなる標本の場合は，一応この仮定は認められる場合が多いが，これも本来は統計的な検定を経て認められるべきであろう．このように母集団分布が，ある特殊な分布と認められるかどうかの検定を適合度の検定といい，それに $\chi^2$ 分布がよく用いられるので，これが $\chi^2$ 検定と呼ばれることが多い．先ず例をあげてみよう．

**例 1.**　1つの乱数表のランダム性を調べるため，この表から 250 個の数字を任意に抽出して次の結果を得た．

| 数 | 0 | 1 | 2 | 3 | 4 | 5 | 6 | 7 | 8 | 9 | 計 |
|---|---|---|---|---|---|---|---|---|---|---|---|
| 度数 | 31 | 25 | 22 | 17 | 24 | 18 | 27 | 31 | 28 | 27 | 250 |

ランダム性（各数字が等確率で抽出されるという性質）の存在が統計的に認められるだろうか．

この問題は確率分布

$$P(X=r) = 1/10$$

の適合度の検定である．いま理論を一般にするため，先ず次の帰無仮説 $H_0$ を設ける．

$k$ 個の排反する事象 $E_1, E_2, \cdots, E_k$ の確率をそれぞれ $p_1, p_2, \cdots, p_k$ とする．総数 $n$ 回の独立試行を行なって，それぞれの事象が $n_1, n_2, \cdots, n_k$ 回起こったとき，上の仮説 $H_0$ をこの試行結果より検定する方法を考えよう．

仮説 $H_0$ のもとに，このような結果が現われる確率 P は，**多項分布**により

$$P = \frac{n!}{n_1!n_2!\cdots n_k!} p_1^{n_1} p_2^{n_2} \cdots p_k^{n_k}, \qquad (n_1+n_2+\cdots+n_k=n)$$

である．各 $n_i$ が相当大きいときはスターリング (Stirling) の公式を用いて

$$n_i! \sim \sqrt{2\pi}\, e^{-n_i} n_i^{n_i+\frac{1}{2}}.$$

よって

$$P \sim \frac{1}{(2\pi n)^{\frac{k-1}{2}} (p_1 p_2 \cdots p_k)^{\frac{1}{2}}} e^{-\frac{\chi^2}{2}}$$

となる．ここに

$$\chi^2 = \sum_{i=1}^{k} \frac{(n_i - np_i)^2}{np_i}.$$

である．分子で $n_i$ は $E_i$ の出現実測回数，$np_i$ はその理論値というべきであろう．

そこで統計量

$$\chi^2=\sum_{i=1}^{k}\frac{(n_i-np_i)^2}{np_i}$$

の確率分布を，条件

$$n_1+n_2+\cdots+n_k=n$$

のもとに，調べると近似的に次の結果が示される．

$n_1, n_2, \cdots, n_k$ が相当大きいとき

$$\chi^2=\sum_{i=1}^{k}\frac{(n_i-np_i)^2}{np_i}$$ はほぼ自由度 $(k-1)$ の $\chi^2$ 分布に従う．

これを用いて左の例1の検定を行なってみよう．

| | 0 | 1 | 2 | 3 | 4 | 5 | 6 | 7 | 8 | 9 | 計 |
|---|---|---|---|---|---|---|---|---|---|---|---|
| 実測値 | 31 | 25 | 22 | 17 | 24 | 18 | 27 | 31 | 28 | 27 | 250 |
| 理論値 | 25 | 25 | 25 | 25 | 25 | 25 | 25 | 25 | 25 | 25 | 250 |

（i）$H_0$: $p_i=1/10$　$(i=1, 2, \cdots, 10)$．

（ii）$\chi^2=\sum_{i=1}^{10}\frac{(n_i-25)^2}{25}$ は，ほぼ自由度 9 の $\chi^2$ 分布に従う．

（iii）$\alpha=0.05$ としてみて，自由度 9 の $\chi^2$ 分布の 5% 点 $\chi_0{}^2=16.919$ を求め，棄却領域 $R$

$$R=(16.919,\ \infty)$$

をつくる．

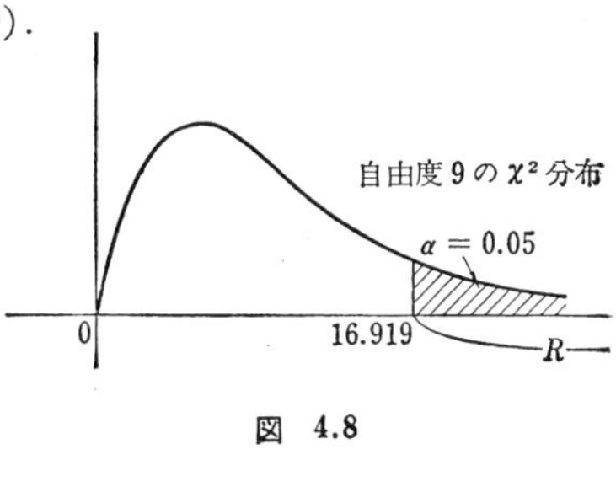

図 4.8

（iv）実現値 $$\chi^{2*}=\frac{(31-25)^2}{25}+\frac{(25-25)^2}{25}+\frac{(22-25)^2}{25}+\frac{(17-25)^2}{25}$$
$$+\frac{(24-25)^2}{25}+\frac{(18-25)^2}{25}+\frac{(27-25)^2}{25}$$
$$+\frac{(31-25)^2}{25}+\frac{(28-25)^2}{25}+\frac{(27-25)^2}{25}$$
$$=8.48 \notin R.$$　$H_0$ をすてない．

ゆえにこの乱数表のランダム性は統計的に否定できないということになる．

注意 (1) $\chi^2=\Sigma(n_i-np_i)^2/np_i$ のうちの $(n_i-np_i)^2/np_i$ は $i$ 番目の組内の標本値と理論値のくるいを示す一つの尺度と考えられる． $\chi^2$ は全体の標本値と理論値とのくるいで，これが大きいほど仮説 $H_0$ はすてられるべきであろう．そこで棄却領域 $R$ として上記のように右側に有意水準 $\alpha$ になるようにとられるのが常である．

(2) $\chi^2$ が自由度 $(k-1)$ の $\chi^2$ 分布で近似されるという結果を導く過程で $np_i$ の大きさが影響をおよぼしている．そこで各理論値 $np_i$ について $np_i \geqq 5$ という制限が必要であるということがよくいわれている．それによると理論値 $np_i$ が5より小さいものが幾組かあるときは，それらを1組にまとめて考えることが行なわれている．これについては組をまとめるという欠点をも考え，$np_i \geqq 1$ 程度でよいのではないかという説も近頃出ている．いずれにしても $\chi^2$ 検定法はよく用いられるが，理論的にいろいろな問題点もあることを指摘しておこう．

(3) 上の検定では，自由度 $(k-1)$ の $\chi^2$ 分布が用いられているが，これは $k$ 個の $n_1, n_2, \cdots, n_k$ は $n_1+n_2+\cdots+n_k=n$ という一つの制限がある以外は，任意の値をとりうる確率変数として導かれたものである．この分布が自由度 $k-1$ の名で呼ばれた理由であろう．

もし理論値を求めるとき，さらに標本値を用いた量を $s$ 個使ったときは

$$\chi^2=\sum_{i=1}^{k}\frac{(n_i-np_i)^2}{np_i} \quad \text{は，ほぼ自由度 } k-s-1 \text{ の } \chi^2 \text{ 分布に従う，}$$

という結果が用いられる．

(4) 各組内の数値 $n_i$ は，実際の出現個数であって，パーセントだけでは $\chi^2$ 検定は適用できない．たとえば，ある嗜好調査をして“好き”“嫌い”の割合が 45%, 55% であったとする．これから両者の割合は同じくらいと考えてよいだろうか．この問題をデータの大きさを 100, 400 について有意水準 $\alpha=0.05$ として仮説 $H_0$: $p_1=\frac{1}{2}$，$p_2=\frac{1}{2}$，を $\chi^2$ 検定してみると異なる結論が得られる．

なお，上のように組分けが2つのときは，検定の (ii) の段階で用いる理論根拠が百分率の検定（大標本）と $\chi^2$ 検定とは全く同じである．すなわち，それぞれで用いられる結果は

$$T=\frac{\dfrac{n_1}{n}-p_1}{\sqrt{\dfrac{p_1p_2}{n}}} \quad \text{は，ほぼ N(0,1) に従う，}$$

$$\chi^2=\frac{(n_1-np_1)^2}{np_1}+\frac{(n_2-np_2)^2}{np_2} \quad \text{は，ほぼ自由度1の } \chi^2 \text{ 分布に従う．}$$

ところが $T^2=\chi^2$，および N(0,1) に従う確率変数の2乗は自由度1の $\chi^2$ 分布に従うという結果より上のことは明らかである．

**例 2.** ある試験の結果をまとめて，次の度数分布表を得た．このデータは一つの正規母集団からの任意標本値と考えられるか．有意水準を 0.01 とせ

よ．

| $x_i$ | 5 | 15 | 25 | 35 | 45 | 55 | 65 | 75 | 85 | 95 | 計 |
|---|---|---|---|---|---|---|---|---|---|---|---|
| $f_i$ | 2 | 7 | 6 | 10 | 16 | 19 | 17 | 12 | 8 | 3 | 100 |

**解**

| $x_i$ | $f_i$ | $u_i$ | $u_if_i$ | $u_i^2f_i$ |
|---|---|---|---|---|
| 5 | 2 | −5 | −10 | 50 |
| 15 | 7 | −4 | −28 | 112 |
| 25 | 6 | −3 | −18 | 54 |
| 35 | 10 | −2 | −20 | 40 |
| 45 | 16 | −1 | −16 | 16 |
| 55 | 19 | 0 | 0 | 0 |
| 65 | 17 | 1 | 17 | 17 |
| 75 | 12 | 2 | 24 | 48 |
| 85 | 8 | 3 | 24 | 72 |
| 95 | 3 | 4 | 12 | 48 |
| 計 | 100 | | −15 | 457 |

$$\bar{x}=55+\frac{-15}{100}\times 10=53.5$$

$$s^2=\left\{\frac{457}{100}-\left(\frac{-15}{100}\right)^2\right\}\times 100=454.75$$

$$s=21.3$$

試験の点数 $X$ が $\mathrm{N}(53.5, 21.3^2)$ に従うとして，次の確率を求める．

$\mathrm{P}(X<10)=0.0207$,　$\mathrm{P}(10\leqq X<20)=0.0375$,　$\mathrm{P}(20\leqq X<30)=0.0775$,

$\mathrm{P}(30\leqq X<40)=0.1286$,　$\mathrm{P}(40\leqq X<50)=0.1721$,　$\mathrm{P}(50\leqq X<60)=0.1853$,

$\mathrm{P}(60\leqq X<70)=0.1577$,　$\mathrm{P}(70\leqq X<80)=0.1131$,　$\mathrm{P}(80\leqq X<90)=0.0639$,

$\mathrm{P}(90\leqq X)=0.0436$.

よって実測値と理論値を対比させて次表が得られる．

| $x_i$ | 5 | 15 | 25 | 35 | 45 | 55 | 65 | 75 | 85 | 95 | 計 |
|---|---|---|---|---|---|---|---|---|---|---|---|
| 実測値 | 2 | 7 | 6 | 10 | 16 | 19 | 17 | 12 | 8 | 3 | 100 |
| （まとめ） | 9 | | | | | | | | 11 | | |
| 理論値 | 2.07 | 3.75 | 7.75 | 12.86 | 17.21 | 18.53 | 15.77 | 11.31 | 6.39 | 4.36 | 100 |
| （まとめ） | 5.82 | | | | | | | | 10.75 | | |

上の $x_i=5$, 95 の理論値が 5 以下であるから，表のようにまとめて，組の数を 2 個減らして 8 個としてある．

(i) $H_0$: $\mathrm{N}(53.5, 21.3^2)$ に従う．

(ii) $\chi^2$ は，ほぼ自由度 $8-3=5$ の $\chi^2$ 分布に従う．

(iii) $\alpha=0.01$,　$R=(15.086, \infty)$.

(iv)
$$\chi^{2*}=\frac{(9-5.82)^2}{5.82}+\frac{(6-7.75)^2}{7.75}+\frac{(10-12.86)^2}{12.86}+\frac{(16-17.21)^2}{17.21}$$
$$+\frac{(19-18.53)^2}{18.53}+\frac{(17-15.77)^2}{15.77}+\frac{(12-11.31)^2}{11.31}+\frac{(11-10.75)^2}{10.75}$$
$$=3.01 \notin R.$$

$H_0$ をすてない.

正規母集団からの任意標本値とみなしてもよかろう.

**注意**　あるデータが，正規母集団からの任意標本値であるかどうかを，大ざっぱに判定するために，右図の正規確率紙が用いられることがある．この正規確率紙はその上に正規分布関数のグラフを描くと直線になるように縦座標の目盛りが工夫されたものである．

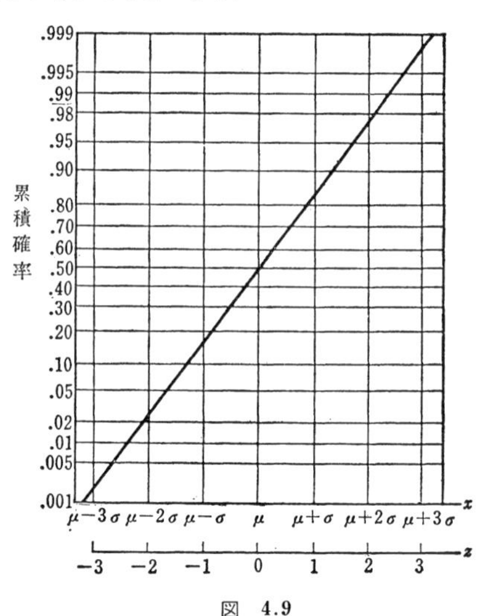


図　4.9

## 4.6　独立性の検定

$\chi^2$ 検定は二つの属性が独立かどうかを検定するために用いられることがある．先ず例をあげよう．

**例 1.**　学生のテレビ視聴時間の長短が性別に関係があるかどうかを，任意に抽出した 30 人の学生について調べたところ，次の結果を得た．

| 時間＼性別 | 男 | 女 | 計 |
|---|---|---|---|
| 1週間に20時間以上 | 4 | 10 | 14 |
| 20時間未満 | 10 | 6 | 16 |
| 計 | 14 | 16 | 30 |

| $A$＼$B$ | $B_1 \cdots\cdots B_j \cdots\cdots B_s$ | 計 |
|---|---|---|
| $A_1$ | $n_{11} \cdots\cdots n_{1j} \cdots\cdots n_{1s}$ | $n_{1\cdot}$ |
| ⋮ | ⋮ | ⋮ |
| $A_i$ | $n_{i1} \cdots\cdots n_{ij} \cdots\cdots n_{is}$ | $n_{i\cdot}$ |
| ⋮ | ⋮ | ⋮ |
| $A_r$ | $n_{r1} \cdots\cdots n_{rj} \cdots\cdots n_{rs}$ | $n_{r\cdot}$ |
| 計 | $n_{\cdot 1} \cdots\cdots n_{\cdot j} \cdots\cdots n_{\cdot s}$ | $n$ |

この問題を一般的な形で考えてみよう．

属性 $A$ が $A_1, A_2, \cdots, A_r$ に分かれ，属性 $B$ が $B_1, B_2, \cdots, B_s$ に分かれている場合，$A_i, B_j$ 両属性の度数を $n_{ij}$ とし，

$$\sum_{i=1}^{r} n_{ij} = n_{.j},\ \sum_{j=1}^{s} n_{ij} = n_{i.},\ \sum_{i=1}^{r} n_{i.} = \sum_{j=1}^{s} n_{.j} = n$$

とする．いま $A, B$ 両属性が独立かどうかを検定する問題を扱ってみる．

先ず，すべての計 $n_{i.}\ (i=1, 2, \cdots, r)$，$n_{.j}\ (j=1, 2, \cdots, s)$ を固定して考える(すなわち，これらの数を定数と考えるわけである)．すると一つの標本が属性 $A_i, B_j$ をもつという事象をそれぞれ $A_i, B_j$ で表わし，

$$A_i \text{ の確率 } \mathrm{P}(A_i) = n_{i.}/n,$$

$$B_j \text{ の確率 } \mathrm{P}(B_j) = n_{.j}/n$$

とおくとき，もし事象 $A_i, B_j$ が独立ならば

$$A_i, B_j \text{ ともにもつ確率 } \mathrm{P}(A_i \cap B_j) = \mathrm{P}(A_i)\mathrm{P}(B_j) = n_{i.}n_{.j}/n^2$$

となる．

そこで $A, B$ 独立という仮説 $H_0$ を設ける．すなわち

$$\mathrm{P}(A_i \cap B_j) = n_{i.}n_{.j}/n^2, \quad (i=1, 2, \cdots, r;\ j=1, 2, \cdots, s).$$

この仮説のもとでは，実測値 $n_{ij}$ に対する理論値は

$$n \cdot \frac{n_{i.}n_{.j}}{n^2} = \frac{n_{i.}n_{.j}}{n}.$$

$rs$ 個の確率変数 $n_{ij}$ の間には次の $(r+s)$ 個の1次関係が存在する．

$$\sum_{j=1}^{s} n_{ij} = n_{i.}, \quad (i=1, 2, \cdots, r),$$

$$\sum_{i=1}^{r} n_{ij} = n_{.j}, \quad (j=1, 2, \cdots, s).$$

ところが関係式の数は見かけは $(r+s)$ であるが，総数$=n$ であるから，上の2組の関係中各組で1個ずつは他のものから導かれる．結局総数$=n$ 以外には $(r+s-2)$ 個の1次関係があることになる．それゆえ統計量として

$$\chi^2 = \sum_{i,j} \left\{ \left( n_{ij} - \frac{n_{i.}n_{.j}}{n} \right)^2 \Big/ \frac{n_{i.}n_{.j}}{n} \right\}$$

をとれば，前節の注意（3）により，これはほぼ自由度 $rs-(r+s-2)-1 = (r-1)(s-1)$ の $\chi^2$ 分布に従う．

なお $r=2$, $s=2$ なるとき，$\chi^2$ の式は次のように簡単に変形される．

| B \ A | $B_1$ | $B_2$ | 計 |
|---|---|---|---|
| $A_1$ | $n_{11}$ | $n_{12}$ | $n_{1\cdot}$ |
| $A_2$ | $n_{21}$ | $n_{22}$ | $n_{2\cdot}$ |
| 計 | $n_{\cdot 1}$ | $n_{\cdot 2}$ | $n$ |

$$\chi^2=\sum_{i,j=1}^{2}\left\{\left(n_{ij}-\frac{n_{i\cdot}n_{\cdot j}}{n}\right)^2\Big/\frac{n_{i\cdot}n_{\cdot j}}{n}\right\}$$

$$=\sum_{i,j=1}^{2}\left[\frac{\{n_{ij}(n_{11}+n_{12}+n_{21}+n_{22})-(n_{i1}+n_{i2})(n_{1j}+n_{2j})\}^2}{nn_{i\cdot}n_{\cdot j}}\right]$$

$$=\sum_{i,j=1}^{2}\frac{(n_{11}n_{22}-n_{12}n_{21})^2}{nn_{i\cdot}n_{\cdot j}}=\frac{n(n_{11}n_{22}-n_{12}n_{21})^2}{n_{1\cdot}n_{2\cdot}n_{\cdot 1}n_{\cdot 2}}.$$

例1では，$\chi^2$ の実現値 $\chi^{2*}$ を上の方法で計算すれば

$$\chi^{2*}=\frac{(24-100)^2\times 30}{14\times 16\times 14\times 16}=3.5.$$

自由度 $(r-1)(s-1)=1$ の $\chi^2$ 分布の 5% 点は 3.841 である．よって棄却領域 $R$ は　$R=(3.841,\infty)$.　$\chi^{2*}\notin R$.　$H_0$ をすてない．
すなわち有意水準 0.05 で判断すれば，テレビ視聴時間の長さは，男女の性別に影響されるとはいえない．

**例 2.**　ある病気に対する予防注射の効能をみるため次表のような調査結果を得た．予防注射に効能があると認められるか．

|  | 非罹病者 | 罹病者 | 計 |
|---|---|---|---|
| 予防注射を受けた者 | 9 | 2 | 11 |
| 予防注射を受けなかった者 | 3 | 5 | 8 |
| 計 | 12 | 7 | 19 |

**解**　本題では度数が小さ過ぎるので前例のように $\chi^2$ 分布を用いずに，直接計算法を用いてみよう．これは周辺度数 $n_{1\cdot}$, $n_{2\cdot}$, $n_{\cdot 1}$, $n_{\cdot 2}$ を固定した場合の $n_{11}$, $n_{12}$, $n_{21}$, $n_{22}$ の同時確率分布 $p(n_{11}, n_{12}, n_{21}, n_{22}|n_{1\cdot}, n_{2\cdot}, n_{\cdot 1}, n_{\cdot 2})$ は次のように表わされる．

| B \ A | $B_1$ | $B_2$ | 計 |
|---|---|---|---|
| $A_1$ | $n_{11}$ | $n_{12}$ | $n_{1\cdot}$ |
| $A_2$ | $n_{21}$ | $n_{22}$ | $n_{2\cdot}$ |
| 計 | $n_{\cdot 1}$ | $n_{\cdot 2}$ | $n$ |

$$p(n_{11}, n_{12}, n_{21}, n_{22}|n_{1\cdot}, n_{2\cdot}, n_{\cdot 1}, n_{\cdot 2})=\frac{n_{1\cdot}!n_{2\cdot}!n_{\cdot 1}!n_{\cdot 2}!}{n!n_{11}!n_{12}!n_{21}!n_{22}!}.$$

これを用いて実現度数より偏ったものが起こる確率 P を計算する．(そのために組度数の最小数を $k$ とするならば，$k, k-1, k-2, \cdots, 0$ の $(k+1)$ 個の場合を考える)

$$P=\frac{11!8!12!7!}{19!}\left(\frac{1}{9!2!3!5!}+\frac{1}{10!1!2!6!}+\frac{1}{11!0!1!7!}\right)$$

$=0.07>0.05$. 実現値 $\notin R$.

独立の仮説 $H_0$ をすてない.

| 9 | 2 |
|---|---|
| 3 | 5 |

| 10 | 1 |
|---|---|
| 2 | 6 |

| 11 | 0 |
|---|---|
| 1 | 7 |

この程度のデータでは，有意水準 0.05 でも予防注射の効能があるというのは無理のようである.

（この方法をフィッシャー（Fisher）の直接計算法という）.

## 4.7 相 関 関 係

**4.7.1 母相関係数の推定，検定** いままで一つの確率変数についての実現値をもとにして，推定，検定を行なってきた．ここでは二つの確率変数 $X, Y$ の $n$ 対の標本

$$(X_1, Y_1),\ (X_2, Y_2),\ \cdots,\ (X_n, Y_n)$$

をもとにして推定，検定を考えることにしよう.

$(X, Y)$ の同時確率分布が特に次の 2 変量正規分布の場合が扱われることが多い．ここでもこの場合だけをとりあげることにする.

いま 2 変量正規分布

$$f(x, y)=\frac{1}{2\pi\sigma_x\sigma_y\sqrt{1-\rho^2}}\exp\left[\frac{-1}{2(1-\rho^2)}\left\{\frac{(x-\mu_x)^2}{\sigma_x^2}-\frac{2\rho}{\sigma_x\sigma_y}(x-\mu_x)(y-\mu_y)+\frac{(y-\mu_y)^2}{\sigma_y^2}\right\}\right]$$

をもつ母集団から $n$ 対の任意標本 $(X_1, Y_1),\ (X_2, Y_2),\ \cdots,\ (X_n, Y_n)$ を抽出して，上の確率分布にふくまれている未知母数 $\rho$ の推定，検定を考えることにする．なお，ここにふくまれている各母数の意味は，次の結果から知ることができよう.

$(X, Y)$ が上の 2 変量正規分布に従うとき

$X$ の周辺確率密度関数 $f_1(x)$ は

$$f_1(x)=\frac{1}{\sqrt{2\pi}\sigma_x}\exp\left[-\frac{(x-\mu_x)^2}{2\sigma_x^2}\right],$$

$Y$ の周辺確率密度関数 $f_2(y)$ は

$$f_2(y)=\frac{1}{\sqrt{2\pi}\,\sigma_y}\exp\left[-\frac{(y-\mu_y)^2}{2\sigma_y^2}\right].$$

すなわち $X, Y$ はそれぞれ正規分布 $N(\mu_x, \sigma_x^2)$，$N(\mu_y, \sigma_y^2)$ に従う。

また　$E\{(X-\mu_x)(Y-\mu_y)\}=\rho\sigma_x\sigma_y$.

すなわち　$\rho=\dfrac{E\{(X-\mu_x)(Y-\mu_y)\}}{\sigma_x\sigma_y}$.

この $\rho$ を**母相関係数**という．

$\rho$ については，次の諸性質がある．

（i）$-1\leqq\rho\leqq1$,

（ii）$X, Y$ 独立のとき　$\rho=0$,

（iii）$Y=aX+b$ のとき　$\rho=\begin{cases}1, & (a>0),\\ -1, & (a<0).\end{cases}$

注意 1. 一般に $X, Y$ 独立のときは

$$E(XY)=E(X)E(Y)$$

であるが，この逆は必しも成立しない．しかし $X, Y$ が2変量正規分布に従うときは成立する．すなわち上の場合

$\rho=0$ は，$X, Y$ の独立性を示すことになる．

**2.** (iii) の逆も成立することが，確率1でいえる．

母相関係数 $\rho$ の推定値として，標本値 $(x_1, y_1), \cdots, (x_n, y_n)$ より最尤法で求められた次の $r$ が用いられる．

$$r=\sum_{i=1}^{n}(x_i-\bar{x})(y_i-\bar{y})\Big/\sqrt{\sum_{i=1}^{n}(x_i-\bar{x})^2\sum_{i=1}^{n}(y_i-\bar{y})^2}$$

ここに　$\bar{x}=\sum_{i=1}^{n}x_i/n$,　　$\bar{y}=\sum_{i=1}^{n}y_i/n$.

この $r$ は**標本相関係数**と呼ばれている．この $r$ については次の諸性質がある．

（i）$-1\leqq r\leqq1$

（ii）$y_i=ax_i+b$ のとき

$$r=\begin{cases}1 & (a>0)\\ -1 & (a<0)\end{cases}$$

(iii) $x, y$ に1次変形をほどこしても，$r$ の値は変わらない．

すなわち

$u=Ax+B$，$v=Cy+D$ としたとき，$(x, y)$，$(u, v)$ の標本相関係数をそれぞれ $r_{xy}$, $r_{uv}$ とおくとき

$$r_{xy}=r_{uv}.$$

**例 1.** 次表はある乱数表の1部である．これから小数2桁の数二つを対にしたもの $(x_i, y_i)$ $(0\leqq x_i<1$　$0\leqq y_i<1)$ を 100 個任意にとり，右記の相関度

数表を得た. $x, y$ の標本相関係数を求めよ.

| | | 未満<br>0～0.2 | 0.2～0.4 | 0.4～0.6 | 0.6～0.8 | 0.8～1.0 | |
|---|---|---|---|---|---|---|---|
| | $y$ ＼ $x$ | 0.1 | 0.3 | 0.5 | 0.7 | 0.9 | 計 |
| 0.8～1.0 | 0.9 | 1 | 1 | 5 | 1 | 5 | 13 |
| 未満<br>0.6～0.8 | 0.7 | 3 | 2 | 8 | 7 | 4 | 24 |
| 0.4～0.6 | 0.5 | 2 | 5 | 2 | 2 | 4 | 15 |
| 0.2～0.4 | 0.3 | 4 | 3 | 6 | 4 | 6 | 23 |
| 0～0.2 | 0.1 | 4 | 6 | 2 | 6 | 7 | 25 |
| | 計 | 14 | 17 | 23 | 20 | 26 | 100 |

5 350　6 713　1 839　4 789　0 324
6 810　4 677　7 872　3 386　7 026
5 376　8 824　8 496　8 300　8 111
8 909　5 933　9 639　9 561　3 141
6 136　3 317　0 772　4 994　7 761
9 536　3 269　3 066　0 463　5 339
4 599　9 259　5 865　4 917　5 972
6 669　6 555　8 883　7 226　1 154
6 294　6 364　3 223　3 157　1 325
4 529　2 018　8 910　8 117　5 431

5 796　1 556　8 814　9 613　9 237
1 926　5 226　0 585　0 811　5 768
3 915　9 865　4 521　7 239　9 053
2 055　5 266　2 051　6 304　8 991
1 636　4 575　0 117　8 049　7 906
5 287　9 626　3 132　4 940　7 861
8 641　5 064　0 105　6 201　8 769
8 378　3 215　9 390　6 067　2 514
7 809　4 817　2 749　7 448　8 327
1 168　6 273　3 816　8 794　1 015

**解**

| | $u$ | $-2$ | $-1$ | $0$ | $1$ | $2$ | $f(v)$ | $vf(v)$ | $v^2f(v)$ | $U$ | $vU$ |
|---|---|---|---|---|---|---|---|---|---|---|---|
| $v$ | $y \backslash x$ | 0.1 | 0.3 | 0.5 | 0.7 | 0.9 | | | | | |
| 2 | 0.9 | 1 | 1 | 5 | 1 | 5 | 13 | 26 | 52 | 8 | 16 |
| 1 | 0.7 | 3 | 2 | 8 | 7 | 4 | 24 | 24 | 24 | 7 | 7 |
| 0 | 0.5 | 2 | 5 | 2 | 2 | 4 | 15 | 0 | 0 | 1 | 0 |
| $-1$ | 0.3 | 5 | 2 | 6 | 4 | 6 | 23 | $-23$ | 23 | 4 | $-4$ |
| $-2$ | 0.1 | 4 | 6 | 2 | 6 | 7 | 25 | $-50$ | 100 | 6 | $-12$ |
| $f(u)$ | | 15 | 16 | 23 | 20 | 26 | 100 | $-23$ | 199 | 26 | 7 |
| $uf(u)$ | | $-30$ | $-16$ | 0 | 20 | 52 | 26 | | | | |
| $u^2f(u)$ | | 60 | 16 | 0 | 20 | 104 | 200 | | | | |
| $V$ | | $-8$ | $-10$ | 8 | $-7$ | $-6$ | $-23$ | | | | |
| $uV$ | | 16 | 10 | 0 | $-7$ | $-12$ | 7 | | | | |

$$\frac{x_i-x_0}{c_1}=u_i,\qquad \frac{y_j-y_0}{c_2}=v_j,$$

($x_0, y_0$ は任意の定数，$c_1, c_2$ は正の定数)

$$r=\frac{1}{n}\sum_{i,j}(u_i-\bar{u})(v_j-\bar{v})f_{ij}/s_u s_v,$$

$$U=\sum_i u_i f_{ij},\qquad V=\sum_j v_j f_{ij}$$ とおけば，

$$r=\left(\frac{1}{n}\sum_j v_j U_j-\bar{u}\bar{v}\right)\Big/ s_u s_v=\left(\frac{1}{n}\sum_i u_i V_i-\bar{u}\bar{v}\right)\Big/ s_u s_v.$$

本題では

$$\bar{u}=\frac{26}{100}=0.26,\qquad s_u=\sqrt{\frac{200}{100}-\left(\frac{26}{100}\right)^2}=1.39,$$

$$\bar{v}=\frac{-23}{100}=-0.23,\quad s_v=\sqrt{\frac{199}{100}-\left(\frac{-23}{100}\right)^2}=1.39,$$

$$r=\left(\frac{7}{100}+0.26\times 0.23\right)\Big/1.39\times 1.39=0.07.$$

標本相関係数 $r$ の確率分布は次の形で与えられる．

$\rho=0$ のとき

$$f(r|n,\ \rho=0)=\frac{\Gamma\left(\frac{n-1}{2}\right)}{\sqrt{\pi}\,\Gamma\left(\frac{n-2}{2}\right)}(1-r^2)^{\frac{n-4}{2}},\qquad (-1\leqq r\leqq 1).$$

$\rho\neq 0$ のとき

$$f(r|n,\ \rho)=\frac{(1-\rho^2)^{\frac{n-1}{2}}}{\pi(n-3)!}(1-r^2)^{\frac{n-4}{2}}\frac{d^{n-2}}{d(r\rho)^{n-2}}\left(\frac{\cos^{-1}(-\rho r)}{\sqrt{1-\rho^2r^2}}\right).$$

なお $\rho=0$ のとき，次の結果

$$t=\frac{r}{\sqrt{1-r^2}}\sqrt{n-2}\quad \text{は自由度 } n-2 \text{ の } t \text{ 分布に従う，}$$

を用いて仮説 $\rho=0$ を検定することができる．

$\rho\neq 0$ のときは，$r$ の確率分布は上記のように非常に複雑なので通常図表(信頼限界を示す曲線が，標本の大きさおよび有意水準 $\alpha$ に応じて与えられている）を用いて推定，検定が行なわれている．

$n$ が相当大きいときは $\rho$ の推定，検定は次の結果を用いることができよう．

$$\boldsymbol{z=\frac{1}{2}\log\frac{1+r}{1-r}}\qquad (\boldsymbol{z}\ \textbf{変換})$$

**は，ほぼ** $\mathbf{N}\left(\frac{1}{2}\log\frac{1+\rho}{1-\rho},\ \frac{1}{n-3}\right)$ **に従う．**

**例 2.** いま成人男子 103 人を任意に選んで身長と胸囲の相関係数を調べたところ

$$r=0.28$$

を得た．

（1） 母相関係数 $\rho$ の 95% 信頼区間を求めよ．

（2） 身長と胸囲の独立性を有意水準 0.05 で検定せよ．

**解** 大標本的扱いをする．

（1） $\left(\frac{1}{2}\log\frac{1+r}{1-r}-\frac{1}{2}\log\frac{1+\rho}{1-\rho}\right)\Big/\frac{1}{\sqrt{n-3}}$ は，ほぼ N(0,1) に従う．

これより

$$\mathrm{P}\left[-1.96<\sqrt{n-3}\left(\frac{1}{2}\log\frac{1+r}{1-r}-\frac{1}{2}\log\frac{1+\rho}{1-\rho}\right)<1.96\right]=0.95,$$

$$\mathrm{P}\left(\frac{1}{2}\log\frac{1+r}{1-r}-\frac{1.96}{\sqrt{n-3}}<\frac{1}{2}\log\frac{1+\rho}{1-\rho}<\frac{1}{2}\log\frac{1+r}{1-r}+\frac{1.96}{\sqrt{n-3}}\right)=0.95.$$

$z$ 変換表を用いれば

$$r=0.28 \text{ のとき } \quad \frac{1}{2}\log\frac{1+r}{1-r}=0.288.$$

これより上の括弧内の不等式は

$$0.09<\frac{1}{2}\log\frac{1+\rho}{1-\rho}<0.48.$$

ところが変換表から

$$0.09=\frac{1}{2}\log\frac{1+0.0898}{1-0.0898}, \qquad 0.48=\frac{1}{2}\log\frac{1+0.4462}{1-0.4462}.$$

$\log\dfrac{1+x}{1-x}$ は増加関数であるから

$$0.0898<\rho<0.4462.$$

これより求める 95% 信頼区間は

$$(0.09,\ 0.45).$$

（2）（i）仮説 $H_0$: $\rho=0$,　　対立仮説 $H_1$: $\rho\neq 0$.

（ii）$T=\dfrac{1}{2}\log\dfrac{1+r}{1-r}\Big/\dfrac{1}{\sqrt{n-3}}$ は，ほぼ N(0,1) に従う.

（iii）$\alpha=0.05$,　　棄却領域 $R=(-\infty,-1.96)\cup(1.96,\infty)$.

（iv）実現値

$$T^*=2.88\in R, \quad H_0 \text{ をすてる.}$$

身長と胸囲の測定値は独立ではない.

**注意**（1）例 2,（1）の 95% 信頼区間は図表（その他 99%, 98%, 90% 信頼限界等の図表も発表されている．たとえば統計科学研究会編，統計数値表参照）からも求められる.

（2）例2の（2）は

$$t=\frac{r}{\sqrt{1-r^2}}\sqrt{n-2} \quad \text{が自由度 } n-2 \text{ の } t \text{ 分布に従う,}$$

ことを用いても検定できる.

（3）変換表は　$z=\dfrac{1}{2}\log\dfrac{1+r}{1-r}$ $(z>0)$ を知って，$r$ を出す形になっている．この $r$ は正で求まる．もし $r<0$ のとき，これに対応する $z$ の値を表で求めるには，$-r$ に対応する $z=z_0$ を求め，$-z_0$ をもってすればよい.

（4）$\rho$ の信頼区間を小標本的に求めるには通常相関係数の信頼区間を与える図表（たとえば統計科学研究会編；統計数値表参照）が用いられる.

その図表は次のようにしてつくられる．まず与えられた $\alpha$ に対し

$$\int_{r_1}^{1} f(r|n,\rho)dr=\alpha, \qquad \int_{-1}^{r_2} f(r|n,\rho)dr=\alpha$$

なるような $r_1, r_2$ を各 $n$ および $\rho$ に関して求める．これはもちろん $n, \rho$ の関数である．この逆関数を

$$\rho = \rho_1(n, r_1), \qquad \rho = \rho_2(n, r_2)$$

とする．

$\alpha = 0.005,\ 0.01,\ 0.025,\ 0.05$ について曲線

$$\rho = \rho_1(n, r), \qquad \rho = \rho_2(n, r)$$

が描かれている．これを用いれば，標本相関係数 $r_0$ に対し，右図のようにして $\rho_1, \rho_2$ を求めれば

$$\mathrm{P}(\rho_1 \leqq \rho \leqq \rho_2) = 1-2\alpha$$

となり，信頼度 $1-2\alpha$ の信頼区間 $(\rho_1, \rho_2)$ が得られる．

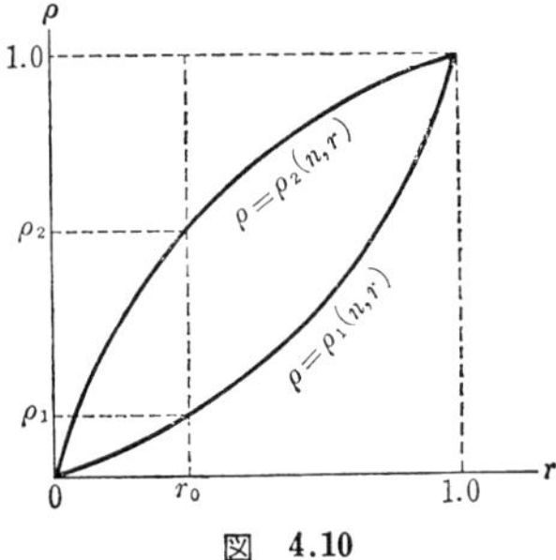

図 4.10

**4.7.2 回帰係数の推定，検定**　$n$ 個の正規母集団 $\mathrm{N}(a+bx_i, \sigma^2)$（$\sigma^2$ は $i$ に無関係）$(i=1, 2, \cdots, n)$ からの任意標本 $(x_1, y_1)$，$(x_2, y_2)$，$\cdots$，$(x_n, y_n)$ を抽出して，未知母数 $a, b, \sigma^2$ を推定，検定する問題を考えよう．$y_i$ は正規分布 $\mathrm{N}(a+bx_i, \sigma^2)$ に従う確率変数 $Y_i$ の標本値である．その正規分布の平均 $\mu_i=a+bx_i$ $(i=1, 2, \cdots, n)$ は，直線 $y=a+bx$ の上にあると仮定されていることになる．また分散は各正規分布について同一であると仮定されている．

**注意**（1）実際問題で比較的観測の容易な値 $x$ を知って，測定の困難な，または不可能の値 $y$ を推定することが多い．（この種の問題を**回帰問題**という）上の問題は変量 $X$ が $x$ の値をとったときの，$Y$ の条件つき確率分布 $f(y|x)$ が正規分布 $\mathrm{N}(a+bx, \sigma^2)$（$\sigma^2$ は一定）であるという特別の場合を扱っていることになる．

（2）この $x_i$ $(i=1, 2, \cdots, n)$ の値は，すべて異なっている必要はないが，少なくとも二つは異なっているものとする．この理由は次の $b$ の推定値の分母の形をみれば明らかであろう．

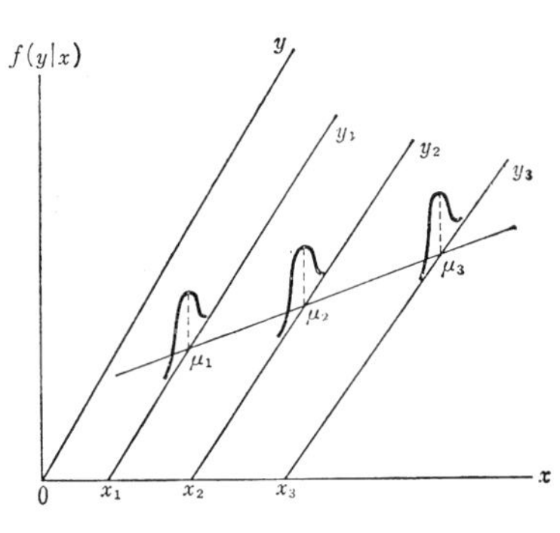

図 4.11

（3）$(X, Y)$ が既述の2変量正規分布に従うとき，$X=x$ のときの $Y$ の条件つき確率分布は $\mathrm{N}\left(\mu_y+\rho\dfrac{\sigma_y}{\sigma_x}(x-\mu_x),\ \sigma_y{}^2(1-\rho^2)\right)$ となるので，$a = \mu_y-\rho\dfrac{\sigma_y}{\sigma_x}\mu_x$，$b=\rho\dfrac{\sigma_y}{\sigma_x}$，$\sigma^2 = \sigma_y{}^2(1-\rho^2)$ となり，上で考えた場合になる．

この標本から未知母数 $a, b, \sigma^2$ の最尤推定量を求めれば

$$\hat{b} = \sum_{i=1}^{n} (Y_i - \bar{Y})(x_i - \bar{x}) \Big/ \sum_{i=1}^{n} (x_i - \bar{x})^2,$$

$$\hat{a} = \bar{Y} - \hat{b}\bar{x},$$

$$\hat{\sigma}^2 = \sum_{i=1}^{n} (Y_i - \hat{a} - \hat{b}x_i)^2 / n.$$

ここに　$\bar{x} = \sum_{i=1}^{n} x_i/n, \quad \bar{Y} = \sum_{i=1}^{n} Y_i/n$　とする．

また，母回帰係数 $a, b$ および $\sigma^2$ に対する推定，検定には次の結果が用いられる．

$$(\hat{a} - a)\left\{n(n-2) \sum_{i=1}^{n} (x_i - \bar{x})^2 \Big/ \sum_{i=1}^{n} x_i^2 \sum_{i=1}^{n} (Y_i - \hat{a} - \hat{b}x_i)^2\right\}^{\frac{1}{2}}$$

は自由度 $n-2$ の $t$ 分布に従う．

$$(\hat{b} - b)\left\{(n-2) \sum_{i=1}^{n} (x_i - \bar{x})^2 \Big/ \sum_{i=1}^{n} (Y_i - \hat{a} - \hat{b}x_i)^2\right\}^{\frac{1}{2}}$$

は自由度 $n-2$ の $t$ 分布に従う．

$n\hat{\sigma}^2/\sigma^2$ は自由度 $n-2$ の $\chi^2$ 分布に従う．

**注意**　$y = \hat{a} + \hat{b}x$，すなわち $y - \bar{y} = \hat{b}(x - \bar{x})$ を回帰直線という．

**例**　ある原料中にふくまれている $A$ 成分の含有率を $x$ とし，その原料を用いて作った製品の含有率 $y$ を測定して下のような結果を得た．$Y$ が $x$ の1次関数 $a+bx$ の周りに一定の分散 $\sigma^2$ をもって正規分布していると仮定して回帰直線を求めよ．

| $x$ | 52 | 54 | 47 | 49 | 48 | 50 | 46 | 45 | 52 | 50 |
|---|---|---|---|---|---|---|---|---|---|---|
| $y$ | 62 | 63 | 56 | 60 | 58 | 62 | 57 | 56 | 61 | 60 |

**解**　$x$ の値から 50，$y$ の値から 60 を引いて，改めて $x, y$ とおき $\hat{b}$ を求める．かようにしても

$$\hat{b} = \sum_i (y_i - \bar{y})(x_i - \bar{x}) / \sum_i (x_i - \bar{x})^2$$

の値は変わらない．

(計)

| $x$ | 2 | 4 | −3 | −1 | −2 | 0 | −4 | −5 | 2 | 0 | −7 |
|---|---|---|---|---|---|---|---|---|---|---|---|
| $y$ | 2 | 3 | −4 | 0 | −2 | 2 | −3 | −4 | 1 | 0 | −5 |
| $x^2$ | 4 | 16 | 9 | 1 | 4 | 0 | 16 | 25 | 4 | 0 | 79 |
| $y^2$ | 4 | 9 | 16 | 0 | 4 | 4 | 9 | 16 | 1 | 0 | 63 |
| $xy$ | 4 | 12 | 12 | 0 | 4 | 0 | 12 | 20 | 2 | 0 | 66 |

$$\Sigma(x_i-\bar{x})^2=\Sigma x_i^2-n\bar{x}^2=79-\frac{(-7)^2}{10}=74.1,$$

$$\Sigma(x_i-\bar{x})(y_i-\bar{y})=\Sigma x_iy_i-n\bar{x}\bar{y}=66-\frac{35}{10}=62.5,$$

$$\hat{b}=\Sigma(x_i-\bar{x})(y_i-\bar{y})/\Sigma(x_i-\bar{x})^2=62.5/74.1=0.84.$$

もとの $\bar{x},\bar{y}$ は $\bar{x}=50-\dfrac{7}{10}=49.3,\quad \bar{y}=60-\dfrac{5}{10}=59.5.$

よって 回帰直線の方程式は

$$y-59.6=0.84(x-49.3),$$

すなわち $y=0.84x+18.19.$

### 4.7.3 最小二乗法

2 変量確率密度関数を $f(x,y)$ とする．各 $x$ に対し

$$\bar{y}_x=\int_{-\infty}^{\infty}yf(x,y)dy\Big/\int_{-\infty}^{\infty}f(x,y)dy$$

を対応させると，点 $(x,\bar{y}_x)$ は一般になめらかな曲線を描く．

この曲線 $Y=\int_{-\infty}^{\infty}yf(X,y)dy\Big/\int_{-\infty}^{\infty}f(X,y)dy$ （ここでは $X, Y$ は流通座標とする）を $X$ に対する $Y$ の**回帰曲線**という．

反対に $Y$ に対する $X$ の回帰曲線も定義できる．特に $f(x,y)$ が 2 変量正規分布であれば，回帰曲線は直線となるが，一般には近似的に

$$Y=a_0+a_1X+a_2X^2+\cdots+a_pX^p$$

を当てはめて考えることが多い．これらの係数 $a_0, a_1, \cdots, a_p$ を大きさ $n$ の標本 $(x_1,y_1)$，$(x_2,y_2)$，…，$(x_n,y_n)$ からきめるには**最小二乗法**の考えにより

$$\sum_{i=1}^{n}(y_i-a_0-a_1x_i\cdots-a_px_i^p)^2$$

を最小ならしめるようにする．

この方法によると次の形で表わされる近似回帰曲線が得られる．

$$\begin{vmatrix} Y & 1 & X & \cdots & X^p \\ \mu_{01} & \mu_0 & \mu_1 & \cdots & \mu_p \\ \mu_{11} & \mu_1 & \mu_2 & \cdots & \mu_{p+1} \\ \cdots & \cdots & \cdots & & \\ \mu_{p1} & \mu_p & \mu_{p+1} & \cdots & \mu_{2p} \end{vmatrix}=0$$

ここに

$$\mu_j=\sum_{i=1}^{n}x_i^j/n,\qquad \mu_{j1}=\sum_{i=1}^{n}x_i^jy_i/n.$$

特に $p=1$ とすれば，$X$ に対する $Y$ の回帰直線

$$Y=a_0+a_1X,\qquad \left(a_1=\sum_{i=1}^{n}(x_i-\bar{x})(y_i-\bar{y})\Big/\sum_{i=1}^{n}(x_i-\bar{x})^2,\right.$$

$a_0=\bar{y}-a_1\bar{x}$）が得られる．

同様に $Y$ に対する $X$ の回帰直線

$$X=b_0+b_1Y,\qquad \left(b_1=\sum_{i=1}^{n}(x_i-\bar{x})(y_i-\bar{y})\Big/\sum_{i=1}^{n}(y_i-\bar{y})^2,\right.$$

$b_0=\bar{x}-b_1\bar{y}$）が得られる．

なお，上の $a_1, b_1$ と標本相関係数 $r$ の間には $a_1b_1=r^2$ の関係がある．

**例**　ある変量 $Y$ が他の二つの変数 $x_1, x_2$ によって

$$Y=a+b_1x_1+b_2x_2+\varepsilon\quad(\varepsilon \text{ は } \mathrm{N}(0,\sigma^2) \text{ に従う誤差とする})$$

と表わされるとき，$a, b_1, b_2$ を最尤法，最小二乗法いずれを用いても同じ結果を得ることを示せ．

**解**　$n$ 個の測定値を

$$(x_{11}, x_{21}, y_1),\ (x_{12}, x_{22}, y_2),\ \cdots\cdots,\ (x_{1n}, x_{2n}, y_n)$$

とする．ここに $y_i$ は $x_1=x_{1i}$, $x_2=x_{2i}$ としたときの $Y$ の測定値とする．このときの確率変数 $\varepsilon$ が $\mathrm{N}(0,\sigma^2)$ に従うから，この $\varepsilon$ についての1次形式 $Y$ は $\mathrm{N}(a+b_1x_{1i}+b_2x_{2i},\sigma^2)$ に従う．

よって $Y_1, Y_2, \cdots, Y_n$（独立とする）の同時分布（尤度関数 $L$ と考えられる）は

$$L=\left(\frac{1}{\sqrt{2\pi}\,\sigma}\right)^n \exp\left[-\frac{1}{2\sigma^2}\sum_{i=1}^{n}\{y_i-(a+b_1x_{1i}+b_2x_{2i})\}^2\right].$$

これを最大にする $a, b_1, b_2$ を求める方法が最尤法である．この方法によれば

$S=\sum_{i=1}^{n}\{y_i-(a+b_1x_{1i}+b_2x_{2i})\}^2$ を最小にすればよい．

この方法は最小二乗法に相当する．結局どちらの方法によっても同じ推定値が得られることになる．

## 4.8 分散分析法

二つの母集団の平均が等しいかどうかの検定は，正規母集団で等分散の場合について既に述べておいた．多くの母集団の母平均が等しいかどうかを，二つずつの母集団について検定を行なわず，全部同時に検定する一つの方法として，**分散分析法**が用いられる．

一般に分散分析法と呼ばれるものは，データ全体の変動を，いくつかの変動の要因と思われる成分に分解して，どの要因がどのように影響するかを，統計的に調べる方法のことである．われわれが実験を行なう主な目的は，ある変量の変動について，いろいろの要因が及ぼす影響について調べることにあろう．このためには，要因の影響が検出できるように，注意深く実験が計画される要がある．本節では分散分析法のうちの，比較的簡単な基本的なものを少しあげておこう．

**4.8.1 1元配置法** 先ず例をあげることにしよう．

**例1.** 三つの会社製作の機械 $A_1, A_2, A_3$ を使用して，ある品物をつくったとする．その品物1個をつくるに要する時間の平均が，機械により差があるかどうかを検討してみたい．そこで各機械でつくった品物の中から，任意に抽出してそれらをつくるに要した時間を調べて右表のような結果を得たとする．これを用いて，有意水準0.05で，等平均を検定しよう．

| $A_1$ | $A_2$ | $A_3$ |
|---|---|---|
| 3.0 | 2.9 | 3.3 |
| 2.6 | 3.2 | 3.1 |
| 2.8 | 3.1 | 3.3 |
| 3.0 | 3.0 | 3.4 |
| 2.8 | — | 3.0 |
| 2.9 | — | — |

この種の仮説検定に必要な理論を，記述を一般にして述べてみる．

$k$ 個の正規母集団より任意に抽出された大きさ $n_i$ $(i=1, 2, \cdots, k)$ の標本

を，一つの因子（前例では機械の種類）A の水準 $A_1, A_2, \cdots, A_k$ により，$k$ 個の組に分けて右表のようにまとめておく．

| 因子 | $A_1$ | $A_2 \cdots\cdots A_i \cdots\cdots A_k$ | |
|---|---|---|---|
| | $x_{11}$ | $x_{21} \cdots\cdots x_{i1} \cdots\cdots x_{k1}$ | |
| | $x_{12}$ | $x_{22} \cdots\cdots x_{i2} \cdots\cdots x_{k2}$ | |
| | $\vdots$ | $\vdots \qquad \vdots \qquad \vdots$ | |
| | $x_{1j}$ | $x_{2j} \cdots\cdots x_{ij} \cdots\cdots x_{kj}$ | |
| | $\vdots$ | $\cdots\cdots \vdots \cdots\cdots \vdots$ | |
| | $x_{1n_1}$ | $x_{2n_2} \cdots x_{in_i} \cdots x_{kn_k}$ | |
| 計 | $T_{1\cdot}$ | $T_{2\cdot} \cdots T_{i\cdot} \cdots\cdots T_{k\cdot}$ | $T_{\cdot\cdot}$ |
| 平均値 | $\bar{x}_{1\cdot}$ | $\bar{x}_{2\cdot} \cdots\cdots \bar{x}_{i\cdot} \cdots\cdots \bar{x}_{k\cdot}$ | $\bar{x}_{\cdot\cdot}$ |

$x_{ij}$ に対応する確率変数 $X_{ij}$ $(i=1, 2, \cdots, k;\ j=1, 2, \cdots, n_i)$ は，同じ分散をもつ正規分布 $\mathrm{N}(\mu_i, \sigma^2)$ ($\sigma^2$ は $i$ に無関係）に従い，かつ独立とする．

なお　$\mu = \sum_{i=1}^{k} n_i\mu_i/N, \quad \mu_i - \mu = \alpha_i$

$(i=1, 2, \cdots, k, \quad N = n_1 + n_2 + \cdots + n_k)$

とおけば　$X_{ij} = \mu + \alpha_i + Z_{ij} \qquad \left(\sum_{i=1}^{k} n_i\alpha_i = 0\right)$

と書ける．ここに $Z_{ij}$ は $\mathrm{N}(0, \sigma^2)$ に従う確率変数とする．

この $\alpha_i$ は，$i$ 番目の母集団 $A_i$ の特有の量で，因子 $A$ の $A_i$ における**要因効果**とも呼ばれている．

1種類の因子を与えて，要因効果を検出するために行なわれる実験計画を，通常**1元配置法**という．

ここで検定される帰無仮説 $H_0$，その対立仮説 $H_1$ は

$H_0$: $\mu_1 = \mu_2 = \cdots = \mu_k$　すなわち　$\alpha_1 = \alpha_2 = \cdots = \alpha_k = 0$,

$H_1$: 少なくとも二つの $i, j$ について $\mu_i \neq \mu_j$.

次の恒等式を用いて検定用の統計量を考える．

$$\sum_{i=1}^{k}\sum_{j=1}^{n_i}(X_{ij} - \bar{X}_{\cdot\cdot})^2 = \sum_{i=1}^{k}\sum_{j=1}^{n_i}(X_{ij} - \bar{X}_{i\cdot})^2 + \sum_{i=1}^{k} n_i(\bar{X}_{i\cdot} - \bar{X}_{\cdot\cdot})^2$$

ここに　$\bar{X}_{\cdot\cdot} = \sum_{i=1}^{k}\sum_{j=1}^{n_i} X_{ij}/N$, $(N = \sum_{i=1}^{k} n_i)$, $\bar{X}_{i\cdot} = \sum_{j=1}^{n_i} X_{ij}/n_i$　とする．

この等式の平方和の左から**全変動**，**級内変動**，**級間変動**と呼ばれることもある．すなわち上の関係式は全変動が級内変動と級間変動とに分けられることを意味している．

統計量として

$$F = \frac{\sum_{i=1}^{k} n_i(\bar{X}_{i\cdot} - \bar{X}_{\cdot\cdot})^2}{k-1} \Bigg/ \frac{\sum_{i=1}^{k}\sum_{j=1}^{n_i}(X_{ij} - \bar{X}_{i\cdot})^2}{N-k}$$

を用いると，この $F$ は仮説 $H_0$ のもとで（$N$ 個の $X_{ij}$ がいずれも $N(\mu, \sigma^2)$ に従い，かつ独立ということになる）自由度 $k-1, N-k$ の F 分布に従うことが知られている．これで有意水準が $\alpha$ になるような棄却領域 $R$ をつくることができる．

ところが同じ分散 $\sigma^2$ をもつ一般母集団（正規でなくても，母平均が等しくなくても）について次の関係が成り立つ．

$$\mathrm{E}\left\{\sum_{i=1}^{k}\sum_{j=1}^{n_i}(X_{ij}-\bar{X}_{i\cdot})^2\right\}=(N-k)\sigma^2,$$

$$\mathrm{E}\left\{\sum_{i=1}^{k}n_i(\bar{X}_{i\cdot}-\bar{X}_{\cdot\cdot})^2\right\}=(k-1)\sigma^2+\sum_{i=1}^{k}n_i(\mu_i-\mu)^2.$$

この結果から，上の統計量 $F$ は，対立仮説 $H_1$ すなわち母平均 $\mu_1, \cdots, \mu_k$ が等しくないとき，その $\mu$ とのくるいが大きいほど大きくなる傾向がある．そこで棄却領域は次のように右側にとられる．

すなわち自由度 $k-1, N-k$ の F 分布表を用いて，有意水準 $\alpha$ に対し

$$\mathrm{P}(F>F_0)=\alpha$$

なるように $F_0$ を定め，棄却領域として

$$R=(F_0, \infty).$$

次に $F$ の実現値 $F^*$ の計算は次のように分散分析表に要約されて示されることが多い．

分散分析表（1元配置）

| 要因 | 平方和 | 自由度 | 平均平方和 |
|---|---|---|---|
| 級間 | $\sum_i n_i(\bar{x}_{i\cdot}-\bar{x}_{\cdot\cdot})^2$ | $k-1$ | $\sum_i n_i(\bar{x}_{i\cdot}-\bar{x}_{\cdot\cdot})^2/(k-1)$ |
| 級内 | $\sum_i\sum_j(x_{ij}-\bar{x}_{i\cdot})^2$ | $N-k$ | $\sum_i\sum_j(x_{ij}-\bar{x}_{i\cdot})^2/(N-k)$ |
| 全変動 | $\sum_i\sum_j(x_{ij}-\bar{x}_{\cdot\cdot})^2$ | $N-1$ | |

**注意** (1) 実際に計算するとき，先ず全変動，級間変動の平方和を次の簡便計算法

全変動 $\sum_i\sum_j(x_{ij}-\bar{x}_{\cdot\cdot})^2=\sum_{i=1}^{k}\sum_{j=1}^{n_i}x_{ij}^2-\frac{T_{\cdot\cdot}^2}{N}$,

級間変動 $\sum_i n_i(\bar{x}_{i\cdot}-\bar{x}_{\cdot\cdot})^2=\sum_{i=1}^{k}\frac{T_{i\cdot}^2}{n_i}-\frac{T_{\cdot\cdot}^2}{N}$

を用いて求め，その差として級内変動の平方和を求めることが多い．

（2） $x_{ij}$ そのままを使う代りに，$u_{ij}=(x_{ij}-x_0)/c$ （$x_0, c$ は定数）を用いても実現値 $T^*$ の値は変わらない．

（3） F 分布を用いての検定は前の等分散の検定のときは両側検定であったが，本題では右片側検定である．有意水準 $\alpha$ に対し，F 分布表を用いるとき前者では $\alpha/2$ を，後者では $\alpha$ に注目すること．

（4） 多くの正規母集団の等分散の検定には，次の結果を用いることができる．これを**バートレット（Bartlett）の検定法**という．

分散が等しい $k$ 個の独立の正規母集団から抽出された大きさ $n_i$ $(i=1,2,\cdots,k)$ の任意標本を

$$X_{i1}, X_{i2}, \cdots, X_{in_i} \qquad (i=1,2,\cdots,k)$$

とし，

$$S_i^2=\sum_{j=1}^{n_i}(X_{ij}-\bar{X}_{i\cdot})^2/(n_i-1), \quad S_p^2=\sum_{i=1}^{k}(n_i-1)S_i^2/(N-k), \quad \left(N=\sum_{i=1}^{k}n_i\right)$$

とおく．

また　$$M=(N-k)\log_{10}S_p^2-\sum_{i=1}^{k}(n_i-1)\log_{10}S_i^2,$$

$$C=1+\frac{1}{3(k-1)}\left[\sum_{i=1}^{k}\frac{1}{n_i-1}-\frac{1}{N-k}\right]$$

で表わせば

$$B=2.3026\frac{M}{C}$$ は，ほぼ自由度 $k-1$ の $\chi^2$ 分布に従う．

等分散の条件とのくるいが大きいほど，$M$ が大きくなることから棄却領域 $R$ は右側にとられる，

**例1の解**　$x_{ij}$ の代りに $10(x_{ij}-3.0)$ をおきかえる．

$H_0$: $\mu_1=\mu_2=\mu_3$

$H_1$: 少なくとも二つの平均は等しくない．

| | $A_1$ | $A_2$ | $A_3$ | |
|---|---|---|---|---|
| | 0 | −1 | 3 | |
| | −4 | 2 | 1 | |
| | −2 | 1 | 3 | |
| | 0 | 0 | 4 | |
| | −2 | — | 0 | |
| | −1 | — | — | |
| 計 | −9 | 2 | 11 | 4 |
| 平均 | −1.5 | 0.5 | 2.2 | 0.27 |

$$全変動=4^2+2^2+\cdots+4^2-\frac{4^2}{15}=54.93$$

$$級間変動=\frac{9^2}{6}+\frac{2^2}{4}+\frac{11^2}{5}-\frac{4^2}{15}=36.63$$

$$級内変動=54.93-36.63=18.30$$

$$F=\frac{18.315}{1.525}>F_{12}^2(0.05)=3.89$$

（自由度 2,12 の 5% 点）

分散分析表

| 要因 | 平方和 | 自由度 | 平均平方和 |
|---|---|---|---|
| 級間 | 36.63 | 2 | 18.315 |
| 級内 | 18.30 | 12 | 1.525 |
| 全変動 | 54.93 | 14 | |

有意水準 $\alpha=0.05$ で等平均の仮説は棄

却される．すなわち所要時間の平均の間に有意差が認められる．

**注意** 等分散についてバートレットの検定法を行なってみる．

$H_0$: $\sigma_1^2=\sigma_2^2=\sigma_3^2$,　$\alpha=0.05$,　$R=(5.991,\infty)$

$$s_1^2=\sum_{j=1}^{6}(x_{1j}-\bar{x}_{1\cdot})^2/5=\frac{23}{10},\quad s_2^2=\frac{5}{3}$$

$$s_3^2=\frac{27}{10},\quad s_p^2=2.275$$

$$M=12\log 2.275-\left(5\log 2.3+3\log\frac{5}{3}+4\log 2.7\right)=0.0839$$

$$C=1+\frac{1}{6}\left(\frac{1}{5}+\frac{1}{3}+\frac{1}{4}-\frac{1}{12}\right)=1.1167$$

実現値　$B^*=\dfrac{2.3026\times 0.0839}{1.1167}\notin R$,　$H_0$ をすてない．

よって 等分散 を否定できない．

### 4.8.2　2 元配置法（反復のない場合）

前節では標本値を一つの因子によって，いくつかの組に分け，その要因効果を検出した．ここでは因子が二つあって，各要因効果を検出する方法を考えよう．たとえば例1では品物をつくるための所要時間が機械により差があるかどうかを検定したのであるが，さらにこの機械を扱う人による影響がみられるかどうかを問題にするわけである．

| A \ B | $B_1$ | $B_2\cdots B_j\cdots\cdots B_m$ | 計 | 平均 |
|---|---|---|---|---|
| $A_1$ | $x_{11}$ | $x_{12}\cdots x_{1j}\cdots\cdots x_{1m}$ | $T_{1\cdot}$ | $\bar{x}_{1\cdot}$ |
| $A_2$ | $x_{21}$ | $x_{22}\cdots x_{2j}\cdots\cdots x_{2m}$ | $T_{2\cdot}$ | $\bar{x}_{2\cdot}$ |
| $\vdots$ | | $\vdots$ | $\vdots$ | $\vdots$ |
| $A_i$ | $x_{i1}$ | $x_{i2}\cdots x_{ij}\cdots\cdots x_{im}$ | $T_{i\cdot}$ | $\bar{x}_{i\cdot}$ |
| $\vdots$ | $\vdots$ | $\vdots$ | $\vdots$ | $\vdots$ |
| $A_l$ | $x_{l1}$ | $x_{l2}\cdots x_{lj}\cdots\cdots x_{lm}$ | $T_{l\cdot}$ | $\bar{x}_{l\cdot}$ |
| 計 | $T_{\cdot 1}$ | $T_{\cdot 2}\cdots T_{\cdot j}\cdots\cdots T_{\cdot m}$ | $T_{\cdot\cdot}$ | |
| 平均 | $\bar{x}_{\cdot 1}$ | $\bar{x}_{\cdot 2}\cdots\bar{x}_{\cdot j}\cdots\cdots\bar{x}_{\cdot m}$ | | $\bar{x}_{\cdot\cdot}$ |

いま二つの要因 $A, B$ があって各要因をそれぞれ $l$ 個，$m$ 個の水準に分けて，これに応じて標本を組み分けして右表のようになったとする．

確率変数 $X_{ij}$ $(i=1,2,\cdots,l;\ j=1,2,\cdots,m)$ は同じ分散をもつ正規分布 $\mathrm{N}(\mu_{ij},\sigma^2)$ に従い，かつ独立とする．

なお $X_{ij}$ は次の形に書けるものとする．

$$X_{ij}=\mu+\alpha_i+\beta_j+Z_{ij}\qquad \left(\sum_{i=1}^{l}\alpha_i=0,\ \sum_{j=1}^{m}\beta_j=0\right)$$

$Z_{ij}$ は $\mathrm{N}(0,\sigma^2)$ に従う確率変数とする．

これは $X_{ij}$ の平均 $\mu_{ij}$ が $\mu_{ij}=\mu+\alpha_i+\beta_j$ と仮定することで，2因子の各水

準が加法的であるとしたことになる．

このとき

$$\mu_{i\cdot}=\sum_{j=1}^{m}\mu_{ij}/m=\mu+\alpha_i,\qquad \mu_{\cdot j}=\sum_{i=1}^{l}\mu_{ij}/l=\mu+\beta_j$$

となる．

ここで問題にしている帰無仮説 $H_0$，対立仮説 $H_1$ は次の2通りである．

$H_0'$: $\mu_{1\cdot}=\mu_{2\cdot}=\cdots=\mu_{l\cdot}=\mu$　すなわち　$\alpha_1=\alpha_2=\cdots=\alpha_l=0$

$H_1'$: $\mu_{i\cdot}$ のうち少なくとも二つは等しくない．すなわち少なくとも一つの $\alpha_i$ は0でない．

また同様に

$H_0''$: $\mu_{\cdot1}=\mu_{\cdot2}=\cdots=\mu_{\cdot m}=\mu$　すなわち　$\beta_1=\beta_2=\cdots=\beta_m=0$

$H_1''$: $\mu_{\cdot j}$ の少なくとも二つは等しくない．すなわち少なくとも一つの $\beta_j$ は0でない．

検定用の統計量を決めるには，次の恒等式を用いる．

$$\sum_{i=1}^{l}\sum_{j=1}^{m}(X_{ij}-\bar{X}_{\cdot\cdot})^2=m\sum_{i=1}^{l}(\bar{X}_{i\cdot}-\bar{X}_{\cdot\cdot})^2+l\sum_{j=1}^{m}(\bar{X}_{\cdot j}-\bar{X}_{\cdot\cdot})^2$$
$$+\sum_{i=1}^{l}\sum_{j=1}^{m}(X_{ij}-\bar{X}_{i\cdot}-\bar{X}_{\cdot j}+\bar{X}_{\cdot\cdot})^2.$$

この式の右辺のうち $S_R=m\sum(\bar{X}_{i\cdot}-\bar{X}_{\cdot\cdot})^2$ は $\mu_{\cdot j}$ に無関係で $\mu_{i\cdot}$ に関係する変動を表わしているので**行間変動**と呼ばれ，$S_C=l\sum(\bar{X}_{\cdot j}-\bar{X}_{\cdot\cdot})^2$ は $\mu_{i\cdot}$ に無関係で $\mu_{\cdot j}$ に関係する変動を表わしているから**列間変動**といわれ，$S_E=\sum\sum(X_{ij}-\bar{X}_{i\cdot}-\bar{X}_{\cdot j}+\bar{X}_{\cdot\cdot})^2$ は $\mu_{i\cdot}$，$\mu_{\cdot j}$ のいずれにも無関係な変動を表わしているので**誤差変動**といわれている．

仮説 $H_0'$ を検定するには次の結果を用いる．

$H_0'$ が真であるとき

$$\mathrm{E}\{S_R/(l-1)\}=\sigma^2.$$

$H_0'$ が真でないとき

$$\mathrm{E}\{S_R/(l-1)\}>\sigma^2.$$

$H_0'$ が真であっても，なくても

$$\mathrm{E}\{S_E/(l-1)(m-1)\}=\sigma^2.$$

また $H_0'$ が真なるとき

$$F_1=\frac{S_R}{l-1}\bigg/\frac{S_E}{(l-1)(m-1)}=(m-1)S_R/S_E \qquad \text{は自由度 } l-1,$$

$(l-1)(m-1)$ の F 分布に従う．

これにより $\mathrm{P}(F_1>F_0')=\alpha$ なる $F_0'$ を F 分布表より求め，棄却領域として

$$R=(F_0',\infty)$$

をつくればよい．

同様にして，仮説 $H_0''$ を検定するためには

$H_0''$ が真なるとき

$$F_2=\frac{S_C}{m-1}\bigg/\frac{S_E}{(l-1)(m-1)}=(l-1)S_C/S_E \qquad \text{が自由度 } m-1,$$

$(l-1)(m-1)$ の F 分布に従う，

を用いて $\mathrm{P}(F_2>F_0'')=\alpha$ なる $F_0''$ を定め，棄却領域 $R=(F_0'',\infty)$ を作ればよい．

これらをまとめて次の分散分析表が得られる．

2 元配置法の分散分析表

| 要因 | 平方和 | 自由度 | 平均平方和 |
|---|---|---|---|
| 行間変動 | $m\sum_i(\overline{x}_{i\cdot}-\overline{x}_{\cdot\cdot})^2$ | $l-1$ | $m\sum_i(\overline{x}_{i\cdot}-\overline{x}_{\cdot\cdot})^2/(l-1)$ |
| 列間変動 | $l\sum_j(\overline{x}_{\cdot j}-\overline{x}_{\cdot\cdot})^2$ | $m-1$ | $l\sum_j(\overline{x}_{\cdot j}-\overline{x}_{\cdot\cdot})^2/(m-1)$ |
| 誤差変動 | $\sum_i\sum_j(x_{ij}-\overline{x}_{i\cdot}-\overline{x}_{\cdot j}+\overline{x}_{\cdot\cdot})^2$ | $(l-1)(m-1)$ | $\sum_i\sum_j(x_{ij}-\overline{x}_{i\cdot}-\overline{x}_{\cdot j}+\overline{x}_{\cdot\cdot})^2/(l-1)(m-1)$ |
| 全変動 | $\sum_i\sum_j(x_{ij}-\overline{x}_{\cdot\cdot})^2$ | $lm-1$ | |

**注意** (1) 実際に計算するときは，先ず全変動，行間変動，列間変動を次の式を用いて求め，その差として誤差変動を求めるのが便利である．

$$\text{全変動}=\sum_i\sum_j(x_{ij}-\overline{x}_{\cdot\cdot})^2=\sum_{i=1}^{l}\sum_{j=1}^{m}x_{ij}^2-\frac{T_{\cdot\cdot}^2}{lm},$$

$$\text{行間変動}=m\sum_{i=1}^{l}(\overline{x}_{i\cdot}-\overline{x}_{\cdot\cdot})^2=\frac{1}{m}\sum_{i=1}^{l}T_{i\cdot}^2-\frac{T_{\cdot\cdot}^2}{lm},$$

$$\text{列間変動}=l\sum_{j=1}^{m}(\overline{x}_{\cdot j}-\overline{x}_{\cdot\cdot})^2=\frac{1}{l}\sum_{j=1}^{m}T_{\cdot j}^2-\frac{T_{\cdot\cdot}^2}{lm},$$

誤差変動 = 全変動－行間変動－列間変動．

(2) 上の方法は**乱塊法**と呼ばれる．

(3) $\mu_{ij}=\mu+\alpha_i+\beta_j$ と仮定することは，因子 $A$ と $B$ との関係を示す交互作用を考

えていないことを示している．これを考えに入れて $\mu_{ij}=\mu+\alpha_i+\beta_j+\gamma_{ij}$ と仮定して検定する方法は次節で述べる．

**例 2.** 4人の工員が三つの会社の機械を使って，ある品物をつくるに要した時間を調べて右の表を得た．

(1) 個人差があるか，

(2) 機械差があるか．

これを有意水準 $\alpha=0.05$ で検定せよ．

| 人＼機械 | B1 | B2 | B3 |
|---|---|---|---|
| A1 | 55 | 57 | 47 |
| A2 | 59 | 66 | 58 |
| A3 | 64 | 72 | 74 |
| A4 | 58 | 57 | 53 |

**解** $x_{ij}$ の代りに $x_{ij}-60$ をおきかえる．

| 人＼機械 | B1 | B2 | B3 | 計 |
|---|---|---|---|---|
| A1 | −5 | −3 | −13 | −21 |
| A2 | −1 | 6 | −2 | 3 |
| A3 | 4 | 12 | 14 | 30 |
| A4 | −2 | −3 | −7 | −12 |
| 計 | −4 | 12 | −8 | 0 |

$$全変動=(-5)^2+(-1)^2\cdots+(-7)^2-\frac{0^2}{12}=662,$$

$$行間変動=\frac{1}{3}\left\{(-21)^2+3^2+30^2+(-12)^2\right\}-\frac{0^2}{12}=498,$$

$$列間変動=\frac{1}{4}\left\{(-4)^2+12^2+(-8)^2\right\}-\frac{0^2}{12}=56,$$

$$誤差変動=662-498-56=108.$$

分散分析表

| 要　因 | 平方和 | 自由度 | 平均平方和 |
|---|---|---|---|
| 行間変動 | 498 | 3 | 166 |
| 列間変動 | 56 | 2 | 28 |
| 誤差変動 | 108 | 6 | 18 |
| 全変動 | 662 | 11 | |

(1) $H_0'$: $\mu_{1.}=\mu_{2.}=\mu_{3.}=\mu_{4.}$

$$F_1^*=\frac{166}{18}=9.2,$$

自由度 3, 6 の 5% 点は

$F_6^3(0.05)=4.76.$

棄却領域は　$R=(4.76, \infty)$

$F_1^*\in R$, $H_0'$ をすてる．

個人差があるといえよう．

(2) $H_0''$: $\mu_{.1}=\mu_{.2}=\mu_{.3}$

$$F_2^*=\frac{28}{18}=1.6,$$

自由度 2, 6 の 5% 点は $F_6^2(0.05)=5.14.$

$F_2^*\notin R$, $H_0''$ はすてられない．

機械差は認められない．

### 4.8.3 2 元配置法（反復のある場合）

$l$ 個の水準をもつ因子 $A$ と $m$ 個の水準をもつ因子 $B$ とを与えて2元配置法を行なうとき，各要因の組合せ $A_iB_j$ における独特の影響をみるため前節の乱塊法を $n$ 回くり返し実施する場合がある．この場合の配置は右表のようになる．

反復実施のある場合の2元配置

| A \ B | $B_1 \cdots\cdots B_m$ | 計 | 平均 |
|---|---|---|---|
| $A_1$ | $x_{111} \cdots\cdots x_{1m1}$<br>$x_{112} \cdots\cdots x_{1m2}$<br>$\vdots$<br>$x_{11n} \cdots\cdots x_{1mn}$ | $T_{1\cdot\cdot}$ | $\bar{x}_{1\cdot\cdot}$ |
| $\vdots$ | $\vdots$ | | |
| $A_l$ | $x_{l11} \cdots\cdots x_{lm1}$<br>$x_{l12} \cdots\cdots x_{lm2}$<br>$\vdots$<br>$x_{l1n} \cdots\cdots x_{lmn}$ | $T_{l\cdot\cdot}$ | $\bar{x}_{l\cdot\cdot}$ |
| 計 | $T_{\cdot 1\cdot} \cdots\cdots T_{\cdot m\cdot}$ | $T_{\cdots}$ | |
| 平均 | $\bar{x}_{\cdot 1\cdot} \cdots\cdots \bar{x}_{\cdot m\cdot}$ | | $\bar{x}_{\cdots}$ |

$x_{ijk}$ に対応する確率変数 $X_{ijk}$ は次の形で表わされると仮定する．

$$X_{ijk} = \mu + \alpha_i + \beta_j + \gamma_{ij} + Z_{ijk}$$

$$\left(\sum_{i=1}^{l} \alpha_i = 0,\ \sum_{j=1}^{m} \beta_j = 0,\ \sum_{i=1}^{l} \gamma_{ij} = 0,\ \sum_{j=1}^{m} \gamma_{ij} = 0\right)$$

ここに $Z_{ijk}$ は $\mathrm{N}(0, \sigma^2)$ に従う確率変数とする．

ここで検定しようとする三つの帰無仮説は

$$H_0':\ \alpha_1 = \alpha_1 = \cdots = \alpha_l = 0,$$

$$H_0'':\ \beta_1 = \beta_2 = \cdots = \beta_m = 0,$$

$$H_0''':\ \gamma_{11} = \gamma_{12} = \cdots = \gamma_{lm} = 0.$$

また次の恒等式を用いて，検定用の統計量を考える．

$$\begin{aligned}\Sigma\Sigma\Sigma\,(X_{ijk} - \bar{X}_{\cdots})^2 &= mn\sum_{i=1}^{l}(\bar{X}_{i\cdot\cdot} - \bar{X}_{\cdots})^2 + ln\sum_{j=1}^{m}(\bar{X}_{\cdot j\cdot} - \bar{X}_{\cdots})^2 \\ &\quad + n\sum_{i=1}^{l}\sum_{j=1}^{m}(\bar{X}_{ij\cdot} - \bar{X}_{i\cdot\cdot} - \bar{X}_{\cdot j\cdot} + \bar{X}_{\cdots})^2 \\ &\quad + \sum_{i=1}^{l}\sum_{j=1}^{m}\sum_{k=1}^{n}(X_{ijk} - \bar{X}_{ij\cdot})^2. \\ &= S_R + S_C + S_{RC} + S_E.\end{aligned}$$

右辺の $S_R, S_C, S_{RC}, S_E$ はそれぞれ**行間**，**列間**，**交互作用**，**誤差変動**とも呼ばれ，次の関係がある．

$H_0'$ のもとで　　$\mathrm{E}\{S_R/(l-1)\} = \sigma^2,$

$H_0''$ のもとで　　$\mathrm{E}\{S_C/(m-1)\} = \sigma^2.$

$H_0'''$ のもとで　　　$\mathrm{E}\{S_{RC}/(l-1)(m-1)\}=\sigma^2$,

$H_0', H_0'', H_0'''$ の成立いかんにかかわらず

$$\mathrm{E}\{S_E/lm(n-1)\}=\sigma^2.$$

これより前節と同様にして次の事項を用いれば各仮説 $H_0', H_0'', H_0'''$ を検定することができる.

$H_0'$ が真なるとき

$$\mathrm{F}_1=\frac{S_R}{l-1}\Big/\frac{S_E}{lm(n-1)}$$ は自由度 $l-1, lm(n-1)$ の F 分布に従う.

$H_0''$ が真なるとき

$$\mathrm{F}_2=\frac{S_C}{m-1}\Big/\frac{S_E}{lm(n-1)}$$ は自由度 $m-1, lm(n-1)$ の F 分布に従う.

$H_0'''$ が真なるとき

$$\mathrm{F}_3=\frac{S_{RC}}{(l-1)(m-1)}\Big/\frac{S_E}{lm(n-1)}$$ は自由度 $(l-1)(m-1), lm(n-1)$ の F 分布に従う.

以上をまとめてこの場合の分散分析表がつくられる.

| 要因 | 平方和 | 自由度 | 平均平方和 |
|---|---|---|---|
| 行間 | $mn\sum_i(\overline{x}_{i..}-\overline{x}_{...})^2$ | $l-1$ | $mn\sum_i(\overline{x}_{i..}-\overline{x}_{...})^2/(l-1)$ |
| 列間 | $ln\sum_j(\overline{x}_{.j.}-\overline{x}_{...})^2$ | $m-1$ | $ln\sum_j(\overline{x}_{.j.}-\overline{x}_{...})^2/(m-1)$ |
| 交互作用 | $n\sum_{ij}(\overline{x}_{ij.}-\overline{x}_{i..}-\overline{x}_{.j.}+\overline{x}_{...})^2$ | $(l-1)(m-1)$ | $n\sum_{i,j}(\overline{x}_{ij.}-\overline{x}_{i..}-\overline{x}_{j.}+\overline{x}_{...})^2/(l-1)(m-1)$ |
| 誤差 | $\sum_{i,j,k}(x_{ijk}-\overline{x}_{ij.})^2$ | $lm(n-1)$ | $\sum_{i,j,k}(x_{ijk}-\overline{x}_{ij.})^2/lm(n-1)$ |
| 全変動 | $\sum_{i,j,k}(x_{ijk}-\overline{x}_{...})^2$ | $lmn-1$ | |

注意 (1) 実際計算には次の簡便計算が用いられる.

$$\text{全　変　動}=\sum_{i=1}^{l}\sum_{j=1}^{m}\sum_{k=1}^{n}x_{ijk}^2-\frac{T_{...}^2}{lmn},$$

$$\text{行間変動}=\frac{\sum_{i=1}^{l}T_{i..}^2}{mn}-\frac{T_{...}^2}{lmn},$$

$$\text{列間変動}=\frac{\sum_{j=1}^{m}T_{.j.}^2}{ln}-\frac{T_{...}^2}{lmn},$$

$$交互作用変動 = \frac{\sum_{i=1}^{l}\sum_{j=1}^{m} T_{ij.}^2}{n} - \frac{\sum_{i=1}^{l} T_{i..}^2}{mn} - \frac{\sum_{j=1}^{m} T_{.j.}^2}{ln} + \frac{T_{...}^2}{lmn}.$$

(2) $H_0'$ を検定するとき分散分析表の第1段と第3段との比を用いることは，交互作用 $\gamma_{ij}=0$ のときでないと，その理論根拠がないことになる．同様に $H_0''$ を検定するとき，第2段と第3段との比を用いることは $\gamma_{ij}=0$ でないときは誤りである．

**例 3.** 4人の工員が三つの会社の機械を各3回ずつ用いて，ある品物をつくるに要した時間を調べて右の表を得た．

| 人＼機械 | $B_1$ | $B_2$ | $B_3$ |
|---|---|---|---|
| $A_1$ | 64<br>66<br>70 | 72<br>81<br>64 | 74<br>51<br>65 |
| $A_2$ | 65<br>63<br>58 | 57<br>43<br>52 | 47<br>58<br>67 |
| $A_3$ | 59<br>68<br>65 | 66<br>71<br>59 | 58<br>39<br>42 |
| $A_4$ | 58<br>41<br>46 | 57<br>61<br>53 | 53<br>59<br>38 |

(1) 個人差があるか，

(2) 機械差があるか，

(3) 交互作用があるか．

**解** $x_{ij}$ の代りに $x_{ij}-60$ をおきかえて右のような表を作る．

| 人＼機械 | $B_1$ | $B_2$ | $B_3$ | 計 |
|---|---|---|---|---|
| $A_1$ | 4<br>6<br>10 | 12<br>21<br>4 | 14<br>−9<br>5 | 67 |
| $A_2$ | 5<br>3<br>−2 | −3<br>−17<br>−8 | −13<br>−2<br>7 | −30 |
| $A_3$ | −1<br>8<br>5 | 6<br>11<br>−1 | −2<br>−21<br>−18 | −13 |
| $A_4$ | −2<br>−19<br>−14 | −3<br>1<br>−7 | −7<br>−1<br>−22 | −74 |
| 計 | 3 | 16 | −69 | −50 |

$$全変動 = \{4^2+\cdots+(-22)^2\} - \frac{(-50)^2}{36} = 3\,778.6$$

$$行間変動 = \frac{1}{9}(67^2+30^2+13^2+74^2) - \frac{(-50)^2}{36} = 1\,156.6$$

$$列間変動 = \frac{1}{12}(3^2+16^2+69^2) - \frac{(-50)^2}{36} = 349.4$$

$$交互作用変動 = \frac{1}{3}\{20^2+\cdots+(-30)^2\} - 1\,226 - 418.8 + 69.4 = 771.3$$

$$誤差変動 = 3\,778.6 - 1\,156.6 - 349.4 - 771.3 = 1\,501.3$$

分散分析表

| 要因 | 平方和 | 自由度 | 平均平方和 |
|---|---|---|---|
| 行間変動 | 1 156.6 | 3 | 385.5 |
| 列間変動 | 349.4 | 2 | 174.7 |
| 交互作用変動 | 771.3 | 6 | 128.6 |
| 誤差変動 | 1 501.3 | 24 | 62.6 |
| 全変動 | 3 778.6 | 35 | |

(1) $F_1^* = \dfrac{385.5}{62.6} > F_{24}^3(0.05) = 3.01$,

個人差が認められる．

(2) $F_2^* = \dfrac{174.7}{62.5} < F_{24}^2(0.05) = 3.40$,

機械差は認められない．

(3) $F_3^* = \dfrac{128.6}{62.6} < F_{24}^{6}(0.05) = 2.51,$

交互作用認められない.

**4.8.4 ラテン方格法**　いま4人の職工 $A_1, A_2, A_3, A_4$ が, 4個の機械 $B_1, B_2, B_3, B_4$ を操作して, ある品物をつくるに要する時間に注目し, 個人差, 機械差を調べたいとき, 先にあげた2元配置法が用いられる. さらに品物の材料を四つの会社 $M_1, M_2, M_3, M_4$ で製造されたものを使ったとき, その材料の差を調べたいとき次のようなラテン方格法が用いられる.

| A＼B | $B_1$ | $B_2$ | $B_3$ | $B_4$ |
|---|---|---|---|---|
| $A_1$ | $M_1$ | $M_2$ | $M_3$ | $M_4$ |
| $A_2$ | $M_2$ | $M_3$ | $M_4$ | $M_1$ |
| $A_3$ | $M_3$ | $M_4$ | $M_1$ | $M_2$ |
| $A_4$ | $M_4$ | $M_1$ | $M_2$ | $M_3$ |

材料因子を右表のように4行4列の正方形のどの行にも, どの列にも丁度1回だけ現われるように配置する. 右表はその一つの例である.

一般に $n$ 種類の文字を各行各列に丁度1回だけ現われるように配置する方法を $\boldsymbol{n\times n}$ **ラテン方格**という.

各組 $(A_i, B_j, M_t)$ における実験値 $x_{ijt}$ を求め, 因子 $M$ による効果（**処理効果**）を調べる. $x_{ijt}$ に対応する確率変数 $X_{ijt}$ は次の形で表わされると仮定する.

$$X_{ijt} = \mu + \alpha_i + \beta_j + \gamma_t + Z_{ijt}, \quad \left(\sum_{i=1}^{n} \alpha_i = 0, \quad \sum_{j=1}^{n} \beta_j = 0, \quad \sum_{t=1}^{n} \gamma_t = 0\right)$$

$Z_{ijt}$ は $N(0, \sigma^2)$ に従う確率変数とする.

同一の $M_t$ の処理を受けたものの標本平均を $\bar{X}_t$ とすると, この場合全変動は次のように分けられる.

$$\begin{aligned}\sum_{i=1}^{n}\sum_{j=1}^{n}(X_{ij}-\bar{X}_{..})^2 &= n\sum_{i=1}^{n}(\bar{X}_{i.}-\bar{X}_{..})^2 + n\sum_{j=1}^{n}(\bar{X}_{.j}-\bar{X}_{..})^2 \\ &\quad + n\sum_{t=1}^{n}(\bar{X}_t-\bar{X}_{..})^2 \\ &\quad + \sum_{i=1}^{n}\sum_{j=1}^{n}(X_{ij}-\bar{X}_{i.}-\bar{X}_{.j}-\bar{X}_t+2\bar{X}_{..})^2 \\ &= S_R + S_C + S_t + S_E.\end{aligned}$$

この $S_R, S_C, S_t, S_E$ をそれぞれ**行間**, **列間**, **処理間**, **誤差変動**という.

まとめて下表の分散分析表が得られる.

| 要因 | 平方和 | 自由度 | 平均平方和 |
|---|---|---|---|
| 行間 | $n\sum_i(\overline{x}_{i\cdot}-\overline{x}_{\cdot\cdot})^2$ | $n-1$ | $n\sum_i(\overline{x}_{i\cdot}-\overline{x}_{\cdot\cdot})^2/(n-1)$ |
| 列間 | $n\sum_j(\overline{x}_{\cdot j}-\overline{x}_{\cdot\cdot})^2$ | $n-1$ | $n\sum_j(\overline{x}_{\cdot j}-\overline{x}_{\cdot\cdot})^2/(n-1)$ |
| 処理間 | $n\sum_t(\overline{x}_t-\overline{x}_{\cdot\cdot})^2$ | $n-1$ | $n\sum_t(\overline{x}_t-\overline{x}_{\cdot\cdot})^2/(n-1)$ |
| 誤差 | $\sum_i\sum_j(x_{ij}-\overline{x}_{i\cdot}-\overline{x}_{\cdot j}-\overline{x}_t+2\overline{x}_{\cdot\cdot})^2$ | $(n-1)(n-2)$ | $\sum_i\sum_j(x_{ij}-\overline{x}_{i\cdot}-\overline{x}_{\cdot j}-\overline{x}_t+2\overline{x}_{\cdot\cdot})^2$ $/(n-1)(n-2)$ |
| 全変動 | $\sum_i\sum_j(x_{ij}-\overline{x}_{\cdot\cdot})^2$ | $n^2-1$ | |

この分散分析表を用いて，三つの帰無仮説 $\alpha_i=0, \beta_j=0, \gamma_t=0$ をそれぞれ次の F 分布に従う統計量

$$F_1=\frac{(n-2)S_R}{S_E},\quad F_2=\frac{(n-2)S_C}{S_E},\quad F_3=\frac{(n-2)S_t}{S_E}$$

をつくって検定できる.

| A | B | C |
|---|---|---|
| B | C | A |
| C | A | B |

**注意** (1) 上の 4×4 ラテン方格の $M_1, M_2, M_3, M_4$ の配置以外にも，いろいろの配置の仕方がある．これを見やすくするためアルファベットの文字の並べ方で表わし，第1行第1列をアルファベット順になっているものをラテン方格の標準型と呼んでいる．この標準形としては 3×3 ラテン方格は右表のように1個，4×4 ラテン方格は4個，5×5 ラテン方格は 56 個，6×6 ラテン方格は 9 408 個ある．これらの配置表は詳しく発表されている.

(2) 上のラテン方格法は3因子の主効果を調べたものであるが，4因子の場合も，各因子の水準の数がいずれも同じで，それが素数またはそのベキになっているときは可能である.

グレコラテン方格法の分散分析表

| 要因 | 平方和 | 自由度 |
|---|---|---|
| 行間 | $n\sum_i(\overline{x}_{i\cdot}-\overline{x}_{\cdot\cdot})^2$ | $n-1$ |
| 列間 | $n\sum_j(\overline{x}_{\cdot j}-\overline{x}_{\cdot\cdot})^2$ | $n-1$ |
| ラテン処理間 | $n\sum_t(\overline{x}_t-\overline{x}_{\cdot\cdot})^2$ | $n-1$ |
| ギリシャ処理間 | $n\sum_s(\overline{x}_s-\overline{x}_{\cdot\cdot})^2$ | $n-1$ |
| 誤差 | $\sum_i\sum_j(x_{ij}-\overline{x}_{i\cdot}-\overline{x}_{\cdot j}-\overline{x}_t-\overline{x}_s+3\overline{x}_{\cdot\cdot})^2$ | $(n-1)(n-3)$ |
| 全変動 | $\sum_i\sum_j(x_{ij}-\overline{x}_{\cdot\cdot})^2$ | $n^2-1$ |

いま，そのような水準の数を $n$ とすれば，$n\times n$ ラテン方格の中に $n$ 個のギリシャ文字と $n$ 個のラテン文字を配列し，各ギリシャ文字と各ラテン文字が，すべての行と列に丁度1度だけ現われ，またすべてのギリシャ文字は各ラテン文字と丁度一度だけ出会うようにする．この方法を**グレコラテン方格法**という．$s$ 番目のギリシャ処理がほどこされたすべての $(i,j)$ についての実験値の平均を $x_s$ とすれば，前ページの分散分析表が得られる．

**例4.**　4人の工員 $A_1, A_2, A_3, A_4$ が4台の機械 $B_1, B_2, B_3, B_4$ を使って，ある品物をつくっている．4社の材料 $C_1, C_2, C_3 C_4$ を用いて製造して右表の結果を得た．個人差，機械差，材料差を有意水準 $\alpha=0.05$ で検定せよ．

| | $B_1$ | $B_2$ | $B_3$ | $B_4$ |
|---|---|---|---|---|
| $A_1$ | ($C_1$) 128 | ($C_3$) 168 | ($C_2$) 174 | ($C_4$) 147 |
| $A_2$ | ($C_2$) 177 | ($C_4$) 115 | ($C_1$) 220 | ($C_3$) 225 |
| $A_3$ | ($C_3$) 215 | ($C_1$) 293 | ($C_4$) 253 | ($C_2$) 264 |
| $A_4$ | ($C_4$) 174 | ($C_2$) 218 | ($C_3$) 241 | ($C_1$) 210 |

**解**　$x_{ij}$ の代りに $x_{ij}-200$ をおきかえて下表が得られる．また資料別にまとめてみる．

| | $B_1$ | $B_2$ | $B_3$ | $B_4$ | 計 |
|---|---|---|---|---|---|
| $A_1$ | −72 | −32 | −26 | −53 | −183 |
| $A_2$ | −23 | −85 | 20 | 25 | −63 |
| $A_3$ | 15 | 93 | 53 | 64 | 225 |
| $A_4$ | −26 | 18 | 41 | 10 | 43 |
| 計 | −106 | −6 | 88 | 46 | 22 |

| | $C_1$ | $C_2$ | $C_3$ | $C_4$ |
|---|---|---|---|---|
| | −72 | −23 | 15 | −26 |
| | 93 | 18 | −32 | −85 |
| | 20 | −26 | 41 | 53 |
| | 10 | 64 | 25 | −53 |
| (計) | 51 | 33 | 49 | −91 |

分散分析表

| 要因 | 平方和 | 自由度 | 平均平方和 |
|---|---|---|---|
| 行間変動 | 22 452.7 | 3 | 7 484.2 |
| 列間変動 | 5 252.7 | 3 | 1 750.9 |
| 処理変動 | 3 562.7 | 3 | 1 187.6 |
| 誤差変動 | 5 733.6 | 6 | 955.6 |
| 全変動 | 37 001.7 | 15 | |

(1)　$F_1^*=\dfrac{7\,484.2}{955.6}>F_6^3(0.05)=4.76$　　個人差認められる．

(2)　$F_2^*=\dfrac{1\,750.9}{955.6}<F_6^3(0.05)=4.76$　　機械差は認められない．

(3)　$F_3^*=\dfrac{1\,187.6}{955.6}<F_6^3(0.05)=4.76$　　資料差は認められない．

## 問　　題 [4]

1. 正規母集団 $N(\mu,1)$ から抽出された大きさ 10 の任意標本値

$-0.6,\ 1.8,\ 1.5,\ -1.2,\ 0.8,\ -0.6,\ -1.7,\ 0.5,\ 1.1,\ 2.0$

をもとにして，仮説 $\mu=0$ を次の各場合について検定せよ．

（1） 対立仮説 $\mu=\mu_1\neq 0$, 危険率 $\alpha=0.05$.

（2） 対立仮説 $\mu=\mu_1>0$, 危険率 $\alpha=0.01$.

**2.** 母集団分布が $N(\mu, 40)$ なるとき，仮説 $\mu=16.5$ を大きさ 10 の標本をもとにして検定するために，第1種の誤りの確率 $\alpha=0.05$ として次の3通りの棄却領域 $R$ を採用する検定法を考えた．各検定法における第2種の誤りの確率 $\beta$ を求めよ．

（1） $R_1$: $|\bar{x}|>\lambda_1$,

（2） $R_2$: $\bar{x}>\lambda_2$,

（3） $R_3$: $\bar{x}<\lambda_3$.

ただし対立仮説は単一で，$\mu=\mu_1=15.0$ とする．

**3.** $N(\mu, \sigma^2)$ から任意に抽出された大きさ 16 のデータを調べて次の結果を得た．

平均値 $\bar{x}=162.3$ 不偏分散$=4.2^2$.

帰無仮説 $\mu=163.0$ を対立仮説 $\mu=\mu_1<163.0$ として有意水準 0.05 で検定せよ．また帰無仮説 $\sigma^2=\sigma_0^2=25$ を対立仮説 $\sigma^2=\sigma_1^2\neq 25$ として，有意水準 0.05 で検定せよ．(**母分散の検定**)

**4.** 正規母集団からの大きさ 15 のデータについて，平均値 62，標準偏差 5 を得た．これから母平均が 60 であるという仮説を検定せよ．危険率を 0.05 とせよ．

**5.** あるサイコロを 30 回投げたところ3の目が8回出た．この結果からこのサイコロの3の目が出る確率は 1/6 でないように思えるが，どうだろうか．

**6.** ある地方の小学校の生徒の父親 50 人を任意に選んで，その学歴を調べたところ，大学出身が 29 人いた．この地方の学童の父親の半数以上は大学出身であるという判断が，上のデータから引き出せるだろうか．

**7.** 新しい機械による量産製品の大きな仕切りから，10 個の標本を抜き取って重さを測り次のデータを得た．

$4.8,\ 4.5,\ 5.1,\ 5.0,\ 4.6,\ 4.9,\ 5.2,\ 4.5,\ 5.0,\ 4.8$

この種の製品1個の重さは正規分布 $N(\mu, \sigma^2)$ に従い，従来の機械による製品の平均の1個の重さは 5.0 であるとする．この新しい機械により重さの平均と従来の平均との間に有意差が認めるられるか．有意水準 0.01 で検定せよ．

**8.** ある地方の中学生 200 名を任意に選んで，数学テストを課して次の結果を得た． 平均値 $\bar{x}=42.7$，標準偏差 $s=10.2$ を得た．このテストの標準平均点は 45.2 であるという．

この地方の中学生全部にこのテストを課したとしたならば，その平均点は標準点より低いだろうか．

**9.** 正規母集団 $N(\mu, 1)$ の平均 $\mu$ の検定において，帰無仮説 $\mu=0$，ただ一つの対立仮説 $\mu=1$，第1種の誤りの確率 0.01，第2種の誤りの確率を 0.01 としたとき，この検定に要する標本の大きさを求めよ．

**10.** ある量産製品の大きな仕切りに対し1回抜取検査を施こしたい．消費者側の要望は不良率 $p=0.1$ 程度の実質上不合格の仕切りが，この抜取検査で合格とみなされるような確率は 0.05 程度におさえてもらいたいということであった．また生産者の要望は，仕切り不良率 $p=0.02$ 程度の実質上の合格品が，この抜取検査で不合格となる確率は 0.03 程度であって欲しいということであった．これらの要望をみたすような1回抜取検査法をつくれ．

**11.** 次のような条件をみたす1回抜取検査法を各場合について求めよ．

(1) 1% の不良率をもつ仕切りを合格とする確率は 0.95，
8% の不良率をもつ仕切りを合格とする確率は 0.05．

(2) 不良率 2% の仕切りを合格とする確率は 0.99，
不良率 8% の仕切りを合格とする確率は 0.05．

**12.** ある量産製品の大きな仕切りから，任意に抜き取られた1個の製品の重さはほぼ $N(\mu, 1/4)$ に従うことがわかっているとする．

この仕切りから任意に 25 個とった標本の平均値を $\bar{x}$ とおき，次のような規準をもつ1回抜取検査を考えたとする．

$\bar{x} > 32.1$ なるとき，仕切りを合格とする，
$\bar{x} \leqq 32.1$ なるとき，仕切りを不合格とする．

(1) 平均 32.2 の仕切りが，この検査で合格となる確率を求めよ．

(2) 平均 32.0 の仕切りが，この検査で合格となる確率を求めよ．

**13.** 量産製品の大きな仕切りがあって（母集団分布を $N(\mu, 100)$ とする），次の要領によりその合否を判定したい．

$n$ 個の標本を抜き取り，その平均値 $\bar{x}$ が

$\bar{x} > k$ ならば仕切りを合格とする
$\bar{x} \leqq k$ ならば仕切りを不合格とする．

次の条件をみたす $n, k$ を定めよ．

平均 $\mu=150$ の仕切りが合格となる確率は 0.05，
平均 $\mu=160$ の仕切りが不合格となる確率は 0.05．

**14.** A, B 二つの機械による一つの品物の仕上げ時間を調べて次の結果を得た．

| | | | | | | | |
|---|---|---|---|---|---|---|---|
| A | 36 | 40 | 35 | 31 | 39 | 37 | 38 |
| B | 34 | 39 | 41 | 28 | 33 | | |

この結果から両者の仕上げ時間の平均の間に本質的な差が認められるかどうか，有意水準 0.05 で検定せよ．

**15．** 両地区の同年の中学生の平均身長の差異をみるために，それぞれ 100 人の中学生を任意に選んで調べたところ次の結果を得た．

平均値　$\bar{x}_1=153.1$,　　$\bar{x}_2=154.2$.

標準偏差　$s_1=5.1$,　　$s_2=4.8$.

これにより両地区のの中学生の平均身長に有意差があるか．有意水準を 0.01 とせよ．

**16．** 熟練工と訓練の期間を終了したばかりの機械工とのつくった品物それぞれ 100 個ずつ調べてみたところ，不良品は前者のものから 2 個，後者のものから 4 個見出された．両者の間にまだ差が認められるか．

**17．** ある問題について学生 100 人の賛否を問うたところ，賛成 60，反対 40 であった．この結果から全学生の過半数が賛成とみなしてよいだろうか．

また 300 人の学生を対象にしたとき，もし賛否の割合が同じであったら，結論も同じとしてよいだろうか．

**18．** ある人のところに来た年賀状 107 枚のくじ番号の最終数字を調べて次の表を得た．

| 数字 | 0 | 1 | 2 | 3 | 4 | 5 | 6 | 7 | 8 | 9 | 計 |
|---|---|---|---|---|---|---|---|---|---|---|---|
| 度数 | 7 | 11 | 13 | 11 | 7 | 9 | 9 | 11 | 15 | 14 | 107 |

これらの数字は，一様分布をもつ母集団からの任意標本値とみなせるか．

**19．** ある出版社の出した本について，いままで平均 10 ページに 10 か所の誤植があった．最近同じところから出された本についての誤植は平均 10 ページに 6 か所であった．このことからこの社から出版される本の誤植は少なくなったといえるか．ただし平均 10 ページに見出される誤植の数はポアソン分布に従うものとする．

**20．** 夫婦そろった家庭 200 を対象にして，ある政策について，賛否いずれかの返事をもらって次の結果を得た．

夫婦 2 人とも賛成が 35 %，2 人とも反対が 25 %，その他 40 %．

この問題については，一般男女の賛成率は 60 %，70 % であるという．この割合は夫婦間には適用しないように思われるが，どうだろうか．

**21．** 男子学生 100 人，女子学生 50 人について自動車免許状の有無を調べたところ，男子 48 人，女子 20 人が免許をとっていた．この結果から一般に男子学生のほうが免許状所有率は高いと判断してよいか．

**22．** 次のデータは，正規母集団から抽出されたものと認められるかどうか．

| $x_i$ | 5 | 15 | 25 | 35 | 45 | 55 | 65 | 75 | 85 | 95 | 計 |
|---|---|---|---|---|---|---|---|---|---|---|---|
| $f_i$ | 4 | 5 | 5 | 8 | 18 | 22 | 15 | 17 | 4 | 2 | 100 |

**23.**　次はある地区の1日の交通事故件数を調べた記録である．

| 事故の数 | 0 | 1 | 2 | 3 | 4 | 5 | 6 | 7 | 8 | 9 |
|---|---|---|---|---|---|---|---|---|---|---|
| 度　数 | 1 | 1 | 6 | 7 | 10 | 14 | 9 | 9 | 4 | 3 |

上のデータは，1日の事故件数はポアソン分布に従うということの統計的裏づけを示しているだろうか．

**24.**　喫煙と，ある食物の嗜好との関係を調べて次表を得た．喫煙の習慣と，その食物の嗜好とに関係があるかどうか検定せよ．ただし危険率は 0.05 とせよ．

| | 好　む | 好まない |
|---|---|---|
| 喫　煙 | 18 | 7 |
| 非喫煙 | 10 | 5 |

**25.**　10 匹の犬のうち 6 匹に，ある特殊訓練をほどこし，試験を受けさせてみたところ次表の結果であった．この特殊訓練の効果は認められるか．

| | 合　格 | 不合格 |
|---|---|---|
| 訓 練 犬 | 5 | 1 |
| 非訓練犬 | 2 | 2 |

**26.**　2変量正規母集団から任意に抽出された大きさ 200 の標本において，標本相関係数 $r=0.18$ であった．これから母相関係数 $\rho$ の 95％ 信頼区間を求めよ．また仮説 $\rho=0$ を有意水準 0.01 で検定せよ．

**27.**　2変量正規母集団から任意に抽出された大きさ 20 の標本の相関係数 $r=-0.15$ であった．母相関係数 $\rho$ の 95％ および 90％ 信頼区間を求めよ．また仮説 $\rho=0$ を有意水準 0.01 で検定せよ．

**28.**　次のデータを用いて回帰直線を求めよ．

(1)

| $x$ | 1 | 2 | 3 | 4 | 5 | 6 |
|---|---|---|---|---|---|---|
| $y$ | 6 | 4 | 3 | 5 | 3 | 2 |

(2)

| $x$ | 50 | 94 | 95 | 48 | 71 | 63 | 90 | 98 | 78 | 72 |
|---|---|---|---|---|---|---|---|---|---|---|
| $y$ | 68 | 85 | 85 | 62 | 85 | 78 | 80 | 90 | 81 | 35 |

**29.**　次のデータに2次曲線をあてはめよ．

| $x$ | 0 | 1 | 2 | 3 | 4 | 5 | 6 | 7 | 8 | 9 |
|---|---|---|---|---|---|---|---|---|---|---|
| $y$ | 9.1 | 7.3 | 3.2 | 4.6 | 4.8 | 2.9 | 5.7 | 7.1 | 8.8 | 10.2 |

**30.** 次のデータを指数曲線 $y=\gamma\delta^x$ で近似せよ．

| $x$ | 1 | 2 | 3 | 4 | 5 | 6 | 7 |
|---|---|---|---|---|---|---|---|
| $y$ | 304 | 341 | 393 | 457 | 548 | 670 | 882 |

**31.** 次の 4 組のデータは，それぞれ等分散の正規母集団から抽出されたものとする．母平均が等しいかどうか検定せよ．有意水準を 0.05 とせよ．

| $A$ | $B$ | $C$ | $D$ |
|---|---|---|---|
| 35 | 27 | 33 | 45 |
| 28 | 12 | 45 | 31 |
| 14 | 31 | 40 | 36 |
| 25 | 20 | 31 | 29 |
| 28 | 19 | 43 | 22 |

**32.** 次のデータは 5 人の生徒の 4 学科の試験結果である．これを解析せよ．

| | 数　学 | 英　語 | 国　語 | 理　科 |
|---|---|---|---|---|
| 1 | 62 | 82 | 78 | 71 |
| 2 | 83 | 90 | 85 | 95 |
| 3 | 55 | 60 | 76 | 60 |
| 4 | 75 | 71 | 62 | 55 |
| 5 | 52 | 55 | 70 | 78 |

**33.** 次のデータは 4 人の生徒の 3 回の試験の結果である．これを解析せよ．

| | 数　学 | 英　語 | 理　科 |
|---|---|---|---|
| 1 | 57<br>43<br>52 | 65<br>63<br>58 | 47<br>58<br>67 |
| 2 | 72<br>81<br>64 | 64<br>66<br>70 | 74<br>51<br>65 |
| 3 | 57<br>53<br>61 | 58<br>41<br>46 | 53<br>59<br>38 |
| 4 | 66<br>71<br>59 | 59<br>68<br>65 | 58<br>39<br>42 |

**34.** 3 人の測定者 $A_1, A_2, A_3$ が 3 種の機械 $B_1, B_2, B_3$ を使って三つの方法 $C_1, C_2, C_3$ で処理した金属の，ある特性値を測定した．ラテン方格法を用いて計画され，次

表のデータが得られた．因子 $A, B, C$ の各水準間に差があるかどうかを検定せよ．

| | $B_1$ | $B_2$ | $B_3$ |
|---|---|---|---|
| $A_1$ | $C_3$ 28 | $C_2$ 22 | $C_1$ 18 |
| $A_2$ | $C_2$ 17 | $C_1$ 16 | $C_3$ 24 |
| $A_3$ | $C_1$ 15 | $C_3$ 23 | $C_2$ 15 |

**35**．次表のデータを解析せよ．

| | $B_1$ | $B_2$ | $B_3$ | $B_4$ | $B_5$ |
|---|---|---|---|---|---|
| $A_1$ | $C_1$ 5.8 | $C_2$ 6.2 | $C_3$ 7.7 | $C_5$ 9.4 | $C_4$ 6.6 |
| $A_2$ | $C_2$ 4.8 | $C_1$ 7.6 | $C_5$ 10.3 | $C_4$ 5.8 | $C_3$ 9.9 |
| $A_3$ | $C_3$ 7.4 | $C_5$ 11.3 | $C_4$ 7.1 | $C_1$ 10.5 | $C_2$ 9.3 |
| $A_4$ | $C_4$ 6.6 | $C_3$ 9.5 | $C_1$ 11.1 | $C_2$ 10.8 | $C_5$ 10.1 |
| $A_5$ | $C_5$ 11.2 | $C_4$ 6.3 | $C_2$ 11.3 | $C_3$ 12.6 | $C_1$ 16.4 |

# 解答およびヒント

(比較的やさしい問題については，解答を省略した)

## 問　　題 [1] (p. 34～39)

**5.**　$x\in(a,b]$ なるとき，　$x\in\bigcap_{n=1}^{\infty}\left(a,b+\frac{1}{n}\right)$ すなわち任意の正整数 $n$ に対し $x\in\left(a,b+\frac{1}{n}\right)$ を示せ，また逆も成立することを示せ．

**6.**　$\omega\in\bigcap_{n=1}^{\infty}\bigcup_{k=n}^{\infty}A_k$ とすれば，任意の正整数 $n$ に対し $\omega\in\bigcup_{k=n}^{\infty}A_k$．すなわち，ある $n_1$ に対し，$\omega\in A_{k_1}$ $(k_1\geqq n_1)$ なる $k_1$ が存在する．これは事象 $A_{k_1}$ が起こることを意味している．これを用いて証明を工夫せよ．

**8.**　事象 $A$ が起きたとき，常に事象 $B$ が起こるということは，$\omega\in A$ なるとき常に $\omega\in B$ ということである．

**10.**　$\mathrm{P}(A\cup B\cup C)=\mathrm{P}(A\cup(B\cup C))$ とおき，確率の加法定理を用いる．

**12.**　$A_1\subset A_2\subset\cdots\subset A_i\subset A_{i+1}\subset\cdots$ のとき，$B_i=A_i-A_{i-1}$ $(A_0=\phi$ とする$)$ とすれば

$$A_i=\bigcup_{k=1}^{i}B_k,\qquad B_l\cap B_m=\phi\quad(l\neq m)$$

で表わされる．すると

$$\mathrm{P}(A_i)=\sum_{k=1}^{i}\mathrm{P}(B_k)$$

と書ける．これを用いて証明できる．

**13.**　硬貨を 3 回投げて出る結果を $(\omega_1,\omega_2,\omega_3)$ $(\omega_i=0,1)$ で表わして確率空間を定めよ．

**15.**　確率空間を $(\Omega,\mathfrak{A},P)$ とおき，任意の実数 $x$ に対し $\{\omega\colon e^{\sigma X(\omega)}\leqq x\}\in\mathfrak{A}$ を示せばよい．括弧内の不等式を変形して，$X$ が確率変数であることを用いよ．

**16.**　(右の確率のみ)

(1)　$\frac{26}{27}$.　　(2)　$1-\frac{3}{5}e^{-2}-\frac{2}{5}e^{-6}$.　　(3)　$e^{-2}$.

(4)　$1-\frac{13}{8}e^{-\frac{1}{2}}$.　　(5)　$1-\frac{5}{2}e^{-1}$.　　(6)　$\frac{1}{2}$.

(7)　$1-e^{-1}$.　　(8)　$\frac{1}{6}$.　　(9)　$1-\frac{1}{2}(e^{-2}+e^{-4})$.

(10)　$\frac{67}{256}$.

**17.**　(2)　$F(x)=-\frac{1}{27}(2x^3+3x^2-12x-20)$,　$(-2 \leqq x \leqq 1)$.

**18.**　(1), (iv)　$\frac{2}{5}$.　(2), (iv)　$\frac{1}{2}$.　(3), (iv)　$\frac{1}{2}(e^{-2}-e^{-6})$.

**19.**　(V($X$) のみ)

16.　(1)　$\frac{3}{4}$.　(2)　$\frac{13}{36}$.　(3)　$\frac{e}{(e-1)^2}$.　(4)　$\frac{1}{2}$.

(5)　3.　(6)　存在しない.　(7)　1.　(8)　存在しない.

(9)　$\frac{1}{2}$.　(10)　$\frac{1}{25}$.

17.　(1)　$\frac{5}{4}$.　(2)　$\frac{9}{20}$.

18.　(1)　$\frac{386}{225}$.　(2)　$\frac{8}{9}$.　(3)　$\frac{3}{16}$.

**20.**　(1)　$l=1$,　$m=-1$.　(2)　$l=\sqrt{2}$,　$m=-2\sqrt{2}$.

(3)　$l=3$.　$m=-1$.　(4)　$l=\frac{2\sqrt{2}}{\sqrt{15}}$.　$m=-\sqrt{30}$.

(5)　$l=\frac{\sqrt{3}}{2}$,　$m=0$.

**21.**　ポアソン分布表を用いて計算せよ.

**28.**　$E(X)=\frac{r}{1-r}$,　$V(X)=\frac{r}{(1-r)^2}$.

**29.**　(1)　2,　(2)　$\frac{4}{3}$,　(3)　$\frac{1}{3}$.

**30.**　$E(X)=\frac{p}{p+q}$,　$V(X)=\frac{pq}{(p+q)^2(p+q+1)}$.

**31.**　$E(X)=np$,　$V(X)=np(1-p)-n(n-1)p(p-p_1)$.

ここに　$p=\frac{M}{N}$,　$p_1=\frac{M-1}{N-1}$　とする.

**32.**　m.g.f. $g(\theta)=(q-pe^{\theta})^{-n}$ を用いて　$E(X)=np$,　$V(X)=npq$.

**33.**　m.g.f. $g(\theta)=\left(1-\frac{\theta}{\beta}\right)^{-\alpha}$ $(|\theta|<\beta)$,　$E(X)=\frac{\alpha}{\beta}$,　$V(X)=\frac{\alpha}{\beta^2}$.

**34.**　m.g.f. $g(\theta)=\frac{e^{\mu\theta}}{1-\alpha^2\theta^2}$ $\left(|\theta|<\frac{1}{\alpha}\right)$.　$E(X)=\mu$,　$V(X)=2\alpha^2$.

**36.**　$N(0,\sigma^2)$ の m.g.f. $g(\theta)$ を $\theta$ のベキ級数に展開し，係数を注目せよ.

**37.** (1) 0.8787. (2) 0.0808. (3) 0.2676.
(4) 0.7850. (5) 0.1814. (6) 0.7745.
(7) 0.3085. (8) 0.5670. (9) 0.7210.
(10) 0.0078.

**38.** (1) 37.2. (2) 59.5. (3) 33.6.
(4) 56.4. (5) 50.2. (6) 62.1.

**39.** $A$: $x \geqq 70$, $B$: $59 \leqq x \leqq 69$, $C$: $42 \leqq x \leqq 58$,
$D$: $31 \leqq x \leqq 41$, $E$: $x \leqq 30$.

**41.** (1) $P(Y=2k+3)=\dfrac{e^{-5}5^k}{k!}$, $(k=0,1,2,\cdots)$.

(2) $g(y)=\dfrac{1}{8}e^{-(y-3)/8}$ $(y>3)$; $=0$ $(y\leqq 3)$.

(3) $g(y)=\dfrac{1}{\sqrt{2\pi}}e^{-\frac{(y-6)^2}{2}}$, $(-\infty<y<\infty)$.

**42.** (1) $g(y)=\dfrac{1}{\sqrt{y}}e^{-2\sqrt{y}}$ $(y>0)$; $=0$ $(y\leqq 0)$.

(2) $g(y)=\dfrac{1}{4\sqrt{\pi y}}\left(e^{-\frac{(2+\sqrt{y})^2}{4}}+e^{-\frac{(2-\sqrt{y})^2}{4}}\right)$ $(y>0)$; $=0$ $(y\leqq 0)$.

**43.** (1) $g(y)=\dfrac{y}{2}e^{-\frac{y^2}{4}}$ $(y>0)$; $=0$ $(y\leqq 0)$.

(2) $g(y)=\dfrac{y^3}{2}e^{-\frac{y^2}{2}}$ $(y>0)$; $=0$ $(y\leqq 0)$.

**44.** 区間 $[0,1]$ の上の一様分布.

**45.** p.d.f. を $f(x)$ とおく. $c>m_e$ のとき,

$$\begin{aligned}
\mathrm{E}(|X-c|) &= \int_{-\infty}^{\infty}|x-c|f(x)dx=\int_{-\infty}^{c}(c-x)f(x)dx+\int_{c}^{\infty}(x-c)f(x)dx \\
&= \int_{-\infty}^{m_e}(m_e-x+c-m_e)f(x)dx+2\int_{m_e}^{c}(c-x)f(x)dx \\
&\quad +\int_{c}^{\infty}(x-m_e+m_e-c)f(x)dx \\
&= \mathrm{E}(|X-m_e|)+2\int_{m_e}^{c}(c-x)f(x)dx \geqq \mathrm{E}(|X-m_e|).
\end{aligned}$$

**46.** (1) $\mathrm{E}(X)=\alpha^{1/m}\Gamma\left(\dfrac{1}{m}+1\right)+\gamma$, $\mathrm{V}(X)=\alpha^{2/m}\left\{\Gamma\left(\dfrac{2}{m}+1\right)-\Gamma^2\left(\dfrac{1}{m}+1\right)\right\}$.

(2) $R(T)=e^{-\frac{(T-\gamma)^m}{\alpha}}$, $(T\geqq\gamma)$.

（3）$\lambda(t)=\dfrac{m}{\alpha}(t-\gamma)^{m-1},\quad (t\geqq\gamma);\quad =0,\quad (t<\gamma).$

**47.** 0.78

**48.** $\mu=56.05,\quad \sigma^2=858.4,\quad R=0.0036.$

## 問　　題 [2] (p. 66〜72)

**1.** $P(A^c\cap B)=P(A^c)P(B)$ を示せばよい．$B=(A\cap B)\cup(A^c\cap B)$ を用いよ．

**2.** （1）0.14.　（2）0.35.　（3）$\dfrac{14}{15}$.　（4）$\dfrac{13}{15}$.

（5）0.04.　（6）0.96.　（7）0.56.　（8）0.86.

**3.** $\dfrac{4}{7}$

**5.** （4）$\dfrac{19}{40}$.

**6.** （3）$P(X+2Y\leqq 1)=\displaystyle\int_0^{\frac{1}{2}}\int_0^{1-2y}xy\,dx\,dy=\frac{1}{96}.$

**7.** （1）$(1-e^{-1})^2$.　（6）$\dfrac{3}{4}$.

**8.** $X, Y$ の m.g.f. は，いずれも $g(\theta)=\dfrac{e^\theta-e^{-\theta}}{2\theta}$.

$X+Y$ の m.g.f. $g_1(\theta)=\left(\dfrac{e^\theta-e^{-\theta}}{2\theta}\right)^2$.

$X+Y$ の p.d.f. $p(z)$ は

$$p(z)=\begin{cases}\dfrac{2-|z|}{4}, & (|z|\leqq 2),\\ 0, & (|z|>2).\end{cases}$$

**注意**　$X, Y$ 独立でなくても，$X+Y$ の m.g.f. が $X, Y$ おのおのの m.g.f. の積に等しいことがある一つの例である．

**9.** 連続分布の場合，

$X, Y$ の同時 p.d.f. を $f(x,y)$，$Y$ の周辺 p.d.f. を $f_2(y)$ とおけば

$$E(X|Y)=\int_{-\infty}^{\infty}x\frac{f(x,y)}{f_2(y)}\,dx.$$

これを用いれば $E\{E(X|Y)\}=E(X)$.

**10.** 前問の結果を用いよ．

**11.** 条件つき確率の定義により直ちに証明できる．この結果は，指数分布に従う確率変数の，ある時刻 $t$ 以後の確率的様相が $t$ 以前の様相に影響されないことを意味している．これは指数分布独自の性質である．

**12.** $1/\sqrt{e}$.

**13.** 平均 2/3 (時) の指数分布 $f(x)=\dfrac{3}{2}e^{-3x/2}$.

$$f\left(x\middle|\frac{1}{12}\leqq X\leqq\frac{4}{3}\right)=\frac{3}{2}e^{-3x/2}\Big/(e^{-1/8}-e^{-2}),\ \left(\frac{1}{12}\leqq x\leqq\frac{4}{3}\right);\ =0,\ (\text{その他})$$

これを用いれば平均，分散が求められる．

**14.** (1) 0.6 293.　(2) 0.3 707.　(3) 0.2 546.
(4) 71.6.　(5) 45.0.

**15.** (1) 0.0 372.　(2) 56.4.　(3) 230.

**16.** (1) 4.8.　(2) 3.7.　(3) 1.1.　(4) 1.4.
(5) −0.2.　(6) 4.2.　(7) 0.9.　(8) 5.4.

**17.** (1) 96040　(2) 153664　(3) 72564　(4) 28812
(5) 76832　(6) 960400　(7) 12806　(8) 460992

**18.** m.g.f. $g(\theta)=\dfrac{1}{\pi}\displaystyle\int_{-\infty}^{\infty}\frac{e^{\theta x}}{1+x^2}dx=\infty$,　存在しない．

特性関数　$\varphi(t)=\displaystyle\int_{-\infty}^{\infty}\frac{e^{itx}}{\pi(1+x^2)}dx$ を求めるため

複素関数　$h(z)=\dfrac{e^{itz}}{\pi(1+z^2)}$ の積分を考える．

$z=i$ における $h(z)$ の留数は $e^{-t}/2\pi i$ である．ゆえに半円 $z=re^{i\theta}$, $(0\leqq\theta\leqq\pi)$ を $C$ とすれば

$$\int_{-r}^{r}h(x)dx+\int_C h(z)dz=e^{-t},\qquad (r>1).$$

$t\geqq 0$ のとき $\displaystyle\lim_{r\to\infty}\int_C h(z)dz=0$. ゆえに　$\displaystyle\lim_{r\to\infty}\int_{-r}^{r}h(x)dx=e^{-t}$.

$t<0$ のときも同様にして $\displaystyle\lim_{r\to\infty}\int_{-r}^{r}h(x)dx=e^{t}$.

ゆえに　$\varphi(t)=\displaystyle\lim_{r\to\infty}\int_{-r}^{r}h(x)dx=e^{-|t|}$.

これを用いれば，$\bar{X}$ の分布もまた同じコーシー分布であることが証明できる．

**19.** 1 軒当りの平均売り上げ個数を $\bar{X}$ とおけば $P\left(\bar{X}\geqq\dfrac{1\,250}{400}\right)$ を求めればよい．　0.07.

**20.** (3) 5 353.

**21**．指数分布　$f(x)=ae^{-ax}$ $(x\geqq 0)$ の m.g.f. $g(\theta)=\left(1-\dfrac{\theta}{a}\right)^{-1}$.

$X_1, X_2, \cdots, X_n$ がいずれも上の指数分布に従い，かつ独立のとき

$X_1+X_2+\cdots+X_n$ の m.g.f. $g_n(\theta)=\left(1-\dfrac{\theta}{a}\right)^{-n}$,

ところが $\Gamma$ 分布

$$f(x)=\begin{cases}\dfrac{\beta^\alpha}{\Gamma(\alpha)}x^{\alpha-1}e^{-\beta x}, & \alpha>0,\ \beta>0,\ (x>0),\\ 0, & (x\leqq 0),\end{cases}$$

の m.g.f. は $\left(1-\dfrac{\theta}{\beta}\right)^{-\alpha}$ である．

これから，上の $X_1+X_2+\cdots+X_n$ の p.d.f. $f_n(x)$ は

$$f_n(x)=\frac{a^n}{\Gamma(n)}x^{n-1}e^{-ax},\ (x>0);\quad =0\quad (x\leqq 0).$$

本題では，指数分布の特性（問［2］，11 参照）を用いれば，求める確率 $p$ は次の積分で表わされされる．

$$p=\frac{a^5}{4!}\int_1^\infty x^4e^{-ax}\,dx=e^{-a}\left(1+a+\frac{a^2}{2!}+\frac{a^3}{3!}+\frac{a^4}{4!}\right),\qquad (a=6).$$

これをポアソン分布の部分和の表から求めて $p=0.285$.

**22**．3 人，　30 分．

**23**．261 回．

**25**．（2）　$a=51$

**26**．（1）　$U=X+Y$ の p.d.f. $h(u)$ は

$$h(u)=\begin{cases}\dfrac{2+u}{4}, & (-2\leqq u<0),\\ \dfrac{2-u}{4}, & (0\leqq u\leqq 2),\\ 0\ , & (\text{その他}).\end{cases}$$

**27**．（2）　$X_1=2X$ の p.d.f. $f_1(x)=\dfrac{1}{2}$,　　$(0\leqq x\leqq 2)$;　$=0$ （その他）．

$Y_1=-Y$ の p.d.f. $g_1(y)=1$,　　$(-1\leqq y\leqq 0)$;　$=0$ （その他）．

$U=2X-Y=X_1+Y_1$ の p.d.f. $h(u)$ は

$$h(u)=\int_0^2 f_1(x)g_1(u-x)dx=\begin{cases}(1+u)/2, & (-1<u<0),\\ 1/2, & (0<u<1),\\ (2-u)/2, & (1<u<2),\\ 0\ , & (\text{その他}).\end{cases}$$

**28.** $U=X+Y$ の p.d.f. $h(u)$ は

$$h(u)=\begin{cases}\dfrac{u}{50}, & (0<u\leqq 5)\\[2mm] \dfrac{1}{10}, & (5<u\leqq 10)\\[2mm] -\dfrac{u}{50}+\dfrac{3}{10}, & (10<u\leqq 15)\\[2mm] 0\ , & (\text{その他})\end{cases}$$

**29.** (1) $k=\dfrac{1}{2\sqrt{3}\pi}$,　$E(X)=-1$,　$V(X)=1$,　$E(Y)=2$,　$V(Y)=4$,

Cov. $(X, Y)=1$.

(2) $a=-2.28$,　　$b=-0.56$.

**30.** $E\{(\sqrt{2}X+Y)(\sqrt{2}X-Y)\}=0$ を示せばよい．

**31.** $X, Y$ の同時確率密度関数は $X, Y$ が独立であるから

$$f(x,y)=\frac{1}{2^{\frac{n_1+n_2}{2}}\Gamma\left(\frac{n_1}{2}\right)\Gamma\left(\frac{n_2}{2}\right)}x^{\frac{n_1}{2}-1}y^{\frac{n_2}{2}-1}e^{-\frac{1}{2}(x+y)}$$

$Z=\dfrac{X}{X+Y}$ の分布は，変数変換 $z=\dfrac{x}{x+y}$.　$u=x$ を行ない，$Z$ の周辺分布を求めれば，これがベータ分布になる．

**32.** 前問と同じ要領で，$Z=\dfrac{X}{Y}$ の p.d.f. $h(z)=\dfrac{1}{\pi(1+z^2)}$. $(-\infty<z<\infty$, コーシー分布) が得られる．

**33.** $X, Y$ の同時確率密度関数は

$$f(x,y)=\frac{1}{2\pi}e^{-\frac{1}{2}(x^2+y^2)},\qquad (-\infty<x, y<\infty).$$

変数変換　$x=r\cos\theta$,　　$y=r\sin\theta$　　$(r\geqq 0,\ 0\leqq\theta\leqq 2\pi)$ を行なえば，

$R=\sqrt{X^2+Y^2}$ と $\Theta=\tan^{-1}\dfrac{Y}{X}$ の同時確率密度関数は

$$p(r,\theta)=\frac{1}{2\pi}re^{-\frac{r^2}{2}},\qquad (r\geqq 0,\ 0\leqq\theta\leqq 2\pi).$$

これから $R$ の p.d.f. $h(r)=re^{-\frac{r^2}{2}}$,　$(r\geqq 0)$ が得られる．

**34.** p.d.f. $g(y)=\begin{cases}\dfrac{1}{\pi}\dfrac{1}{\sqrt{a^2-y^2}}, & (-a\leqq y\leqq a),\\[2mm] 0\ , & (\text{その他}).\end{cases}$

**35.** p.d.f. $g(u)=4(1-2u),\quad \left(0\leqq u\leqq \dfrac{1}{2}\right);\quad =0,\quad$（その他）.

**36.** （1） $X, Y$ 独立なることがわかる．$Z=X+Y$ の分布は前のようにして求められる．

$$\text{p.d.f. } g(z)=\begin{cases} 2z^2-\dfrac{2}{3}z^3, & (0\leqq z\leqq 1) \\ \dfrac{2}{3}(z+1)(z-2)^2, & (1\leqq z\leqq 2) \\ 0\ , & (\text{その他}) \end{cases}$$

（2） $$\text{p.d.f. } g(z)=\begin{cases} z^2\ , & (0\leqq z\leqq 1) \\ 2z-z^2, & (1\leqq z\leqq 2) \\ 0\ , & (\text{その他}) \end{cases}$$

**37.** （3） $\dfrac{n_2-1}{n_1-1}\cdot\dfrac{n_1S_1{}^2}{\sigma_1{}^2}\Big/\dfrac{n_2S_2{}^2}{\sigma_2{}^2}$ は自由度 $n_1-1, n_2-1$ の F 分布に従うことに注目せよ．

**38.** $(\bar{X}-\mu)\sqrt{n-1}/S$ は自由度 $n-1$ の $t$ 分布に従う，その確率密度関数 $f_n(t)$ は自由度 $n$ の $t$ 分布の p.d.f. $f_n(t)$ は

$$f_n(t)=\frac{\Gamma\left(\dfrac{n+1}{2}\right)}{\sqrt{n\pi}\,\Gamma\left(\dfrac{n}{2}\right)}\left(1+\frac{t^2}{n}\right)^{-\frac{n+1}{2}}.$$

ところが $n\to\infty$ のときスターリングの公式を用いて次のことが示される．

$$f_n(t)=\frac{1}{\sqrt{2\pi}}\left(1+\frac{1}{n}\right)^{\frac{n}{2}}e^{-\frac{1}{2}}\left(1+\frac{t^2}{n}\right)^{-\frac{n+1}{2}}\left\{1+O\left(\frac{1}{n^2}\right)\right\}\to\frac{1}{\sqrt{2\pi}}e^{-\frac{t^2}{2}},$$

この結果を用いればよい．

**41.** （1） $X_{(1)}, X_{(n)}$ の同時確率密度関数は

$$g_1(x_{(1)}, x_{(n)})=\frac{n!}{(n-2)!}\left(\int_{x_{(1)}}^{x_{(n)}}f(x)dx\right)^{n-2}f(x_{(1)})f(x_{(n)})$$
$$=\frac{n(n-1)}{a^n}(x_{(n)}-x_{(1)})^{n-2}.$$

$X_{(1)}=U, M=\dfrac{X_{(1)}+X_{(n)}}{2}$ とおいて，$U, M$ の同時確率密度関数 $g_2(u, m)$ は

$$g_2(u, m)=\frac{2^{n-1}n(n-1)}{a^n}(m-u)^{n-2},\quad (2m-a<u<m).$$

$M$ の周辺分布 $h(m)$ は

$0\leqq m\leqq\dfrac{a}{2}$ のとき $h(m)=\displaystyle\int_0^m g_2(u, m)du=\frac{2^{n-1}n}{a^n}m^{n-1},$

$$\frac{a}{2} \leqq m \leqq a \text{ のとき } h(m) = \int_{2m-a}^{m} g_2(u, m)du = \frac{2^{n-1}n}{a^n}(a-m)^{n-1}.$$

**43.** 確率変数の数が奇数のとき，

標本中央値　$\tilde{X} = X_{\left(\frac{n+1}{2}\right)}$

確率密度関数を一般にして，それを $f(x)$ とおき，その中央値を $m$ とする．
$\tilde{X}$ の p.d.f. $g(\tilde{x})$ は

$$g(\tilde{x}) = \frac{n!}{2^{n-1}\left[\left(\frac{n-1}{2}\right)!\right]^2}\left\{1-4\left(\int_{\tilde{x}}^{m} f(x)dx\right)^2\right\}^{\frac{n-1}{2}} f(\tilde{x}).$$

ここで $f(x)$ が $x=m$ で連続で $f(m) \fallingdotseq 0$ ならば $n\to\infty$ のとき $\sqrt{n}(\tilde{X}-m)$ の極限分布は $N(0, 1/4f^2(m))$ となる．
これを用いれば，$f(x)$ が正規分布のとき $\tilde{X}$ がほぼ $N(\mu, \pi\sigma^2/2n)$ に従うことが導かれる．

**44.** (1) $X_1, X_2, \cdots, X_k$ の同時確率密度関数は

$$f(x_1, x_2, \cdots, x_k) = \frac{n!}{(n-k)!}\alpha^{-k} \exp\left\{-\frac{1}{\alpha}\left(\sum_{i=1}^{k} x_i + (n-k)x_k\right)\right\}.$$

$$\mathrm{E}(\hat{\alpha}) = \int_0^{\infty} dx_k \cdots \int_0^{x_3} dx_2 \int_0^{x_2} dx_1 \frac{1}{k}\{x_1+x_2+\cdots+x_k$$
$$+(n-k)x_k\}\frac{n!}{(n-k)!}\alpha^{-k} \exp\left\{-\frac{1}{\alpha}\left(\sum_{i=1}^{k} x_i + (n-k)x_k\right)\right\} = \alpha.$$

(2) $\dfrac{2k\hat{\alpha}}{\alpha}$ の積率母関数 $g(\theta) = (1-2\theta)^{-k}$ なることを示せばよい．

**45.** $Y_i = X_i^m$ の d.f. $G(y)$ は

$$G(y) = \mathrm{P}(X_i^m \leqq y) = \mathrm{P}(X_i \leqq y^{\frac{1}{m}}) = 1 - e^{-\frac{y}{\alpha}}.$$

$X_i^m$ は指数分布に従うことがわかる．

$T = \sum_{i=1}^{n} X_i^m/n$ の分布は 1 種のガンマ分布となる．

これを用いて所求の結果が導かれる．

## 問　題 [3] (p. 105 ～ 108)

**1.** 分散の大小を比較せよ．

**2.** 各分布の平均に注目せよ．

**3.** $X_{(n)}$ の p.d.f. は $g(x_{(n)}) = nx_{(n)}^{n-1}/\theta^n \quad (0 < x_{(n)} < \theta)$; $\ = 0$ (その他)．
これを用いて $\mathrm{V}(\hat{\mu}_2)$ を求め，$\mathrm{V}(\hat{\mu}_1)$ と大きさを比較してみよ．

**4.**　$1/\theta$ の不偏推定量が存在するとして，不合理を示せ．

**5.**　各確率分布の分散に注目せよ．

8.　$\theta$ の一つの関数を $u(\theta)$, $\theta$ の最尤推定量を $\hat{\theta}$ とおくとき，$u(\hat{\theta})$ が $u(\theta)$ の最尤推定量なることを示せばよい．このために $u(\theta)$ の逆関数 $\theta=v(u)$ を用いよ．

**10.**　$a$ を $\mu, \sigma$ で表わし，問 8 の結果を用いよ．

**11.**　$L(r;N)={}_mC_r\cdot{}_{N-m}C_{n-r}/{}_NC_r$ を最大にする $N$ を求めればよい．$N=[nm/r]$.

**12.**　$\hat{\theta}=\max\{|x_{(1)}|, |x_{(n)}|\}$.

**13.**　$\hat{\alpha}=-\left(\dfrac{n}{\sum_{i=1}^{n}\log x_i}+1\right)$.

**14.**　$\hat{\alpha}=\dfrac{3(x_1+x_2)+\sqrt{9x_1^2-14x_1x_2+9x_2^2}}{4}$.

**16.**　$\hat{\beta}=\dfrac{\alpha+1}{\bar{x}}$ .

**20.**　(2)　一般に一様分布 $f(x,\theta)=1/\theta$ $(0<x<\theta)$；$=0$（その他）より抽出された任意標本 $X_1, X_2, \cdots, X_n$ を用いての，$\theta$ の信頼度 $\alpha$ の信頼区間は

$$(X_{(n)},\ X_{(n)}/(1-\alpha)^{1/n}).$$

**略証**　$X_{(n)}/\theta=Z$ の p.d.f. は $nz^{n-1}$ である．

$$\int_a^b nz^{n-1}\,dz=\alpha, \qquad (0\leqq a<b\leqq 1),$$

から $a, b$ を定めれば $(X_{(n)}/b,\ X_{(n)}/a)$ が信頼区間である．

この間の長さは $b=1$ のとき最短となる．このとき $a=(1-\alpha)^{1/n}$.

よって求める信頼区間は $(X_{(n)},\ X_{(n)}/(1-\alpha)^{1/n})$.

**21.**　(2)　(4.3, 5.2)

**23.**　(132.5, 137.5)（単位秒）

**25.**　(0.67, 0.96), (0.72, 0.99)

**27.**

| $p$ | 0.5 | 0.4 | 0.3 | 0.2 | 0.1 |
|---|---|---|---|---|---|
| $n$ | 9 604 | 9 220 | 8 068 | 6 147 | 3 458 |

**29.**　$\mu$ の 95% 信頼区間は (11.8, 18.6),

$\sigma^2$ の 95% 信頼区間は (41.7, 132.4),

**31.**　(7.2%, 24.8%)

## 問　　題［4］(p. 159 ～ 164)

**1.**　(1)　仮説はすてられない．　(2)　仮説はすてられない．

**2**．（1）0.88．　（2）0.99　（3）0.81．

**3**．仮説 $\mu=163.0$ はすてられない．

**正規母集団 $N(\mu, \sigma^2)$ の母分散の検定**

（i）$H_0$: $\sigma^2=\sigma_0{}^2$,　$H_1$: $\sigma_1{}^2 \neq \sigma_0{}^2$

（ii）$T=\sum_{i=1}^{n}(X_i-\bar{X})^2/\sigma^{\prime 2}$ は自由度 $n-1$ の $\chi^2$ 分布に従う．

（iii）有意水準を $\alpha$ とし，

$$\mathrm{P}(T \leqq \chi_1{}^2)=\alpha/2, \quad \mathrm{P}(T \geqq \chi_2{}^2)=\alpha/2$$

をみたす $\chi_1{}^2, \chi_2{}^2$ を $\chi^2$ 分布表から求める．

棄却領域 $R$ は $R=(0,\ \chi_1{}^2)\cup(\chi_2{}^2,\ \infty)$．

（iv）$T$ の実現値を $T^*$ とするとき

$T^*\in R$ のとき，$H_0$ をすてる．

$T^*\notin R$ のとき，$H_0$ をすてない．

これを本題に用いれば仮説 $\sigma^2=25$ はすてられない．

**4**．有意でない．

**5**．有意水準として 0.01, 0.05 いずれをとっても，本題の判断は妥当でない．

**6**．半数が大学出身であるという仮説は，有意水準 0.01, 0.05 いずれでも有意でないと検定される．すなわち本題の判断は統計的には引き出せない．

**7**．有意差は認められない．

**8**．平均点は標準点より低いとまでは判断されないが，両者の間に差異があり，そうだということは，有意水準 0.01 でもいえる．

**9**．標本の大きさは，$n=22$．

**10**．検査の標本の大きさ $\boldsymbol{n}$ と，合否の限界値 $\boldsymbol{r}$ を求めればよい．

$n=92$，$r=5$．すなわち仕切りから任意に 92 個抜き取り，そのうち不良品の数が 4 個までは合格と認めてやればよい．

**11**．（1）$n=82$，$c=2$．

**12**．（1）0.8413．　（2）0.1587．

**13**．$n=11$,　$k=155$．

**14**．認められない．

**15**．有意差は認められない．

**16**．認められない．（有意水準 $\alpha=0.05$）

**19**．誤植が少なくなったとはいえない．（$\alpha=0.05$）

**20**．一般男女の賛成率が夫婦間には，あてはまらない．（$\alpha=0.05$）

**21**．男子学生のほうが免許所有率は高いと判断できない．（$\alpha=0.05$）

**23**．事故件数はポアソン分布に従っていることを否定できない．（$\alpha=0.05$）

**25.** 訓練の効果はこれだけでは認められない．($\alpha=0.05$)

**26.** $\rho$ の 95％ 信頼区間は (0.04, 0.31)

仮説 $\rho=0$ はすてられない．

**28.** (1) $y=5.93-0.6x$.

**29.** $y=5.473+0.079x+0.019x^2$.

**30.** $y=239(1.19)^x$.

**31.** 有意差が認められる．

**32.** 個人間に有意差が認められる．科目間に有意差が認められない．($\alpha=0.05$)

**33.** 個人間に有意差が認められる．科目間に有意差が認められない．

交互作用は認められない，($\alpha=0.05$)

**34.** 個人差認められる，機械差認められない．方法差認められる．($\alpha=0.05$)

**35.** 各水準間の有意差は，いずれも認められる．($\alpha=0.05$)

# 付　　　録

## A 1. 標本分布

**定理 1.** **$X$ が正規分布 $\mathrm{N}(0, 1)$ に従うとき，$X^2$ は自由度1の $\chi^2$ 分布に従う．**

**証明**　$X, Y=X^2$ の分布関数をそれぞれ $F(x), G(y)$ とおく．

$$G(y)=\mathrm{P}(Y \leqq y)=\mathrm{P}(X^2 \leqq y)=\mathrm{P}(-\sqrt{y} \leqq X \leqq \sqrt{y})$$
$$=F(\sqrt{y})-F(-\sqrt{y}).$$
$$\text{p.d.f. } g(y)=G'(y)=F'(\sqrt{y})\cdot\frac{1}{2\sqrt{y}}+F'(-\sqrt{y})\frac{1}{2\sqrt{y}}.$$

$X$ が $\mathrm{N}(0,1)$ に従うから

$$F'(x)=\text{p.d.f. } f(x)=\frac{1}{\sqrt{2\pi}}e^{-\frac{x^2}{2}}.$$

よって
$$g(y)=\begin{cases}\dfrac{1}{\sqrt{2\pi}}\dfrac{1}{\sqrt{y}}e^{-\frac{y}{2}}=\dfrac{1}{\sqrt{2\pi}}y^{-\frac{1}{2}}e^{-\frac{y}{2}}, & (y>0),\\ 0 & (y \leqq 0).\end{cases}$$

これは自由度1の $\chi^2$ 分布の確率密度関数である．

**定理 2.** **$X_1, X_2, \cdots, X_n$ が独立で，いずれも正規分布 $\mathrm{N}(\mu, \sigma^2)$ に従うとき，**

$$\sum_{i=1}^{n}(X_i-\mu)^2/\sigma^2 \text{ は自由度 } n \text{ の } \chi^2 \text{ 分布に従う．}$$

**証明**　$(X_i-\mu)/\sigma$ は $\mathrm{N}(0,1)$ に従う．

よって定理1より

$$Y_i=(X_i-\mu)^2/\sigma^2 \text{ は自由度 1 の } \chi^2 \text{ 分布に従う．}$$

ところが $Y_1, Y_2, \cdots, Y_n$ は独立で，それぞれ自由度1の $\chi^2$ 分布に従うから，

$$\sum_{i=1}^{n} Y_i=\sum_{i=1}^{n}(X_i-\mu)^2/\sigma^2 \text{ は自由度 } n \text{ の } \chi^2 \text{ 分布に従う．}$$

**定理 3.** $X_1, X_2, \cdots, X_n$ **が独立で，いずれも N(0, 1) に従うとき，**

$$\bar{X}=\sum_{i=1}^{n} X_i/n,\quad nS^2=\sum_{i=1}^{n}(X_i-\bar{X})^2$$ **は独立である．**

**また** $nS^2$ **は自由度** $n-1$ **の** $\chi^2$ **分布に従う．**

**証明**　$\bar{X},\ nS^2$ の同時積率母関数は

$$g(\theta_1,\theta_2)=\mathrm{E}(e^{\theta_1\bar{X}+\theta_2 nS^2})=\int_{-\infty}^{\infty}\cdots\int e^{\theta_1\bar{x}+\theta_2 ns^2}\left(\frac{1}{\sqrt{2\pi}}\right)^n e^{-\sum_1^n x_i^2/2}dx_1\cdots dx_n.$$

次の変数変換

$$\begin{aligned}
x_1&=u_1+\sqrt{\frac{1}{1\cdot 2}}u_2+\sqrt{\frac{1}{2\cdot 3}}u_3+\cdots\cdots+\sqrt{\frac{1}{(n-1)n}}u_n,\\
x_2&=u_1-\sqrt{\frac{1}{1\cdot 2}}u_2+\sqrt{\frac{1}{2\cdot 3}}u_3+\cdots\cdots+\sqrt{\frac{1}{(n-1)n}}u_n,\\
x_3&=u_1\qquad\qquad -2\sqrt{\frac{1}{2\cdot 3}}u_3+\cdots\cdots+\sqrt{\frac{1}{(n-1)n}}u_n,\\
&\cdots\cdots\cdots\\
&\cdots\cdots\cdots\\
x_n&=u_1\qquad\qquad\qquad\qquad -(n-1)\sqrt{\frac{1}{(n-1)n}}u_n
\end{aligned}$$

を行なえば

$$\bar{x}=u_1,\quad s^2=\sum_{i=2}^{n}u_i^2/n,\quad \sum_{i=1}^{n}x_i^2=\sum_{i=1}^{n}(x_i-\bar{x})^2+n\bar{x}^2=\sum_{i=2}^{n}u_i^2+nu_1^2.$$

また ヤコビ（Jacobi）の関数行列式は

$$\frac{\partial(x_1,x_2,\cdots,x_n)}{\partial(u_1,u_2,\cdots,u_n)}=(-1)^{n-1}\sqrt{n}.$$

よって

$$\begin{aligned}
g(\theta_1,\theta_2)&=\int_{-\infty}^{\infty}\cdots\int e^{\theta_1 u_1+\theta_2\sum_2^n u_i^2}\left(\frac{1}{\sqrt{2\pi}}\right)^n e^{-\left(\sum_2^n u_i^2+nu_1^2\right)/2}\sqrt{n}\,du_1du_2\cdots du_n\\
&=\frac{\sqrt{n}}{\sqrt{2\pi}}\int_{-\infty}^{\infty}e^{\theta_1 u_1}e^{-nu_1^2/2}du_1\left(\frac{1}{\sqrt{2\pi}}\int_{-\infty}^{\infty}e^{\theta_2 u^2}e^{-u^2/2}du\right)^{n-1}\\
&=\exp\left(\frac{\theta_1^2}{2n}\right)\left(\frac{1}{1-2\theta_2}\right)^{\frac{n-1}{2}}
\end{aligned}$$

$\bar{X}$ の m.g.f. $g(\theta_1,0)=\exp\left(\dfrac{\theta_1^2}{2n}\right)$,　$nS^2$ の m.g.f. $g(0,\theta_2)=(1-2\theta_2)^{-(n-1)/2}$.

よって　$g(\theta_1,\theta_2)=g(\theta_1,0)\,g(0,\theta_2)$.

これより $\bar{X},\ nS^2$ は独立であることがわかる．

また $nS^2$ は自由度 $n-1$ の $\chi^2$ 分布に従うこともわかる．

系．$X_1, X_2, \cdots, X_n$ が独立で，いずれも $\mathbf{N}(\mu, \sigma^2)$ に従うとき

$\sum_{i=1}^{n}(X_i - \overline{X})^2/\sigma^2$ は自由度 $n-1$ の $\chi^2$ 分布に従い，$\overline{X}$ と独立である．

**定理 4．** $X, Y$ が独立で，それぞれ $\mathbf{N}(0, 1)$，自由度 $n$ の $\chi^2$ 分布に従うとき

$U = X/\sqrt{Y/n}$ は自由度 $n$ の $t$ 分布に従う．

**証明**　$u = x/\sqrt{y/n}$,　$v = y$　とおき，

変数変換　$x = u\sqrt{\dfrac{v}{n}}$,　$y = v$　を行なう．

このときのヤコビの関数行列式は

$$\frac{\partial(x, y)}{\partial(u, v)} = \begin{vmatrix} \dfrac{\partial x}{\partial u} & \dfrac{\partial x}{\partial v} \\ \dfrac{\partial y}{\partial u} & \dfrac{\partial y}{\partial v} \end{vmatrix} = \sqrt{\frac{v}{n}}.$$

$X, Y$ が独立であるから $U, V(=Y)$ の同時確率密度関数は

$$g(u, v) = \frac{1}{\sqrt{2\pi}} e^{-x^2/2} \cdot \frac{1}{2^{n/2}\Gamma(n/2)} y^{\frac{n}{2}-1} e^{-y/2} \left| \frac{\partial(x, y)}{\partial(u, v)} \right|$$

$$= \frac{1}{\sqrt{2\pi}} e^{\frac{u^2 v}{2n}} \cdot \frac{1}{2^{n/2}\Gamma(n/2)} v^{\frac{n}{2}-1} e^{-v/2} \cdot \frac{\sqrt{v}}{\sqrt{n}}$$

$$= \frac{1}{\sqrt{2\pi}\, 2^{n/2}\Gamma(n/2)\sqrt{n}} v^{\frac{n-1}{2}} e^{-\frac{v}{2}\left(\frac{u^2}{n}+1\right)}.$$

$U$ の p.d.f. $f(u)$ は

$$f(u) = \int_0^\infty g(u, v)dv = \frac{1}{\sqrt{2\pi}\, 2^{n/2}\Gamma(n/2)\sqrt{n}} \int_0^\infty v^{\frac{n-1}{2}} e^{-\frac{v}{2}\left(\frac{u^2}{n}+1\right)} dv.$$

ところが

$$\int_0^\infty v^m e^{-av} dv = \frac{1}{a^{m+1}} \int_0^\infty t^m e^{-t} dt = \frac{\Gamma(m+1)}{a^{m+1}}.$$

よって

$$f(u) = \frac{2^{(n+1)/2}}{\sqrt{2\pi}\, 2^{n/2}\Gamma(n/2)\sqrt{n}} \frac{\Gamma\left(\dfrac{n+1}{2}\right)}{\left(1+\dfrac{u^2}{n}\right)^{(n+1)/2}}$$

$$= \frac{\Gamma\left(\dfrac{n+1}{2}\right)}{\sqrt{n\pi}\, \Gamma(n/2)} \left(1+\frac{u^2}{n}\right)^{-\frac{n+1}{2}}, \quad (-\infty < u < \infty).$$

よって $U$ は自由度 $n$ の $t$ 分布に従う．

**系**　$X_1, X_2, \cdots, X_n$ が独立で，$\mathbf{N}(\mu, \sigma^2)$ に従うとき

$$\frac{\bar{X}-\mu}{S/\sqrt{n-1}}$$ は自由度 $n-1$ の $t$ 分布に従う．

**証明**　$\bar{X}$ は $\mathrm{N}(\mu, \sigma^2/n)$ に従うから，

$$Y=\frac{\bar{X}-\mu}{\sigma/\sqrt{n}}$$ は $\mathrm{N}(0,1)$ に従う．

また定理 2 の系より

$$Z=\sum_{i=1}^{n}(X_i-\bar{X})^2/\sigma^2$$ は自由度 $n-1$ の $\chi^2$ 分布に従う．

定理 2 より $Y, Z$ は独立である．

よって定理 4 より

$$\frac{Y}{\sqrt{Z/(n-1)}}=\frac{\bar{X}-\mu}{S/\sqrt{n-1}}$$ は自由度 $n-1$ の $t$ 分布に従う．

**定理 5.**　$X, Y$ が独立で，それぞれ自由度 $m, n$ の $\chi^2$ 分布に従うとき

$$U=\frac{X}{m}\Big/\frac{Y}{n}$$ は自由度 $m, n$ の $\mathbf{F}$ 分布に従う．

**証明**　$u=\dfrac{x}{m}\Big/\dfrac{y}{n}$，$v=y$ とおき，変換 $x=\dfrac{muv}{n}$，$y=v$ を行なえば $U, V(=Y)$ の同時確率密度関数は

$$g(u,v)=\frac{1}{2^{m/2}\Gamma(m/2)}x^{\frac{m}{2}-1}e^{-\frac{x}{2}}\cdot\frac{1}{2^{n/2}\Gamma(n/2)}y^{\frac{n}{2}-1}e^{-\frac{y}{2}}\left|\frac{\partial(x,y)}{\partial(u,v)}\right|$$

$$=\frac{1}{2^{\frac{m+n}{2}}\Gamma(m/2)\Gamma(n/2)}\left(\frac{m}{n}\right)^{\frac{m}{2}}u^{\frac{m}{2}-1}v^{\frac{m+n}{2}-1}e^{-\frac{v}{2}\left(\frac{m}{n}u+1\right)}.$$

$U$ の p.d.f. $f(u)$ は

$$f(u)=\int_0^\infty g(u,v)dv=\frac{1}{2^{\frac{m+n}{2}}\Gamma(m/2)\Gamma(n/2)}\left(\frac{m}{n}\right)^{\frac{m}{2}}u^{\frac{m}{2}-1}$$

$$\cdot\int_0^\infty v^{\frac{m+n}{2}-1}e^{-\frac{v}{2}\left(\frac{m}{n}u+1\right)}dv$$

$$=\frac{1}{2^{\frac{m+n}{2}}\Gamma(m/2)\Gamma(n/2)}\left(\frac{m}{n}\right)^{\frac{m}{2}}u^{\frac{m}{2}-1}\frac{2^{\frac{m+n}{2}}}{\left(\frac{m}{n}u+1\right)^{\frac{m+n}{2}}}\Gamma\left(\frac{m+n}{2}\right)$$

$$=\left(\frac{m}{n}\right)^{\frac{m}{2}}\frac{\Gamma\left(\frac{m+n}{2}\right)}{\Gamma\left(\frac{m}{2}\right)\Gamma\left(\frac{n}{2}\right)}u^{\frac{m}{2}-1}\left(1+\frac{m}{n}u\right)^{-\frac{m+n}{2}},\qquad (u>0).$$

これは自由度 $m$, $n$ の F の分布の確率密度関数である.

**系** $X_1, X_2, \cdots, X_n$; $Y_1, Y_2, \cdots, Y_n$ **が同じ分散** $\sigma^2$ **をもつ，独立な正規任意標本であるとき**

$$\frac{\sum_{i=1}^{m}(X_i-\bar{X})^2}{m-1}\Bigg/\frac{\sum_{i=1}^{n}(Y_i-\bar{Y})^2}{n-1}$$ **は自由度** $m-1$, $n-1$ **の分布Fに従う.**

**証明**　定理3の系より

$\sum_{i=1}^{m}(X_i-\bar{X})^2/\sigma^2$　は自由度 $m-1$ の $\chi^2$ 分布に従う.

また　$\sum_{i=1}^{n}(Y_i-\bar{Y})^2/\sigma^2$　は自由度 $n-1$ の $\chi^2$ 分布に従う.

上の二つの確率変数は独立である.

よって定理5より

$$\frac{\sum_{i=1}^{m}(X_i-\bar{X})^2}{m-1}\Bigg/\frac{\sum_{i=1}^{n}(Y_i-\bar{Y})^2}{n-1}$$ は自由度 $m-1, n-1$ の F 分布に従う.

**定理 6.** $n$ **個の独立な確率変数** $X_1, X_2\cdots, X_n$ **がいずれも，正規分布** $N(0, 1)$ **に従い，これらの変数についての2次形式** $Q$ **が** $\chi^2$ **分布に従うとき，** $Q$ **を** $k$ **個の非負の2次形式** $Q_1, Q_2, \cdots, Q_k$ **に分割して**

$$Q = Q_1 + Q_2 + \cdots + Q_k$$

**とし，** $Q_1, Q_2, \cdots, Q_{k-1}$ **がいずれも** $\chi^2$ **分布に従うならば**

**(1)** $Q_k$ **は** $\chi^2$ **分布に従う.**

**(2)** $Q_1, Q_2, \cdots, Q_k$ **は独立である.**

**略証**　$Q$ が $\chi^2$ 分布に従うことから $Q$ の固有値は1と0からなる. その $Q$ の階数を $m$ とおけば, $Q$ に適当な直交変換 $(X)=L(Y)$ をほどこして次のような標準形になおすことができる.

$$Q=\sum_{i=1}^{m}Y_i^2.$$

この変換により得られる新変量 $Y_1, Y_2, \cdots, Y_n$ は独立で $N(0, 1)$ に従う. この変換で $Q_1, Q_2, \cdots, Q_k$ を $Y_1, \cdots, Y_n$ で表わしたとき，いずれも $Y_{m+1}, Y_{m+2}, \cdots, Y_n$ をふくんでいない. なぜならば，たとえば $Y_{m+1}^2$ をふくんでいるとすれば $Q_1, Q_2, \cdots, Q_k$ 中の $Y_{m+1}^2$ の係数をそれぞれ $a_1, a_2, \cdots, a_k$ とすれば

$$a_1+a_2+\cdots+a_k=0$$

となる. $a_1, a_2, \cdots, a_k$ のうち負値をとるものがある. よって $Y_{m+1}\to\infty$ すれば $Q_1, \cdots,$

$Q_k$ のうち $-\infty$ となるものがあり，負値をとらないという仮定に反することになる．また $Y_{m+1}Y_j$ のような項も同様にしてふくまれていない．

次に $Q_1$ が $\chi^2$ 分布に従うから，$Y_1, Y_2, \cdots, Y_m$ に適当な直交変換 $(Y)=M(Z)$ をほどこして $Q_1$ を標準形になおして

$$Q_1=\sum_{j=1}^{m_1} Z_j^2$$

とする．また，この変換で

$$Q=Q_1+Q_2+\cdots+Q_k=\sum_{i=1}^{m} Y_i^2=\sum_{j=1}^{m} Z_j^2.$$

よって　$$Q_2+\cdots+Q_k=\sum_{j=m_1+1}^{m} Z_j^2.$$

このようにして $k=2$ のとき定理は明かに成立する．以下同じようにして定理の成立がわかる．

## A 2.　クラーメル・ラオ の不等式

母集団分布を $p(x,\theta)$ とし，$\theta$ の任意の不偏推定量 $\hat{\theta}=\delta(X_1, X_2, \cdots, X_n)$ の分散を $\mathrm{V}(\hat{\theta})$ とおけば，ある条件（これを**正則条件**ということにする）のもとで

$$\mathrm{V}(\hat{\theta}) \geqq \frac{1}{nE\left[\left(\dfrac{\partial \log p(X,\theta)}{\partial\theta}\right)^2\right]}.$$

**略証**　$p(x,\theta)$ を特に確率密度関数とした場合（連続型の母集団分布），上の結果は形式的には次のようにして導かれる．

先ず $\hat{\theta}$ が $\theta$ の不偏推定量であるから

$$\mathrm{E}(\hat{\theta})=\int_{-\infty}^{\infty}\cdots\int_{-\infty}^{\infty}\delta(x_1, x_2, \cdots, x_n)\,p(x_1,\theta)\,p(x_2,\theta)\cdots p(x_n,\theta)\,dx_1dx_2\cdots dx_n=\theta.$$

記号を簡単にして，上の積分を

$$\int_{-\infty}^{\infty}\delta(x)f(x,\theta)dx$$

と書くことにする．

両辺を $\theta$ で微分して

$$\frac{d}{d\theta}\int_{-\infty}^{\infty}\delta(x)f(x,\theta)dx=1.$$

微分と積分の交換が許されるとして

$$\int_{-\infty}^{\infty}\delta(x)\frac{\partial f(x,\theta)}{\partial\theta}dx=1.$$

積分内を変形して

$$\int_{-\infty}^{\infty}\delta(x)\frac{1}{f(x,\theta)}\frac{\partial f(x,\theta)}{\partial\theta}f(x,\theta)dx=1.$$

ところが

$$\frac{\partial\log f(x,\theta)}{\partial\theta}=\frac{1}{f(x,\theta)}\frac{\partial f(x,\theta)}{\partial\theta}\quad\text{である.}$$

よって

$$\int_{-\infty}^{\infty}\delta(x)\frac{\partial\log f(x,\theta)}{\partial\theta}f(x,\theta)dx=1.$$

また $f(x,\theta)$ が確率密度関数であるから

$$\int_{-\infty}^{\infty}f(x,\theta)dx=1.$$

これより

$$\frac{d}{d\theta}\int_{-\infty}^{\infty}f(x,\theta)dx=\int_{-\infty}^{\infty}\frac{\partial f(x,\theta)}{\partial\theta}dx=\int_{-\infty}^{\infty}\frac{\partial\log f(x,\theta)}{\partial\theta}f(x,\theta)dx=0.$$

よって

$$\int_{-\infty}^{\infty}(\delta(x)-\theta)\frac{\partial\log f(x,\theta)}{\partial\theta}f(x,\theta)dx=1.$$

ところが一般に次の不等式（シュワルツ（Schwarz）の不等式）

$$\left\{\int_{-\infty}^{\infty}a(x)b(x)dx\right\}^2\leqq\left(\int_{-\infty}^{\infty}a^2(x)dx\right)\left(\int_{-\infty}^{\infty}b^2(x)dx\right)$$

が成り立つ．

$$(\delta(x)-\theta)\sqrt{f(x,\theta)}=a(x),\qquad\frac{\partial\log f(x,\theta)}{\partial\theta}\sqrt{f(x,\theta)}=b(x)$$

とおいて上の不等式を用いて

$$\int_{-\infty}^{\infty}(\delta(x)-\theta)^2f(x,\theta)dx\cdot\int_{-\infty}^{\infty}\left(\frac{\partial\log f(x,\theta)}{\partial\theta}\right)^2f(x,\theta)dx\geqq1.$$

ゆえに

$$\int_{-\infty}^{\infty}(\delta(x)-\theta)^2f(x,\theta)dx\geqq\frac{1}{\int_{-\infty}^{\infty}\left(\frac{\partial\log f(x,\theta)}{\partial\theta}\right)^2f(x,\theta)dx}.$$

上の式の左辺は $\hat{\theta}$ の分散である．

ところが $X_1,X_2,\cdots,X_n$ が独立で，同一の確率分布をもつこと，および

$$\int_{-\infty}^{\infty}\frac{\partial p(x_1,\theta)}{\partial\theta}dx_1=0$$

を用いれば,

$$\int_{-\infty}^{\infty}\cdots\int\frac{\partial\log \boldsymbol{p}(x_1,\theta)}{\partial\theta}\boldsymbol{p}(x_1,\theta)\boldsymbol{p}(x_2,\theta)\cdots\boldsymbol{p}(x_n,\theta)dx_1dx_2\cdots dx_n$$

$$=\int_{-\infty}^{\infty}\cdots\int\frac{\partial\boldsymbol{p}(x_1,\theta)}{\partial\theta}\boldsymbol{p}(x_2,\theta)\cdots\boldsymbol{p}(x_n,\theta)dx_1dx_2\cdots dx_n=\int_{-\infty}^{\infty}\frac{\partial\boldsymbol{p}(x_1,\theta)}{\partial\theta}dx_1=0$$

よって

$$\int_{-\infty}^{\infty}\left(\frac{\partial\log f(x,\theta)}{\partial\theta}\right)^2 f(x,\theta)dx=n\int_{-\infty}^{\infty}\left(\frac{\partial\log\boldsymbol{p}(x,\theta)}{\partial\theta}\right)^2\boldsymbol{p}(x,\theta)dx$$

$$=n\mathrm{E}\left[\left(\frac{\partial\log\boldsymbol{p}(X,\theta)}{\partial\theta}\right)^2\right].$$

以上より

$$V(\hat{\theta})\geqq\frac{1}{nE\left[\left(\frac{\partial\log\boldsymbol{p}(X,\theta)}{\partial\theta}\right)^2\right]}.$$

**注意** 1.　上のような計算が形式的に行なえるための十分条件は，少々大ざっぱにいえば次のようなものである．

（1）$f(x,\theta)>0$ なる $x$ の集合 $S(\theta)$ は $\theta$ により変わらない．

（2）$\frac{d}{d\theta}\int_{-\infty}^{\infty}f(x,\theta)dx=\int_{-\infty}^{\infty}\frac{\partial f(x,\theta)}{\partial\theta}dx$

（3）$\frac{d}{d\theta}\int_{-\infty}^{\infty}\delta(x)f(x,\theta)dx=\int_{-\infty}^{\infty}\delta(x)\frac{\partial f(x,\theta)}{\partial\theta}dx$

（4）$\int_{-\infty}^{\infty}\left(\frac{\partial\log p(x,\theta)}{\partial\theta}\right)^2 p(x,\theta)dx<\infty.$

**2**．クラーメル・ラオの不等式の等号の成り立つための必要十分条件は次の関係が存在することである．

$\hat{\theta}$ の確率密度関数を $g(\hat{\theta};\theta)$ とし，座標 $(x_1,x_2,\cdots,x_n)$ を $(\theta,y_1,\cdots,y_{n-1})$ に変換して $\hat{\theta}$ を与えたときの $y_1,y_2,\cdots,y_{n-1}$ の同時確率密度関数を $h(y_1,y_2,\cdots,y_{n-1}|\hat{\theta};\theta)$ とする．すると次のように書ける．

$$p(x_1,\theta)p(x_2,\theta)\cdots p(x_n,\theta)dx_1dx_2\cdots dx_n$$

$$=g(\hat{\theta};\theta)h(y_1,y_2,\cdots,y_{n-1}|\hat{\theta};\theta)d\hat{\theta}dy_1\cdots dy_{n-1}$$

このときの上の条件は

（A）$h(y_1,y_2,\cdots,y_{n-1}|\hat{\theta};\theta)$ が $\theta$ をふくんでいない．

（B）$\frac{\partial\log g(\hat{\theta};\theta)}{\partial\theta}=\lambda(\hat{\theta}-\theta)$,　（$\lambda$ は $\hat{\theta}$ に無関係）．

なお，この条件は次の形におきかえてもよい．

$$\sum_{i=1}^{n}\frac{\partial \log p(x_i,\theta)}{\partial\theta}=\lambda(\hat{\theta}-\theta).$$

## A 3．点推定法の基準

確率分布 $p(x,\theta)$ で特徴づけられた母集団から抽出された大きさ $n$ の任意標本 $X_1, X_2, \cdots, X_n$ をもとにして，この標本の関数である統計量(推定量) $\hat{\theta}=\delta(X_1, X_2, \cdots, X_n)$ でもって，できるだけ合理的に未知母数 $\theta$ を推定しようというのが点推定の問題である．先に本文では母集団分布の関数形は既知とし，標本数 $n$ を固定して考えた．その際良い推定量の基準として実際上よく用いられている不偏性，有効性をあげておいた．

一般に標本の関数でさえあれば推定量の名で呼べるのであるから，それはいくらでも考えられる．そのうちどれをもって良い推定量とするかという基準はいろいろあって不思議はない．事実多くのもっともらしい基準がとりあげられ研究が進められている．そのうち最も一般に受け入れられそうな基準は，$\theta$ とその推定量 $\hat{\theta}$ との間のくるいを，それらの差の2乗で表わし，その2乗誤差の平均 $\mathrm{E}(\hat{\theta}-\theta)^2$ をできるだけ小さくするような $\hat{\theta}$ を選ぶということであろう．この2乗誤差の平均を最小にするような $\hat{\theta}$ は，最良推定量と呼ばれることがある．推定量の範囲を広く一般にして，その中から最良推定量を選ぶのは難しい．そこで実際的には多くの場合，推定量の範囲を少しせばめて，不偏性 $\mathrm{E}(\hat{\theta})=\theta$ をもったものに限定し，その中からできるだけ分散 $\mathrm{V}(\hat{\theta})$ の小さいものを選ぶという基準が採用されている．この基準によれば最小分散不偏推定量が最良の推定量ということになる．この意味の最良推定量の存在を確認することは難しい．この問題に関し有効な手段を提供するのがクラーメル・ラオの不等式である．それは不偏推定量の分散の下界を示したものである．その下界を分散にもつ不偏推定量があれば，それが最小分散不偏推定量ということになる．この下界は母集団分布 $p(x,\theta)$ に依存して求められる．すなわち任意の不偏推定量 $\hat{\theta}$ に対し

$$\mathrm{V}(\hat{\theta})\geqq\frac{1}{n\mathrm{E}\left[\left(\dfrac{\partial \log p(X,\theta)}{\partial\theta}\right)^2\right]}$$

が成り立つ．

この不等式が成り立つ前提として，正則条件と呼ばれる比較的ゆるい条件が課せられているが，この種の問題に対し，相当実用上広範囲にわたり役立つ決め手が提供される．すなわちこの不等式の等号を成立せしめるような不偏推定量 $\hat{\theta}$ を選べば，正則条件下での不偏推定量中最小分散をもつことが確認される．実用上ほぼ最良の推定量ということになろう．この等号を成立せしめる推定量は**有効推定量**と呼ばれることがある．たとえば未知母数 $\theta$ が母平均 $\mu$ のとき，慣習的に，常識的に従来から用いられてきた推定量 $\bar{X}=\sum_{i=1}^{n} X_i/n$ が，実際上よく用いられる分布である正規分布，指数分布，二項分布，ポアソン分布等について等号を成立せしめることが示される．これで母平均をデータの平均 $\bar{x}$ で見当つける理論的裏づけが与えられたことになろう．ただ正則条件がくずれると必ずしも $\bar{x}$ で母平均を推定することは妥当でないこともあり得る．その例として一様分布の母平均の推定があげられよう．

すなわち一様分布

$$p(x,\theta)=\begin{cases}1/\theta & (0\leqq x\leqq\theta)\\ 0 & (\text{その他})\end{cases}$$

の母平均　$\mu=\theta/2$　の推定量としては $\bar{X}$ より　$\dfrac{n+1}{2n}\max(X_1, X_2, \cdots, X_n)$ のほうが分散が小さいことが示される．

しかし正則条件下でも，不等式の等号を成立せしめるような不偏推定量 $\theta$ を見出すことは難しい．この問題にからんで次にあげる充足推定量が注目される．

**充足推定量（十分推定量）**　クラーメル・ラオの不等式で等号の成立する条件，すなわち既述の条件（A），（B）のうち特に（A）だけとりあげ，次の条件をみたす推定量 $\hat{\theta}$ を $\theta$ の**充足推定量**（sufficient estimator）という．その条件とは

$$\begin{aligned}&p(x_1,\theta)p(x_2,\theta)\cdots p(x_n,\theta)dx_1\cdots dx_n\\&=g(\hat{\theta};\theta)h(y_1,y_2,\cdots,y_{n-1}|\hat{\theta};\theta)d\hat{\theta}dy_1\cdots dy_{n-1}\end{aligned}$$

とおいたとき，$h(y_1, y_2, \cdots, y_{n-1}|\hat{\theta};\theta)$ が $\theta$ を含んでないことである．

この条件は次のような意味をもっているとも解釈できよう．

$\theta$ の推定量として充足推定量 $\hat{\theta}$ を採用すれば他の推定量をさらに考えても $\theta$ を知ることに関しては何の得にもならない．$\theta$ を推定するには $\hat{\theta}$ だけで

十分である.

この性質は良い推定量の一つの基準としてとりあげられよう. これを充足推定量の定義に用いることもある. しかし充足推定量は不偏性をもっていないこともあるが, 推定量としてさらに次のようなよい性質をもっている.

(**1**) $\hat{\theta}$ が $\theta$ の充足推定量なるとき, $\hat{\theta}$ の関数 $u(\hat{\theta})$ は $u(\theta)$ の一つの充足推定量である. このような性質を不変性ともいわれる. このような都合のよい不変性は不偏推定量にはない. そのためたとえば一般母集団の母分散 $\sigma^2$ の不偏推定量として $S^2=\sum_{i=1}^{n}(X_i-\bar{X})^2/(n-1)$ をあげることができても, 母標準偏差 $\sigma$ の不偏推定量として $S$ をあげることはできない. この場合でも母集団を限定して正規母集団とし, その $\sigma$ の不偏推定量として標本数に依存した適当な常数 $a_n$ を掛けた $a_nS$ をあげて実用に供するという不便が起こる. そこで不変性をもたない不偏性を重視するとこの種の不都合は避け難い.

(**2**) $\theta$ の充足推定量は, いくつも考えられるが, それらの間は関数関係で結ばれている. すなわち $\hat{\theta}_1, \hat{\theta}_2$ が $\theta$ の充足推定量であれば $\hat{\theta}_1$ と $\hat{\theta}_2$ とは関数関係にある.

(**3**) $\theta$ の充足推定量 $\hat{\theta}_1$, 最小分散不偏推定量 $\hat{\theta}_2$ が存在すれば, $\hat{\theta}_2$ は $\hat{\theta}_1$ の関数である. これを用いれば, 不偏性, 有効性を基準にした最良の推定量は充足推定量の関数の中から探せばよいということになる.

(**3**) の略証　$\theta$ の任意の不偏推定量を $\theta^*$ とおけば

$$\theta=\int\cdots\int\theta^*\prod_{i=1}^{n}p(x_i,\theta)dx_i \qquad (p(x_i,\theta)\text{ は母集団分布})$$

$$=\int\cdots\int\theta^* g(\hat{\theta}_1;\theta)h(y_1,y_2,\cdots,y_{n-1}|\hat{\theta}_1)\,d\hat{\theta}_1dy_1\cdots dy_{n-1}$$

$$(\hat{\theta}_1\text{ の充足性から})$$

$$=\int g^*(\hat{\theta}_1)g(\hat{\theta}_1;\theta)d\hat{\theta}_1 \qquad (y_1,\cdots,y_{n-1}\text{ で積分して}).$$

また

$$\int\cdots\int(\theta^*-\theta)^2\prod_{i=1}^{n}p(x_i,\theta)dx_i$$

$$=\int\cdots\int(\theta^*-g^*(\hat{\theta}_1))^2\prod_{i=1}^{n}p(x_i,\theta)dx_i+\int(g^*(\hat{\theta}_1)-\theta)^2g(\hat{\theta}_1;\theta)d\hat{\theta}_1$$

$$\geqq\int(g^*(\hat{\theta}_1)-\theta)^2g(\hat{\theta}_1;\theta)d\hat{\theta}_1.$$

特に $\theta^*$ として $\theta$ の最小分散不偏推定量 $\hat{\theta}_2$ をおきかえれば

$$\int\cdots\int(\hat{\theta}_2-g^*(\hat{\theta}_1))^2\prod_{i=1}^{n}p(x_i,\theta)dx_i=0,$$

よって　　$\hat{\theta}_2=g^*(\hat{\theta}_1).$

不偏性，有効性，充足性はいずれも標本の大きさを固定しておいて推定量の望ましい条件として考えられている．次に大標本のときの推定量の良否の基準として $n\to\infty$ のときの良い漸近的推定量をあげておこう．

**一致推定量**　推定量 $\hat{\theta}$ が $\theta$ に確率収束するとき，すなわち任意の正数 $\varepsilon$ に対して

$$P\{|\hat{\theta}-\theta|<\varepsilon\}\to1\qquad(n\to\infty)$$

が成立するとき，$\hat{\theta}$ は $\theta$ の**一致推定量** (consistent estimator) という．

**漸近的有効推定量**　$n\to\infty$ としたとき $\sqrt{n}(\hat{\theta}-\theta)$ の極限分布が正規分布 $N(0,\sigma^2)$ となり，この $\sigma^2$ を最小にするような $\hat{\theta}$ を**漸近的有効推定量** (asymptotically efficient estimator) という．なお，このような $\hat{\theta}$ を有効推定量と呼ぶこともあることを注意しておこう．

このほか標本数を固定したときゲーム理論的考えに基いて定義されたミニマックス推定量，ベイズ推定量等，また大標本のとき有効性をもち，その上各 $n$ について充足性をもつものを最適推定量と呼んだり，いろいろの基準があることを注意しておこう．

点推定の方法，未知母数の推定量を見出す一般的の方法として本文では，最尤法をあげておいた．このほかにモーメント法，$\chi^2$－最小法等が知られているが，最尤法で得られたものが，推定量としていろいろ勝れた性質が保証されている．

**最尤推定量の利点**

（1）**不偏性**　一般に最尤推定量は不偏性をもっていないが，それを

適当に修正して不偏推定量にすることができる．

（2） **有効性** クラーメル・ラオの不等式で等号を成立せしめる有効推定量 $\hat{\theta}$ が存在すれば，尤度方程式はただ一つの解をもち，それは $\hat{\theta}$ である．

（3） **充足性** 充足推定量 $\hat{\theta}$ が存在する場合は尤度方程式の任意の解は $\hat{\theta}$ の関数である．

（4） **漸近有効性** ある条件のもとで尤度方程式は一つの漸近有効推定量を解にもつ．なお標本の大きさ $n$ が十分大なるとき $\hat{\theta}$ の分散 $\mathrm{V}(\hat{\theta})$ は

$$\mathrm{V}(\hat{\theta}) \sim \frac{1}{n\mathrm{E}\left[\left(\dfrac{\partial \log p(X, \theta)}{\partial \theta}\right)^2\right]}$$

とみなせる．

（5） **不変性** $\hat{\theta}$ が $\theta$ の最尤推定量であれば，$\hat{\theta}$ の任意の関数 $u(\hat{\theta})$ は $u(\theta)$ の最尤推定量である．

## A 4. 仮説検定法の基準

**一様最強力検定法** 普通の仮説検定法は，その検定法による判断の誤りを第1種，第2種の二つに分け，前者を犯す確率を小さな一定値 $\alpha$ におさえ，そのうえで後者の確率をできるだけ小さくするように工夫されている．特に後者は対立仮説をもとにして計算されるものであるから，対立仮説が単一であればともかく，そうでない場合は簡単に事は運ばない．ここに問題が面倒になる原因がある．帰無仮説，対立仮説ともに単一であるような簡単な場合は，第1種の誤りの確率を一定値 $\alpha$，第2種の誤りの確率が最小となるような仮説検定法をつくることができる．すなわち，この二つの条件をみたすような棄却領域 $R$ をつくることができる．この $R$ をどのようにつくるかを示したのが，次の **ネイマン・ピアソン** (Neyman-Pearson) **の定理**である．

いま母集団分布の型を連続型として，その確率密度関数を $f(x, \theta)$ と仮定しておく．これは $\theta$ を定めれば，母集団分布が決まることを意味している．母集団分布が正規分布 $\mathrm{N}(\mu, \sigma^2)$ で $\mu, \sigma^2$ ともに未知のときは，たとえ母平均を $\mu=\mu_0$ と定めても分散 $\sigma^2$ が未知では母集団分布が定まらない．これはいま対象にしている母集団分布の型ではない．つまりこれから考えようとす

る母集団の型は，対立仮説が単一であると仮定されるから実用上にはごく稀な場合と考えられる．しかし，このような簡単な場合の結果の理論が，この種の研究の発火点になった功績は大きいといえよう．

未知母数 $\theta$ に対する帰無仮説 $H_0$: $\theta=\theta_0$，対立仮説 $H_1$: $\theta=\theta_1$ ともに単一であるとする．問題になっている棄却領域は次の関係式

$$\frac{f(x_1, \theta_1)f(x_2, \theta_1)\cdots f(x_n, \theta_1)}{f(x_1, \theta_0)f(x_2, \theta_0)\cdots f(x_n, \theta_0)} \geqq k \qquad (1)$$

をみたす点 $(x_1, x_2, \cdots, x_n)$ の集合 $R_k$ として与えられる．ここに $k$ は第1種の誤りの確率が与えられた $\alpha$ になるように定められた定数である．すなわち任意標本 $(X_1, X_2, \cdots, X_n)$ が上の $R_k$ 内におちる確率を，仮説 $H_0$ のもとで計算した値が $\alpha$ になるように $k$ を定める．これを等式で表わすと

$$\int_{R_k}\cdots\int f(x_1, \theta_0)f(x_2, \theta_0)\cdots f(x_n, \theta_0)dx_1dx_2\cdots dx_n = \alpha \qquad (2)$$

このような $k$ の存在は次のように示される．上の関係式 (2) の左辺を $\varphi(k)$ で表わす．$k=0$ のときは (1) は分母が0でない限り常にみたされている．よって $\varphi(0)=1$．また $k_1<k_2$ のとき，(1) の不等式は $k=k_2$ のとき成り立てば $k=k_1$ のときも成立する．これから $R_{k_1}\supset R_{k_2}$．よって $\varphi(k_1)\geqq\varphi(k_2)$ すなわち $\varphi(k)$ は $k$ について非増加関数で，$k\to\infty$ のとき $\varphi(k)\to 0$ である．これから任意に与えられた $\alpha$ に対し，これに対応する $k=k^*$，すなわち $R_{k^*}$ が存在する．

このようにしてつくられた $R_{k^*}$ は，期待されている条件

第1種の誤りの確率は $\alpha$，第2種の誤りの確率は最小

をみたす検定法（これを**最強力検定法**（most powerful test）という）を提供する棄却領域（これを**最良棄却領域**（best critical region）という）になっていることは次のように示される．

いま，第1種の誤りの確率が $\alpha$ であるような任意の棄却領域を $R$ とし，$R_{k^*}, R$ に対する第2種の誤りの確率を $\beta^*, \beta$ とする．ここに $\beta^*$ は $R_{k^*}$ を用いて検定したとき，"帰無仮説 $H_0$ を棄却しない" すなわち '$H_0$ を採択する" という判断が誤りである確率を表わす．この判断は標本 $(X_1, X_2, \cdots, X_n)$ が $R_{k^*}$ 内におちないとき下されるわけである．その誤りはその母数 $\theta$

が $\theta=\theta_0$ でないとき，すなわち $\theta=\theta_1$ のとき起こる．すなわち

$$\beta^* = \mathrm{P}[(X_1, \cdots, X_n) \notin R_k^* | H_1] = 1-\mathrm{P}[(X_1, \cdots, X_n) \in R_k^* | H_1]$$

$$= 1-\int_{R_k^*}\cdots\int f(x_1, \theta_1)f(x_2, \theta_1)\cdots f(x_n, \theta_1)dx_1dx_2\cdots dx_n.$$

同様にして

$$\beta = 1-\int_R\cdots\int f(x_1, \theta_1)f(x_2, \theta_1)\cdots f(x_n, \theta_1)dx_1dx_2\cdots dx_n.$$

そこで

$$\beta-\beta^* = \int_{R_k^*}\cdots\int f(x_1, \theta_1)\cdots f(x_n, \theta_1)dx_1\cdots dx_n$$

$$-\int_R\cdots\int f(x_1, \theta_1)\cdots f(x_n, \theta_1)dx_1\cdots dx_n$$

$$= \int\cdots\int_{R_k^*-R_k^*\cap R} f(x_1, \theta_1)\cdots f(x_n, \theta_1)dx_1\cdots dx_n$$

$$-\int\cdots\int_{R-R_k^*\cap R} f(x_1, \theta_1)\cdots f(x_n, \theta_1)dx_1\cdots dx_n.$$

ところが

$$f(x_1, \theta_1)\cdots f(x_n, \theta_1) \geqq k^*f(x_1, \theta_0)\cdots f(x_n, \theta_0),$$
$$(x_1, \cdots, x_n) \in R_k^*-R_k^* \cap R,$$
$$f(x_1, \theta_1)\cdots f(x_n, \theta_1) < k^*f(x_1, \theta_0)\cdots f(x_n, \theta_0),$$
$$(x_1, \cdots, x_n) \in R-R_k^* \cap R.$$

よって

$$\beta-\beta^* \geqq k^*\int\cdots\int_{R_k^*-R_k^*\cap R} f(x_1, \theta_0)\cdots f(x_n, \theta_0)dx_1\cdots dx_n$$

$$-k^*\int\cdots\int_{R-R_k^*\cap R} f(x_1, \theta_0)\cdots f(x_n, \theta_0)dx_1\cdots dx_n$$

$$= k^*\left[\int_{R_k^*}\cdots\int f(x_1, \theta_0)\cdots f(x_n, \theta_0)dx_1\cdots dx_n\right.$$

$$\left.-\int_R\cdots\int f(x_1, \theta_0)\cdots f(x_n, \theta_0)dx_1\cdots dx_n\right]$$

$= 0.$　（[　] 内の二つの積分の値はいずれも $\alpha$）

これから　　　$\beta \geqq \beta^*$.

これで上のネイマン・ピアソンの定理は証明されたわけである．帰無仮説が単純であっても対立仮説は通常単一でなく，むしろ無数考えられる場合が普通である．その対立仮説の一つを固定すると最良棄却領域がつくられる．そのような最良棄却領域は一般に対立仮説が変わるごとに動くわけであるが，もし都合よくこれらの対立仮説に共通な最良棄却領域$R$が定まるとき，その$R$に対応する検定法が最も望しまい検定法であろう．この検定法を**一様最強力検定法**（uniformly most powerful test）という．しかし，この種の検定法が存在する場合はごく稀である．その稀な場合として次の例をあげよう．

**例 1**．正規母集団 $N(\mu, \sigma_0{}^2)$ ($\sigma_0{}^2$ は既知とする）の母平均 $\mu$ の仮説 $\mu=\mu_0$ を検定するとき，対立仮説 $\mu_1$ は単一ではないが，$\mu_0$ の一方側たとえば $\mu_1>\mu_0$ なることが予め知られていたとする．この場合，一様最強力検定法が存在することは次のように示される．

いま対立仮説が単一であって，それを $\mu=\mu_1$ ($\mu_1>\mu_0$) とおく．上のネイマン・ピアソンの定理を用いて最良棄却領域を作ってみる．

$$\prod_{i=1}^{n} f(x_i, \mu_1) \Big/ \prod_{i=1}^{n} f(x_i, \mu_0) = \exp\left[-\frac{1}{2}\sum_{i=1}^{n}\{(x_i-\mu_1)^2-(x_i-\mu_0)^2\}\right] \geqq k.$$

$\mu_1>\mu_0$ であるから上の不等式を

$$\bar{x} \geqq \lambda, \qquad (\bar{x}=\sum_{i=1}^{n} x_i/n)$$

なる形に変形できる．ここに $\lambda$ は $x_1, x_2, \cdots, x_n$ に無関係な定数である．いま，第１種の誤りの確率を $\alpha$ とおくと

$$P(\bar{X} \geqq \lambda) = P\left(\frac{\bar{X}-\mu_0}{\sigma_0/\sqrt{n}} \geqq \frac{\lambda-\mu_0}{\sigma_0/\sqrt{n}}\right) = \alpha.$$

$\dfrac{\bar{X}-\mu_0}{\sigma_0/\sqrt{n}}$ は $N(0, 1)$ に従うことから $\lambda$ は定められる．しかも甚だ好都合なことには，対立仮説 $\mu=\mu_1$ に無関係である．

そこで統計量として

$$T = \frac{\bar{X}-\mu_0}{\sigma_0/\sqrt{n}}$$

を用いて右片側検定法を考えれば，これが一様最強力検定法になっていることがわかる．

**不偏検定法**　帰無仮説 $H_0$: $\theta=\theta_0$, 対立仮説 $H_1$: $\theta=\theta_1$, 検定で用いられる統計量を $T$, 棄却領域を $R$ とおけば第1種の誤りの確率 $\alpha$, 第2種の誤りの確率 $\beta$ は次のように表わされる.

$$\mathrm{P}(T\in R|\theta_0)=\alpha, \quad \mathrm{P}(T\notin R|\theta_1)=1-\mathrm{P}(T\in R|\theta_1)=\beta.$$

いま, $\mathrm{P}(T\in R|\theta)$ を $\theta$ の関数とみるとき, この関数 $\mathrm{P}(\theta)$ の性質が検定の良否に大きな役割を果たしていることがわかる. この関数 $\mathrm{P}(\theta)$を, $R$ を棄却領域として採用した検定法の**検定力関数** (power function) という.

もし, この関数が $\theta=\theta_0$ で最小値をとるとき, すなわち

$$\min_{\theta} \mathrm{P}(T\in R|\theta)=\mathrm{P}(T\in R|\theta_0)=\alpha$$

をみたすならば, これに対応する検定法を**不偏検定法** (unbiased test) という.

この検定では, 対立仮説 $\theta=\theta_1$ がどんな値であっても

$$\mathrm{P}(T\in R|\theta_1)\geqq \mathrm{P}(T\in R|\theta_0).$$

$\theta$ がどんな値であっても, $T\in R$ のときは $\theta=\theta_0$ でないと判断するわけである. 上の不等式が成り立つことは, 次のことを意味している.

この検定法を採用して, 仮説 $H_0$: $\theta=\theta_0$ を検定すれば, $H_0$ がもし真でなければ, それが真であって棄てると判断される確率より小さくなることはない. つまり, "$\theta=\theta_0$ でない" と判断するとき, その判断が誤りを犯さない確率は犯す確率より小さいことはない.

この性質は検定法として持っていて欲しいものの一つである. この不偏検定法の考えは, やはりネイマン・ピアソンの提案によるものである.

**例 2.**　正規母集団 $\mathrm{N}(\mu, \sigma_0^2)$ ($\sigma_0^2$ は既知) の $\mu$ について仮説 $\mu=\mu_0$ を検定するときに, 両側検定法を採用するときは, この検定法は不偏検定法である.

**解**　この母集団からの任意標本を $X_1, X_2, \cdots, X_n$ とおくと

$$T=\frac{\bar{X}-\mu_0}{\sigma_0/\sqrt{n}} \text{ は } \mathrm{N}(0,1) \text{ に従う.}$$

有意水準を $\alpha$ とし,

$$\mathrm{P}\left(\left|\frac{\bar{X}-\mu_0}{\sigma_0/\sqrt{n}}\right|\geqq a_\alpha\right)=\alpha$$

なる $a_\alpha$ を求めれば, 棄却領域 $R$ は

$$R=(-\infty,-a_\alpha)\cup(a_\alpha,\infty).$$

検定力関数 $\mathrm{P}(\mu)=\mathrm{P}(T\in R|\mu)=1-\mathrm{P}(-a_\alpha<T<a_\alpha)$

$$=1-\mathrm{P}\left(\mu_0-\frac{\sigma_0}{\sqrt{n}}a_\alpha<\bar{X}<\mu_0+\frac{\sigma_0}{\sqrt{n}}a_\alpha\right)$$

$$=1-\mathrm{P}\left(\frac{\mu_0-\mu}{\sigma_0/\sqrt{n}}-a_\alpha<\frac{\bar{X}-\mu}{\sigma_0/\sqrt{n}}<\frac{\mu_0-\mu}{\sigma_0/\sqrt{n}}+a_\alpha\right)\geqq \mathrm{P}(\mu_0).$$

よって上の両側検定法は不偏検定法になっている．

## A 5. 尤度比検定法

確率分布 $p(x,\theta)$ で特徴づけられた母集団より抽出された大きさ $n$ の任意標本値を $x_1, x_2, \cdots, x_n$ とし，その尤度関数を

$$L(\theta)=\prod_{i=1}^{n}p(x_i,\theta)$$

とおく．検定すべき仮説を

$$H_0:\ \theta=\theta_0$$

とし，$\theta$ のとり得る値の集合を $\Omega$ とする．標本値 $(x_1, x_2, \cdots, x_n)$ を固定しておいて，$\theta$ が $\Omega$ 内を動くときの $L(\theta)$ の最大値が存在すれば，それを

$$\max_{\theta\in\Omega}L(\theta)$$

とおき，次の統計量

$$\lambda=L(\theta_0)/\max_{\theta\in\Omega}L(\theta)$$

を考える．この $\lambda$ は $x_1,x_2,\cdots,x_n$ の関数 $\lambda(x_1,x_2,\cdots,x_n)$ である．

最尤推定量を理由づけたのと同じような直感的考察から $\theta_0$ が真の値ならば，標本値 $(x_1, x_2, \cdots, x_n)$ は $\lambda$ の分子の最も大きいあたりに実現し，$\lambda$ はほぼ1に近いものと考えられよう．そこで仮説が誤りならば $\lambda$ は 0 に近いほうに起こりやすいと考え，$\lambda$ の分布について先ず

$$\mathrm{P}(0<\lambda<\lambda_\alpha)=\alpha$$

であるような $\lambda_\alpha$ を定める．この $\lambda_\alpha$ を使って標本値 $(x_1, x_2, \cdots, x_n)$ が

$$\lambda(x_1,x_2,\cdots,x_n)<\lambda_\alpha$$

となるような集合を考え，これを棄却領域にとる．これを用いて行なう方法が**尤度比検定法** (likelihood ratio test) である．

この方法は母数が数個の場合にも拡張できる．すなわち母集団分布を $p(x;\theta_1,\cdots,\theta_k)$ とおき，仮説を

$$H_0:\ \theta_0=(\theta_1{}^0,\cdots,\theta_r{}^0)\qquad (r\leqq k)$$

として $(\theta_1,\cdots,\theta_k)$ の集合を $\Omega$，そして $(\theta_1{}^0,\cdots,\theta_r{}^0,\theta_{r+1},\cdots,\theta_k)$ の集合を $\omega$ とする．ただし $\theta_{r+1},\cdots,\theta_k$ は変数と考えている．前のように

$$統計量\qquad \lambda=\max_{\theta\in\omega}L(\theta)/\max_{\theta\in\Omega}L(\theta)$$

をもとにして検定する．

この方法は大標本では次のような有利な性質をもっている．

ある条件（クラメール・ラオの不等式における正則条件）のもとで，仮説

$$H_0:\ \theta_1=\theta_1{}^0,\cdots,\theta_r{}^0\qquad (r\leqq k)$$

が真ならば $-2\log\lambda$ は自由度 $r$ の $\chi^2$ 分布に漸近的に従う．

**例 1.** 等分散の尤度比検定　$k$ 個の正規母集団 $\mathrm{N}(\mu_i,\sigma_i{}^2)$ $(i=1,2,\cdots,k)$ からそれぞれ独立に，大きさ $n_i$ $(i=1,2,\cdots,k)$ の任意標本をとり，それぞれの標本分散 $S_i{}^2$ $(i=1,2,\cdots,k)$ を用いて等分散の仮説 $H_0$: $\sigma_1{}^2=\sigma_2{}^2\cdots=\sigma_k{}^2$ を検定することを考えてみよう．

尤度比 $\lambda$ を求めれば

$$\lambda=\prod_{i=1}^k S_i{}^{n_i/2}/(\sum n_iS_i{}^2/\sum n_i)^{\Sigma n_i/2},\ \left(\sum_{i=1}^k n_i=n\right).$$

ゆえに大標本的には

$$-2\log\lambda=n\log\left\{\frac{n_1S_1{}^2+\cdots+n_kS_k{}^2}{n_1+\cdots+n_k}\right\}-n_1\log S_1{}^2-\cdots-n_k\log S_k{}^2$$

は自由度 $k-1$ の $\chi^2$ 分布に漸近的に従うことは，母数空間 $\Omega$，$\omega$ の次元がそれぞれ $2k$，$k+1$ なることよりわかる．

**例 2.** 適合度の尤度比検定．　いま母集団分布を次のような多項分布

$$p(x;p_1,p_2,\cdots,p_k)=\prod_{i=1}^k p_1{}^{x_i};\ \ x_i=0,1;\ \ \sum_{i=1}^k x_i=1;\ \sum_{i=1}^k p_i=1$$

とする．帰無仮説 $H_0$: $p_i=p_{0i}$ $(i=1,2,\cdots,k)$ とおく．

大きさ $n$ の標本値 $(x_1,x_2,\cdots,x_n)$ の尤度関数 $L$ は

$$L=\prod_{i=1}^k p_i{}^{n_i},\qquad \sum_{i=1}^k n_i=n.$$

最尤推定量 $p_i$ $(i=1,2,\cdots,k)$ は次の形で表わされる．

$$\hat{p}_i = n_i/n.$$

よって尤度比 $\lambda$ は

$$\lambda = n^n \prod_{i=1}^{k} (p_{0i}/n_i)^{n_i}.$$

$n$ が相当大きいときは，次のことを用いて大標本的な検定法が考えられる．

$-2\log\lambda$ は漸近的に自由度 $k-1$ の $\chi^2$ 分布に従う．

この $-2\log\lambda$ が近似的に

$$\chi^2 = \sum_{i=1}^{n} (n_i - np_{0i})^2/np_{0i}$$

と等しいことを示そう．

$\lambda$ を書き直して

$$\lambda = K\frac{n!}{\prod_{i=1}^{k} n_i!}\prod_{i=1}^{k} p_{0i}{}^{n_i}, \qquad K = \frac{n^n}{\prod_{i=1}^{k} n_i{}^{n_i}} \cdot \frac{\prod_{j=1}^{k} n_j!}{n!}.$$

ところが $n$ が大きいときは

$$\frac{n!}{\prod_{i=1}^{k} n_i!}\prod_{i=1}^{k} p_{0i}{}^{n_i} \sim \frac{1}{(2\pi)^{\frac{k-1}{2}}}\sqrt{\frac{n}{\prod_{i=1}^{k}(np_{0i})}}\, e^{-\frac{1}{2}\chi^2}.$$

$n_i/np_{0i} \sim 1$ と考え，またスターリングの公式を用いて

$$n_j! \sim \sqrt{2\pi}\, e^{-n_j} n_j{}^{n_j+\frac{1}{2}}, \qquad (j=1, 2, \cdots, k),$$

$$n! \sim \sqrt{2\pi}\, e^{-n} n^{n+\frac{1}{2}}.$$

よって　$\lambda \sim e^{-\frac{1}{2}\chi^2}$，すなわち　$-2\log\lambda \sim \chi^2$.

## A 6.　分布によらない統計的推測

本文では母集団から抽出された任意標本をもとにして推定，検定をどうすべきかを考えてきた．その場合，解析の都合上しばしば母集団分布を正規分布と限定して論じてきた．このように推定，検定の理論的根拠が特殊の母集団分布に依存することは，その実際面への適用上決して望ましいことではない．母集団分布の形に依存しないこの種の理論展開は，ノンパラメトリック

な問題（nonparametric problem）と呼ばれ，数理統計学の近年の研究課題の一つである．次にその一部を，手法を中心にして述べておこう．

**1. 母中央値の推定，検定**　母集団の未知母数として，特に中心的位置を示す母平均 $\mu$，そのバラツキの尺度として母分散 $\sigma^2$ または母標準偏差 $\sigma$ をとりあげて，それ等の点推定については本文でふれておいた．そこでは任意標本 $X_1, X_2, \cdots, X_n$ をもとにしての母平均 $\mu$，母分散 $\sigma^2$ の不偏推定量としてそれぞれ $\bar{X}=\sum_{i=1}^{n} X_i/n$, $\sum_{i=1}^{n}(X_i-\bar{X})^2/(n-1)$ をあげておいた．この不偏性をもつという良い推定量としての基準は，母集団の分布の形が何であっても，その分散が存在する限り保持されている．すなわち上の不偏推定量はノンパラ的な性質をもっているといえよう．ところが母平均，母分散等の区間推定ということになると，このようなノンパラ的な議論の展開はできない．ノンパラ的な理論を展開するためには，順序統計量の使用が有効である．それは次のような事項に起因する．

連続型の母集団（分布関数を $F(x)$ とする）からの任意標本を，大きさの順に並べた順序統計量を $X_{(1)}, X_{(2)}, \cdots, X_{(n)}$ とおくとき

$$F(X_{(1)}),\ F(X_{(2)}),\ \cdots,\ F(X_{(n)})$$

は，区間 $[0, 1]$ の上の一様分布から抽出された $n$ 個の順序統計量になっている．

このことを用いて，ノンパラ的の方法を考え出すためには一様分布のところでの議論を，一般分布のほうへ移し変えるように工夫する必要がある．このために母集団の中心的位置を示す母数として中央値すなわち

$$F(\xi_{1/2})=1/2$$

をみたす $\xi_{1/2}$ が用いられ，母集団のバラツキを示す尺度として次のような値 $\tau_{1/2}$:

$$\tau_{1/2}=\xi_{3/4}-\xi_{1/4},\quad (F(\xi_{3/4})=3/4,\ F(\xi_{1/4})=1/4)$$

がとりあげられることがある．

この種の母数の点推定には，直観的な推定量が用いられる．たとえば母中央値 $\xi_{1/2}$ の推定量としては，標本中央値 $\tilde{X}$:

$$\tilde{X} = \begin{cases} X_{(k+1)}, & (n=2k+1) \\ \dfrac{X_{(k)}+X_{(k+1)}}{2}, & (n=2k), \end{cases}$$

が使われている．しかしこれは一般には不偏性をもっていないが，実際上よくぶつかる母集団分布については一致性をもっていることが示される．

なお，母中央値 $\xi_{1/2}$ の区間推定には次の結果が役立つ，

$$\mathrm{P}(X_{(r)} < \xi_{1/2} < X_{(n-r+1)}) = \sum_{i=r}^{n-r} {}_nC_i \left(\frac{1}{2}\right)^n.$$

一般に $F(\xi_p)=p$ $(0<p<1)$ をみたす $\xi_p$ の区間推定には，次の結果

$$\mathrm{P}(X_{(r)} < \xi_p < X_{(s)}) = \sum_{i=r}^{s-1} {}_nC_i p^i (1-p)^{n-i}$$

が用いられる．

なお $\xi_p$ を信頼度 $1-\alpha$ で区間推定するときは，$s=n-r+1$ として

$$\mathrm{P}(X_{(r)} < \xi_p < X_{(n-r+1)}) \geqq 1-\alpha$$

をみたす最大値 $r$ を求めるのが普通である．

たとえば $n=8$ として $\xi_{1/2}$ の 95％ 信頼区間を求めてみる．

$$\mathrm{P}(X_{(1)} < \xi_{1/2} < X_{(8)}) = 1-\frac{1}{2^8}-\frac{1}{2^8} = \frac{63}{64} = 0.98,$$

$$\mathrm{P}(X_{(2)} < \xi_{1/2} < X_{(7)}) = 1-\frac{18}{2^8} = \frac{55}{64} = 0.83.$$

これより求める 95％ 信頼区間は

$$(X_{(1)},\quad X_{(8)}).$$

この区間推定は母集団分布の型に依存していないことは明らかである．

母中央値 $\xi_{1/2}$ の仮説検定は上の信頼区間を用いればよい．

たとえば仮説 $H_0$: $\xi_{1/2}=\xi_{1/2}{}^*$ を有意水準 $\alpha$ で検定したいときは，信頼度 $1-\alpha$ の信頼区間 $(X_{(r)}, X_{(n-r+1)})$ をつくり

$\xi_{1/2}{}^* \in (X_{(r)}, X_{(n-r+1)})$ のときは，$H_0$ をすてない，

$\xi_k{}^* \notin (X_{(r)}, X_{(n-r+1)})$ のときは，$H_0$ をすてる，

と結論すれば，第１種の誤りの確率は $\alpha$ 以下となる．

**2．2 標本問題**　p.d.f. $f_1(x)$ をもつ母集団からの任意標本を

$$X_1, X_2, \cdots, X_m,$$

p.d.f. $f_2(x)$ をもつ母集団からの任意標本を　$Y_1, Y_2, \cdots, Y_n$ をもとにして　仮説 $H_0$: $f_1(x)=f_2(x)$　を検定する問題を **2 標本問題** (two sample problem) という．この種の問題を中心にして，ノンパラ的な統計的推測の方法がいろいろ工夫されている．次にその二，三を紹介しよう．

（1）　**連検定**　　2 組の標本値をいっしょにして，たとえば次のように小さいほうから大きさの順に並べる．

$$x_{(1)},\ x_{(2)},\ y_{(1)},\ x_{(3)},\ y_{(2)},\ y_{(3)},\ x_{(4)},\ x_{(5)},\ y_{(4)},\ x_{(6)}$$

$x_{(i)}$ に 0，$y_{(j)}$ に 1 を代入して

$$0,\ 0,\ 1,\ 0,\ 1,\ 1,\ 0,\ 0,\ 1,\ 0.$$

一つまたはいくつかの 0，1 の続きを**連** (run) という．その連の総数を $D$ とおく．上の例では $D=7$ となる．

この連の総数 $D$ を仮説検定用の統計量に使う．そのためには仮説のもとでの $D$ の確率分布が必要である．

$X_i$ $(i=1, 2, \cdots, m)$，$Y_j$ $(j=1, 2, \cdots, n)$ が同じ母集団からの任意標本としたとき

$$\mathrm{P}(D=d) = h(d) = \begin{cases} 2\cdot {}_{m-1}C_{k-1}\cdot {}_{n-1}C_{k-1}/{}_{m+n}C_m, & (k=d/2), \\ ({}_{m-1}C_k\cdot {}_{n-1}C_{k-1}+{}_{m-1}C_{k-1}\cdot {}_{n-1}C_k)/{}_{m+n}C_m, & \left(k=\dfrac{d-1}{2}\right) \end{cases}$$

有意水準 $\alpha$ とおき

$$\sum_{d=0}^{d_0} h(d) \fallingdotseq \alpha$$

なる $d_0$ を求めて，$D$ の標本値を $D^*$ とおき，次のように結論する．

$D^* \leqq d_0$　のとき　$H_0$ をすてる，

$D^* > d_0$　のとき　$H_0$ をすてない．

$m, n$ が大きいときは，上の統計量 $D$ は次に示す平均 $\mathrm{E}(D)$，分散 $\mathrm{V}(D)$ をもつ正規分布にほぼ従う．しかもその $m, n$ もそれほど大きくなく，ともに 10 より大きい程度で実用上十分よい近似を示すことが知られている．

$$\mathrm{E}(D) = \frac{2mn}{m+n}+1,$$

$$\mathrm{V}(D)=\frac{2mn(2mn-m-n)}{(m+n)^2(m+n-1)}.$$

**例**　次の2組の標本測定値は同じ確率密度関数をもつ母集団から抽出されたという仮説を検定せよ．

$x$:　31, 28, 20, 25, 18, 15, 32, 24, 22, 29, 25

$y$:　24, 32, 15, 27, 38, 32, 24, 18, 25, 10, 30, 19

標本値をいっしょにして大きさの順に並べる．そのとき同じ大きさの標本値の順序は，でたらめになるように工夫する．$x$ の値には 0, $y$ の値には 1 をあてはめて次の列を得たとする．

10110100101001100101101

このときの　$\mathrm{E}(D)=12.49$,　$\mathrm{V}(D)=5.47$.

連の長さ $D$ の標本値は $D^*=17$. 有意水準 0.05 として

$$\frac{17-12.49}{\sqrt{5.47}}\fallingdotseq 1.93<1.96.$$

よって2組の標本が同じ p.d.f. の母集団からとられたという仮説はすてられない．

（2）**$W$ 検定**　　2組の標本値をいっしょにして，大きさの順序に並べて

$$z_{(1)},\ z_{(2)},\ \cdots,\ z_{(m+n)}$$

とおく．$x_1, x_2, \cdots, x_m$ の各 $x_i$ が $z$ についての順位を考えて，その順位の総和を $T$ とする．そして検定用の統計量として

$$W=mn+\frac{m(m+1)}{2}-T$$

を採用する．この $W$ の平均，分散は

$$\mathrm{E}(W)=\frac{mn}{2},\qquad \mathrm{V}(W)=\frac{mn(m+n+1)}{12}.$$

このとき $m, n$ が相当大きいときは（実用上には $m, n$ ともに 10 より大であれば十分といわれている）

$$\frac{W-mn/2}{\sqrt{mn(m+n+1)/12}}\ \text{は，ほぼ N(0,1) に従う，}$$

ことが知られている．これを用いて2標本問題を扱うことができる．前の例

について考えてみよう．

$$\mathrm{E}(W)=66, \quad \mathrm{V}(W)=264.$$

標本値から先ず $T$ の標本値 $T^*$ を求めれば

$$T^*=2+5+7+8+10+12+13+16+17+19+22=131.$$

$W$ の標本値 $W^*=67$. 有意水準を 0.05 としてみる．

$$\frac{67-66}{\sqrt{264}} \fallingdotseq 0.06 < 1.96.$$

この検定法でも前と同じ結論が得られる．

この種の2標本問題に対しては，このほかにいろいろの検定法が発表されているが，問題はそれ等の検定法の優劣をどうして決めるかということである．これについては対立仮説の在り方を考慮していろいろの議論が展開されるわけであるが，この種の問題を扱った成書なり論文なりを参照されたい．

# 付　　　表

表 1. 平方，平方根表

| $n$ | $n^2$ | $\sqrt{n}$ | $\sqrt{10n}$ | $n$ | $n^2$ | $\sqrt{n}$ | $\sqrt{10n}$ |
|---|---|---|---|---|---|---|---|
| 1.0 | 1.00 | 1.000 | 3.162 | 5.5 | 30.25 | 2.345 | 7.416 |
| 1.1 | 1.21 | 1.049 | 3.317 | 5.6 | 31.36 | 2.366 | 7.483 |
| 1.2 | 1.44 | 1.095 | 3.464 | 5.7 | 32.49 | 2.387 | 7.550 |
| 1.3 | 1.69 | 1.140 | 3.606 | 5.8 | 33.64 | 2.408 | 7.616 |
| 1.4 | 1.96 | 1.183 | 3.742 | 5.9 | 34.81 | 2.429 | 7.681 |
| 1.5 | 2.25 | 1.225 | 3.873 | 6.0 | 36.00 | 2.449 | 7.746 |
| 1.6 | 2.56 | 1.265 | 4.000 | 6.1 | 37.21 | 2.470 | 7.810 |
| 1.7 | 2.89 | 1.304 | 4.123 | 6.2 | 38.44 | 2.490 | 7.874 |
| 1.8 | 3.24 | 1.342 | 4.243 | 6.3 | 39.69 | 2.510 | 7.937 |
| 1.9 | 3.61 | 1.378 | 4.359 | 6.4 | 40.96 | 2.530 | 8.000 |
| 2.0 | 4.00 | 1.414 | 4.472 | 6.5 | 42.25 | 2.550 | 8.062 |
| 2.1 | 4.41 | 1.449 | 4.583 | 6.6 | 43.56 | 2.569 | 8.124 |
| 2.2 | 4.84 | 1.483 | 4.690 | 6.7 | 44.89 | 2.588 | 8.185 |
| 2.3 | 5.29 | 1.517 | 4.796 | 6.8 | 46.24 | 2.608 | 8.246 |
| 2.4 | 5.76 | 1.549 | 4.899 | 6.9 | 47.61 | 2.627 | 8.307 |
| 2.5 | 6.25 | 1.581 | 5.000 | 7.0 | 49.00 | 2.646 | 8.367 |
| 2.6 | 6.76 | 1.612 | 5.099 | 7.1 | 50.41 | 2.665 | 8.426 |
| 2.7 | 7.29 | 1.643 | 5.196 | 7.2 | 51.84 | 2.683 | 8.485 |
| 2.8 | 7.84 | 1.673 | 5.292 | 7.3 | 53.29 | 2.702 | 8.544 |
| 2.9 | 8.41 | 1.703 | 5.385 | 7.4 | 54.76 | 2.720 | 8.602 |
| 3.0 | 9.00 | 1.732 | 5.477 | 7.5 | 56.25 | 2.739 | 8.660 |
| 3.1 | 9.61 | 1.761 | 5.568 | 7.6 | 57.76 | 2.757 | 8.718 |
| 3.2 | 10.24 | 1.789 | 5.657 | 7.7 | 59.29 | 2.775 | 8.775 |
| 3.3 | 10.89 | 1.817 | 5.745 | 7.8 | 60.84 | 2.793 | 8.832 |
| 3.4 | 11.56 | 1.844 | 5.831 | 7.9 | 62.41 | 2.811 | 8.888 |
| 3.5 | 12.25 | 1.871 | 5.916 | 8.0 | 64.00 | 2.828 | 8.944 |
| 3.6 | 12.96 | 1.897 | 6.000 | 8.1 | 65.61 | 2.846 | 9.000 |
| 3.7 | 13.69 | 1.924 | 6.083 | 8.2 | 67.24 | 2.864 | 9.055 |
| 3.8 | 14.44 | 1.949 | 6.164 | 8.3 | 68.89 | 2.881 | 9.110 |
| 3.9 | 15.21 | 1.975 | 6.245 | 8.4 | 70.56 | 2.898 | 9.165 |
| 4.0 | 16.00 | 2.000 | 6.325 | 8.5 | 72.25 | 2.915 | 9.220 |
| 4.1 | 16.81 | 2.025 | 6.403 | 8.6 | 73.96 | 2.933 | 9.274 |
| 4.2 | 17.64 | 2.049 | 6.481 | 8.7 | 75.69 | 2.950 | 9.327 |
| 4.3 | 18.49 | 2.074 | 6.557 | 8.8 | 77.44 | 2.966 | 9.381 |
| 4.4 | 19.36 | 2.098 | 6.633 | 8.9 | 79.21 | 2.983 | 9.434 |
| 4.5 | 20.25 | 2.121 | 6.708 | 9.0 | 81.00 | 3.000 | 9.487 |
| 4.6 | 21.16 | 2.145 | 6.782 | 9.1 | 82.81 | 3.017 | 9.539 |
| 4.7 | 22.09 | 2.168 | 6.856 | 9.2 | 84.64 | 3.033 | 9.592 |
| 4.8 | 23.04 | 2.191 | 6.928 | 9.3 | 86.49 | 3.050 | 9.644 |
| 4.9 | 24.01 | 2.214 | 7.000 | 9.4 | 88.36 | 3.066 | 9.695 |
| 5.0 | 25.00 | 2.236 | 7.071 | 9.5 | 90.25 | 3.082 | 9.747 |
| 5.1 | 26.01 | 2.258 | 7.141 | 9.6 | 92.16 | 3.098 | 9.798 |
| 5.2 | 27.04 | 2.280 | 7.211 | 9.7 | 94.09 | 3.114 | 9.849 |
| 5.3 | 28.09 | 2.302 | 7.280 | 9.8 | 96.04 | 3.130 | 9.899 |
| 5.4 | 29.16 | 2.324 | 7.348 | 9.9 | 98.01 | 3.146 | 9.950 |

**表 2.** 二項分布表 $\sum_{x=0}^{r} {}_nC_x p^x(1-p)^{n-x}$

| n | r | 0.10 | 0.20 | 0.25 | 0.30 | 0.40 | 0.50 | 0.60 | 0.70 | 0.80 | 0.90 |
|---|---|---|---|---|---|---|---|---|---|---|---|
| 5 | 0 | 0.5905 | 0.3277 | 0.2373 | 0.1681 | 0.0778 | 0.0312 | 0.0102 | 0.0024 | 0.0003 | 0.0000 |
| | 1 | 0.9185 | 0.7373 | 0.6328 | 0.5282 | 0.3370 | 0.1875 | 0.0870 | 0.0308 | 0.0067 | 0.0005 |
| | 2 | 0.9914 | 0.9421 | 0.8965 | 0.8369 | 0.6826 | 0.5000 | 0.3174 | 0.1631 | 0.0579 | 0.0086 |
| | 3 | 0.9995 | 0.9933 | 0.9844 | 0.9692 | 0.9130 | 0.8125 | 0.6630 | 0.4718 | 0.2627 | 0.0815 |
| | 4 | 1.0000 | 0.9997 | 0.9990 | 0.9976 | 0.9898 | 0.9688 | 0.9222 | 0.8319 | 0.6723 | 0.4095 |
| | 5 | 1.0000 | 1.0000 | 1.0000 | 1.0000 | 1.0000 | 1.0000 | 1.0000 | 1.0000 | 1.0000 | 1.0000 |
| 10 | 0 | 0.3487 | 0.1074 | 0.0563 | 0.0282 | 0.0060 | 0.0010 | 0.0001 | 0.0000 | 0.0000 | 0.0000 |
| | 1 | 0.7361 | 0.3758 | 0.2440 | 0.1493 | 0.0464 | 0.0107 | 0.0017 | 0.0001 | 0.0000 | 0.0000 |
| | 2 | 0.9298 | 0.6778 | 0.5256 | 0.3828 | 0.1673 | 0.0547 | 0.0123 | 0.0016 | 0.0001 | 0.0000 |
| | 3 | 0.9872 | 0.8791 | 0.7759 | 0.6496 | 0.3823 | 0.1719 | 0.0548 | 0.0106 | 0.0009 | 0.0000 |
| | 4 | 0.9984 | 0.9672 | 0.9219 | 0.8497 | 0.6331 | 0.3770 | 0.1662 | 0.0474 | 0.0064 | 0.0002 |
| | 5 | 0.9999 | 0.9936 | 0.9803 | 0.9527 | 0.8338 | 0.6230 | 0.3669 | 0.1503 | 0.0328 | 0.0016 |
| | 6 | 1.0000 | 0.9991 | 0.9965 | 0.9894 | 0.9452 | 0.8281 | 0.6177 | 0.3504 | 0.1209 | 0.0128 |
| | 7 | 1.0000 | 0.9999 | 0.9996 | 0.9984 | 0.9877 | 0.9453 | 0.8327 | 0.6172 | 0.3222 | 0.0702 |
| | 8 | 1.0000 | 1.0000 | 1.0000 | 0.9999 | 0.9983 | 0.9893 | 0.9536 | 0.8507 | 0.6242 | 0.2639 |
| | 9 | 1.0000 | 1.0000 | 1.0000 | 1.0000 | 0.9999 | 0.9990 | 0.9940 | 0.9718 | 0.8926 | 0.6513 |
| | 10 | 1.0000 | 1.0000 | 1.0000 | 1.0000 | 1.0000 | 1.0000 | 1.0000 | 1.0000 | 1.0000 | 1.0000 |
| 15 | 0 | 0.2059 | 0.0352 | 0.0134 | 0.0047 | 0.0005 | 0.0000 | 0.0000 | 0.0000 | 0.0000 | 0.0000 |
| | 1 | 0.5490 | 0.1671 | 0.0802 | 0.0353 | 0.0052 | 0.0005 | 0.0000 | 0.0000 | 0.0000 | 0.0000 |
| | 2 | 0.8159 | 0.3980 | 0.2361 | 0.1268 | 0.0271 | 0.0037 | 0.0003 | 0.0000 | 0.0000 | 0.0000 |
| | 3 | 0.9444 | 0.6482 | 0.4613 | 0.2969 | 0.0905 | 0.0176 | 0.0019 | 0.0001 | 0.0000 | 0.0000 |
| | 4 | 0.9873 | 0.8358 | 0.6865 | 0.5155 | 0.2173 | 0.0592 | 0.0094 | 0.0007 | 0.0000 | 0.0000 |
| | 5 | 0.9978 | 0.9389 | 0.8516 | 0.7216 | 0.4032 | 0.1509 | 0.0338 | 0.0037 | 0.0001 | 0.0000 |
| | 6 | 0.9997 | 0.9819 | 0.9434 | 0.8689 | 0.6098 | 0.3036 | 0.0951 | 0.0152 | 0.0008 | 0.0000 |
| | 7 | 1.0000 | 0.9958 | 0.9827 | 0.9500 | 0.7869 | 0.5000 | 0.2131 | 0.0500 | 0.0042 | 0.0000 |
| | 8 | 1.0000 | 0.9992 | 0.9958 | 0.9848 | 0.9050 | 0.6964 | 0.3902 | 0.1311 | 0.0181 | 0.0003 |
| | 9 | 1.0000 | 0.9999 | 0.9992 | 0.9963 | 0.9662 | 0.8491 | 0.5968 | 0.2784 | 0.0611 | 0.0023 |
| | 10 | 1.0000 | 1.0000 | 0.9999 | 0.9993 | 0.9907 | 0.9408 | 0.7827 | 0.4845 | 0.1642 | 0.0127 |
| | 11 | 1.0000 | 1.0000 | 1.0000 | 0.9999 | 0.9981 | 0.9824 | 0.9095 | 0.7031 | 0.3518 | 0.0556 |
| | 12 | 1.0000 | 1.0000 | 1.0000 | 1.0000 | 0.9997 | 0.9963 | 0.9729 | 0.8732 | 0.6020 | 0.1841 |
| | 13 | 1.0000 | 1.0000 | 1.0000 | 1.0000 | 1.0000 | 0.9995 | 0.9948 | 0.9647 | 0.8329 | 0.4510 |
| | 14 | 1.0000 | 1.0000 | 1.0000 | 1.0000 | 1.0000 | 1.0000 | 0.9995 | 0.9953 | 0.9648 | 0.7941 |
| | 15 | 1.0000 | 1.0000 | 1.0000 | 1.0000 | 1.0000 | 1.0000 | 1.0000 | 1.0000 | 1.0000 | 1.0000 |
| 20 | 0 | 0.1216 | 0.0115 | 0.0032 | 0.0008 | 0.0000 | 0.0000 | 0.0000 | 0.0000 | 0.0000 | 0.0000 |
| | 1 | 0.3917 | 0.0692 | 0.0243 | 0.0076 | 0.0005 | 0.0000 | 0.0000 | 0.0000 | 0.0000 | 0.0000 |
| | 2 | 0.6769 | 0.2061 | 0.0913 | 0.0355 | 0.0036 | 0.0002 | 0.0000 | 0.0000 | 0.0000 | 0.0000 |
| | 3 | 0.8670 | 0.4114 | 0.2252 | 0.1071 | 0.0160 | 0.0013 | 0.0001 | 0.0000 | 0.0000 | 0.0000 |
| | 4 | 0.9568 | 0.6296 | 0.4148 | 0.2375 | 0.0510 | 0.0059 | 0.0003 | 0.0000 | 0.0000 | 0.0000 |
| | 5 | 0.9887 | 0.8042 | 0.6172 | 0.4164 | 0.1256 | 0.0207 | 0.0016 | 0.0000 | 0.0000 | 0.0000 |
| | 6 | 0.9976 | 0.9133 | 0.7858 | 0.6080 | 0.2500 | 0.0577 | 0.0065 | 0.0003 | 0.0000 | 0.0000 |
| | 7 | 0.9996 | 0.9679 | 0.8982 | 0.7723 | 0.4159 | 0.1316 | 0.0210 | 0.0013 | 0.0000 | 0.0000 |
| | 8 | 0.9999 | 0.9900 | 0.9591 | 0.8867 | 0.5956 | 0.2517 | 0.0565 | 0.0051 | 0.0001 | 0.0000 |
| | 9 | 1.0000 | 0.9974 | 0.9861 | 0.9520 | 0.7553 | 0.4119 | 0.1275 | 0.0171 | 0.0006 | 0.0000 |
| | 10 | 1.0000 | 0.9994 | 0.9961 | 0.9829 | 0.8725 | 0.5881 | 0.2447 | 0.0480 | 0.0026 | 0.0000 |
| | 11 | 1.0000 | 0.9999 | 0.9991 | 0.9949 | 0.9435 | 0.7483 | 0.4044 | 0.1133 | 0.0100 | 0.0001 |
| | 12 | 1.0000 | 1.0000 | 0.9998 | 0.9987 | 0.9790 | 0.8684 | 0.5841 | 0.2277 | 0.0321 | 0.0004 |
| | 13 | 1.0000 | 1.0000 | 1.0000 | 0.9997 | 0.9935 | 0.9423 | 0.7500 | 0.3920 | 0.0867 | 0.0024 |
| | 14 | 1.0000 | 1.0000 | 1.0000 | 1.0000 | 0.9984 | 0.9793 | 0.8744 | 0.5836 | 0.1958 | 0.0113 |
| | 15 | 1.0000 | 1.0000 | 1.0000 | 1.0000 | 0.9997 | 0.9941 | 0.9490 | 0.7625 | 0.3704 | 0.0432 |
| | 16 | 1.0000 | 1.0000 | 1.0000 | 1.0000 | 1.0000 | 0.9987 | 0.9840 | 0.8929 | 0.5886 | 0.1330 |
| | 17 | 1.0000 | 1.0000 | 1.0000 | 1.0000 | 1.0000 | 0.9998 | 0.9964 | 0.9645 | 0.7939 | 0.3231 |
| | 18 | 1.0000 | 1.0000 | 1.0000 | 1.0000 | 1.0000 | 1.0000 | 0.9995 | 0.9924 | 0.9308 | 0.6083 |
| | 19 | 1.0000 | 1.0000 | 1.0000 | 1.0000 | 1.0000 | 1.0000 | 1.0000 | 0.9992 | 0.9885 | 0.8784 |
| | 20 | 1.0000 | 1.0000 | 1.0000 | 1.0000 | 1.0000 | 1.0000 | 1.0000 | 1.0000 | 1.0000 | 1.0000 |

表 3.　ポアソン分布表　$x \to P(X=x) \equiv e^{-\lambda}\dfrac{\lambda^x}{x!}$

| $x$ \ $\lambda$ | 0.1 | 0.2 | 0.3 | 0.4 | 0.5 | 0.6 | 0.7 | 0.8 | 0.9 | 1.0 | 1.5 | 2.0 | 2.5 | 3.0 |
|---|---|---|---|---|---|---|---|---|---|---|---|---|---|---|
| 0 | .905 | .819 | .741 | .670 | .607 | .549 | .497 | .449 | .407 | .368 | .223 | .135 | .082 | .050 |
| 1 | .090 | .164 | .222 | .268 | .303 | .329 | .348 | .359 | .366 | .368 | .335 | .271 | .205 | .149 |
| 2 | .005 | .016 | .033 | .054 | .076 | .099 | .122 | .144 | .165 | .184 | .251 | .271 | .257 | .224 |
| 3 | — | .001 | .003 | .007 | .013 | .020 | .028 | .038 | .049 | .061 | .126 | .180 | .214 | .224 |
| 4 | — | — | — | .001 | .002 | .003 | .005 | .008 | .011 | .015 | .047 | .090 | .134 | .168 |
| 5 | — | — | — | — | — | — | .001 | .001 | .002 | .003 | .014 | .036 | .067 | .101 |
| 6 | — | — | — | — | — | — | — | — | — | .001 | .004 | .012 | .028 | .050 |
| 7 | — | — | — | — | — | — | — | — | — | — | .001 | .003 | .010 | .022 |
| 8 | — | — | — | — | — | — | — | — | — | — | — | .001 | .003 | .008 |
| 9 | — | — | — | — | — | — | — | — | — | — | — | — | .001 | .003 |
| 10 | — | — | — | — | — | — | — | — | — | — | — | — | — | .001 |

| $x$ \ $\lambda$ | 3.5 | 4.0 | 4.5 | 5.0 | 5.5 | 6.0 | 6.5 | 7.0 | 7.5 | 8.0 | 9.5 | 9.0 | 9.5 | 10.0 |
|---|---|---|---|---|---|---|---|---|---|---|---|---|---|---|
| 0 | .030 | .018 | .011 | .007 | .004 | .002 | .002 | .001 | .001 | — | — | — | — | — |
| 1 | .106 | .073 | .050 | .034 | .022 | .015 | .010 | .006 | .004 | .003 | .002 | .001 | .001 | — |
| 2 | .185 | .147 | .112 | .084 | .062 | .045 | .032 | .022 | .016 | .011 | .007 | .005 | .003 | .002 |
| 3 | .216 | .195 | .169 | .140 | .113 | .089 | .069 | .052 | .039 | .029 | .021 | .015 | .011 | .008 |
| 4 | .189 | .195 | .190 | .175 | .156 | .134 | .112 | .091 | .073 | .057 | .044 | .034 | .025 | .019 |
| 5 | .132 | .156 | .171 | .175 | .171 | .161 | .145 | .128 | .109 | .092 | .075 | .061 | .048 | .038 |
| 6 | .077 | .104 | .128 | .146 | .157 | .161 | .157 | .149 | .137 | .122 | .107 | .091 | .076 | .063 |
| 7 | .039 | .060 | .082 | .104 | .123 | .138 | .146 | .149 | .146 | .140 | .129 | .117 | .104 | .090 |
| 8 | .017 | .030 | .046 | .065 | .085 | .103 | .119 | .130 | .137 | .140 | .138 | .132 | .123 | .113 |
| 9 | .007 | .013 | .023 | .036 | .052 | .069 | .086 | .101 | .114 | .124 | .130 | .132 | .130 | .125 |
| 10 | .002 | .005 | .010 | .018 | .029 | .041 | .056 | .071 | .086 | .099 | .110 | .119 | .124 | .125 |
| 11 | .001 | .002 | .004 | .008 | .014 | .023 | .033 | .045 | .059 | .072 | .085 | .097 | .107 | .114 |
| 12 | — | .001 | .002 | .003 | .007 | .011 | .018 | .026 | .037 | .048 | .060 | .073 | .084 | .095 |
| 13 | — | — | .001 | .001 | .003 | .005 | .009 | .014 | .021 | .030 | .040 | .050 | .062 | .073 |
| 14 | — | — | — | — | .001 | .002 | .004 | .007 | .011 | .017 | .024 | .032 | .042 | .052 |
| 15 | — | — | — | — | — | .001 | .002 | .003 | .006 | .009 | .014 | .019 | .027 | .035 |
| 16 | — | — | — | — | — | — | .001 | .001 | .003 | .005 | .007 | .011 | .016 | .022 |
| 17 | — | — | — | — | — | — | — | .001 | .001 | .002 | .004 | .006 | .009 | .013 |
| 18 | — | — | — | — | — | — | — | — | — | .001 | .002 | .003 | .005 | .007 |
| 19 | — | — | — | — | — | — | — | — | — | — | .001 | .001 | .002 | .004 |
| 20 | — | — | — | — | — | — | — | — | — | — | — | .001 | .001 | .002 |
| 21 | — | — | — | — | — | — | — | — | — | — | — | — | — | .001 |

**表 4.** 正規分布表　$x \to p = \frac{1}{\sqrt{2\pi}} \int_0^x e^{-t^2/2}\,dt$

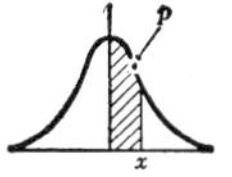


| $x$ | 0.00 | 0.01 | 0.02 | 0.03 | 0.04 | 0.05 | 0.06 | 0.07 | 0.08 | 0.09 |
|---|---|---|---|---|---|---|---|---|---|---|
| 0.0 | .0000 | .0040 | .0080 | .0120 | .0159 | .0199 | .0239 | .0279 | .0319 | .0359 |
| 0.1 | .0398 | .0438 | .0478 | .0517 | .0557 | .0596 | .0636 | .0675 | .0714 | .0753 |
| 0.2 | .0793 | .0832 | .0871 | .0910 | .0948 | .0987 | .1026 | .1064 | .1103 | 1141 |
| 0.3 | .1179 | .1217 | .1255 | .1293 | .1331 | .1368 | .1406 | .1443 | .1480 | .1517 |
| 0.4 | .1554 | .1591 | .1628 | .1664 | .1700 | .1736 | .1772 | .1808 | .1844 | .1879 |
| 0.5 | .1915 | .1950 | .1985 | .2019 | .2054 | .2088 | .2123 | .2157 | .2190 | .2224 |
| 0.6 | .2257 | .2291 | .2324 | .2357 | .2389 | .2422 | .2454 | .2486 | .2518 | .2549 |
| 0.7 | .2580 | .2612 | .2642 | .2673 | .2704 | .2734 | .2764 | .2794 | .2823 | .2852 |
| 0.8 | .2881 | .2910 | .2939 | .2967 | .2995 | .3023 | .3051 | .3078 | .3106 | .3133 |
| 0.9 | .3159 | .3186 | .3212 | .3238 | .3264 | .3289 | .3315 | .3340 | .3365 | .3389 |
| 1.0 | .3413 | .3438 | .3461 | .3485 | .3508 | .3531 | .3554 | .3577 | .3599 | .3621 |
| 1.1 | .3643 | .3665 | .3686 | .3718 | .3729 | .3749 | .3770 | .3790 | .3810 | .3830 |
| 1.2 | .3849 | .3869 | .3888 | .3907 | .3925 | .3944 | .3962 | .3980 | .3997 | .4015 |
| 1.3 | .4032 | .4049 | .4066 | .4083 | .4099 | .4115 | .4131 | .4147 | .4162 | .4177 |
| 1.4 | .4192 | .4207 | .4222 | .4236 | .4251 | .4265 | .4279 | .4292 | .4306 | .4319 |
| 1.5 | .4332 | .4345 | .4357 | .4370 | .4382 | .4394 | .4406 | .4418 | .4430 | .4441 |
| 1.6 | .4452 | .4463 | .4474 | .4485 | .4495 | .4505 | .4515 | .4525 | .4535 | .4545 |
| 1.7 | .4554 | .4564 | .4573 | .4582 | .4591 | .4599 | .4608 | .4616 | .4625 | .4633 |
| 1.8 | .4641 | .4649 | .4656 | .4664 | .4671 | .4678 | .4686 | .4693 | .4699 | .4706 |
| 1.9 | .4713 | .4719 | .4726 | .4732 | .4738 | .4744 | .4750 | .4758 | .4762 | .4767 |
| 2.0 | .4773 | .4778 | .4783 | .4788 | .4793 | .4798 | .4803 | .4808 | .4812 | .4817 |
| 2.1 | .4821 | .4826 | .4830 | .4834 | .4838 | .4842 | .4846 | .4850 | .4854 | .4857 |
| 2.2 | .4861 | .4865 | .4868 | .4871 | .4875 | .4878 | .4881 | .4884 | .4887 | .4890 |
| 2.3 | .4893 | .4896 | .4898 | .4901 | .4904 | .4906 | .4909 | .4911 | .4913 | .4916 |
| 2.4 | .4918 | .4920 | .4922 | .4925 | .4927 | .4929 | .4931 | .4932 | .4934 | .4936 |
| 2.5 | .4938 | .4940 | .4941 | .4943 | .4945 | .4946 | .4948 | .4949 | .4951 | .4952 |
| 2.6 | .4953 | .4955 | .4956 | .4957 | .4959 | .4960 | .4961 | .4962 | .4963 | .4964 |
| 2.7 | .4965 | .4966 | .4967 | .4968 | .4969 | .4970 | .4971 | .4972 | .4973 | .4974 |
| 2.8 | .4974 | .4975 | .4976 | .4977 | .4977 | .4978 | .4979 | .4980 | .4980 | .4981 |
| 2.9 | .4981 | .4982 | .4983 | .4984 | .4984 | .4984 | .4985 | .4985 | .4986 | .4986 |
| 3.0 | .4987 | .4987 | .4987 | .4988 | .4988 | .4988 | .4989 | .4989 | .4989 | .4990 |
| 3.1 | .4990 | .4991 | .4991 | .4991 | .4992 | .4992 | .4992 | .4992 | .4993 | .4993 |

表 5.　正規分布表　$p=\frac{1}{\sqrt{2\pi}}\int_0^x e^{-t^2/2}\,dt \to x$

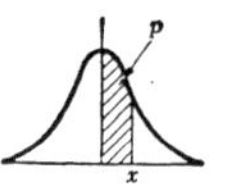


| 小数位 | .000 | .002 | .004 | .006 | .008 | 小数位 | .000 | .002 | .004 | .006 | .008 |
|---|---|---|---|---|---|---|---|---|---|---|---|
| .00 | .0000 | .0050 | .0100 | .0150 | .0201 | .25 | .6745 | .6808 | .6871 | .6935 | .6999 |
| .01 | .0251 | .0301 | .0351 | .0401 | .0451 | .26 | .7063 | .7128 | .7192 | .7257 | .7323 |
| .02 | .0502 | .0552 | .0602 | .0652 | .0702 | .27 | .7388 | .7454 | .7521 | .7588 | .7655 |
| .03 | .0753 | .0803 | .0853 | .0904 | .0954 | .28 | .7722 | .7790 | .7858 | .7926 | .7995 |
| .04 | .1004 | .1055 | .1105 | .1156 | .1206 | .29 | .8064 | .8134 | .8204 | .8274 | .8345 |
| .05 | .1257 | .1307 | .1358 | .1408 | .1459 | .30 | .8416 | .8488 | .8560 | .8633 | .8705 |
| .06 | .1510 | .1560 | .1611 | .1662 | .1713 | .31 | .8779 | .8853 | .8927 | .9002 | .9078 |
| .07 | .1764 | .1815 | .1866 | .1917 | .1968 | .32 | .9154 | .9230 | .9307 | .9385 | .9463 |
| .08 | .2019 | .2070 | .2121 | .2173 | .2224 | .33 | .9542 | .9621 | .9701 | .9782 | .9863 |
| .09 | .2275 | .2327 | .2378 | .2430 | .2482 | .34 | .9945 | 1.0027 | 1.0110 | 1.0194 | 1.0279 |
| .10 | .2533 | .2585 | .2637 | .2689 | .2741 | .35 | 1.0364 | 1.0450 | 1.0537 | 1.0625 | 1.0714 |
| .11 | .2793 | .2845 | .2898 | .2950 | .3002 | .36 | 1.0803 | 1.0893 | 1.0985 | 1.1077 | 1.1170 |
| .12 | .3055 | 3107 | .3160 | .3213 | .3266 | .37 | 1.1264 | 1.1359 | 1.1455 | 1.1552 | 1.1650 |
| .13 | 3319 | .3372 | .3425 | .3478 | .3531 | .38 | 1.1750 | 1.1850 | 1.1952 | 1.2055 | 1.2160 |
| .14 | .3585 | .3638 | .3692 | .3745 | .3799 | .39 | 1.2265 | 1.2372 | 1.2481 | 1.2591 | 1.2702 |
| .15 | .3853 | .3907 | .3961 | .4016 | .4070 | .40 | 1.2816 | 1.2930 | 1.3047 | 1.3165 | 1.3285 |
| .16 | .4125 | .4179 | .4234 | .4289 | .4344 | .41 | 1.3408 | 1.3532 | 1.3658 | 1.3787 | 1.3917 |
| .17 | .4399 | .4454 | .4510 | .4565 | .4621 | .42 | 1.4051 | 1.4187 | 1.4325 | 1.4466 | 1.4611 |
| .18 | .4677 | .4733 | .4789 | .4845 | .4902 | .43 | 1.4758 | 1.4909 | 1.5063 | 1.5220 | 1.5382 |
| .19 | .4959 | .5015 | .5072 | .5129 | .5187 | .44 | 1.5548 | 1.5718 | 1.5893 | 1.6072 | 1.6258 |
| .20 | .5244 | .5302 | .5359 | .5417 | .5476 | .45 | 1.6449 | 1.6646 | 1.6849 | 1.7060 | 1.7279 |
| .21 | .5534 | .5592 | .5651 | .5710 | .5769 | .46 | 1.7507 | 1.7744 | 1.7991 | 1.8250 | 1.8522 |
| .22 | .5828 | .5888 | .5948 | .6008 | .6068 | .47 | 1.8808 | 1.9110 | 1.9431 | 1.9774 | 2.0141 |
| .23 | .6128 | .6189 | .6250 | .6311 | .6372 | .48 | 2.0537 | 2.0969 | 2.1444 | 2.1973 | 2.2571 |
| .24 | .6433 | .6495 | .6557 | .6620 | .6682 | .49 | 2.3263 | 2.4089 | 2.5121 | 2.6521 | 2.8782 |

| $p$ | $x$ |
|---|---|
| 0.495 | 2.5758 |
| 0.4995 | 3.2905 |
| 0.49995 | 3.8906 |

表 6. $\chi^2$ 分布表　$\alpha=P(X>\chi^2)\to\chi_0^2$

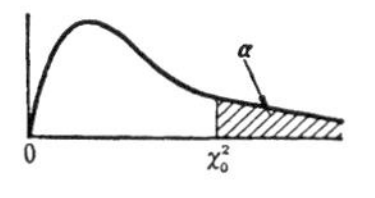


| 自由度 | α | | | | | | | | | |
|---|---|---|---|---|---|---|---|---|---|---|
| $m$ | 0.995 | 0.99 | 0.975 | 0.95 | 0.90 | 0.10 | 0.05 | 0.025 | 0.01 | 0.005 |
| 1 | 0.000 | 0.000 | 0.001 | 0.003 | 0.016 | 2.71 | 3.84 | 5.02 | 6.63 | 7.88 |
| 2 | 0.010 | 0.020 | 0.051 | 0.103 | 0.211 | 4.61 | 5.99 | 7.38 | 9.21 | 10.60 |
| 3 | 0.072 | 0.115 | 0.216 | 0.352 | 0.584 | 6.25 | 7.81 | 9.35 | 11.34 | 12.84 |
| 4 | 0.207 | 0.297 | 0.484 | 0.711 | 1.064 | 7.78 | 9.49 | 11.14 | 13.28 | 14.86 |
| 5 | 0.412 | 0.554 | 0.831 | 1.145 | 1.610 | 9.24 | 11.07 | 12.83 | 15.09 | 16.75 |
| 6 | 0.676 | 0.872 | 1.237 | 1.635 | 2.20 | 10.64 | 12.59 | 14.45 | 16.81 | 18.55 |
| 7 | 0.989 | 1.239 | 1.690 | 2.17 | 2.83 | 12.02 | 14.07 | 16.01 | 18.48 | 20.3 |
| 8 | 1.344 | 1.646 | 2.18 | 2.73 | 3.49 | 13.36 | 15.51 | 17.53 | 20.1 | 22.0 |
| 9 | 1.735 | 2.09 | 2.70 | 3.33 | 4.17 | 14.68 | 16.92 | 19.02 | 21.7 | 23.6 |
| 10 | 2.16 | 2.56 | 3.25 | 3.94 | 4.87 | 15.99 | 18.31 | 20.5 | 23.2 | 25.2 |
| 11 | 2.60 | 3.05 | 3.82 | 4.57 | 5.58 | 17.28 | 19.68 | 21.9 | 24.7 | 26.8 |
| 12 | 3.07 | 3.57 | 4.40 | 5.23 | 6.30 | 18.55 | 21.0 | 23.3 | 26.2 | 28.3 |
| 13 | 3.57 | 4.11 | 5.01 | 5.89 | 7.04 | 19.81 | 22.4 | 24.7 | 27.7 | 29.8 |
| 14 | 4.07 | 4.66 | 5.63 | 6.57 | 7.79 | 21.1 | 23.7 | 26.1 | 29.1 | 31.3 |
| 15 | 4.60 | 5.23 | 6.26 | 7.26 | 8.55 | 22.3 | 25.0 | 27.5 | 30.6 | 32.8 |
| 16 | 5.14 | 5.81 | 6.91 | 7.96 | 9.31 | 23.5 | 26.3 | 28.8 | 32.0 | 34.3 |
| 17 | 5.70 | 6.41 | 7.56 | 8.67 | 10.09 | 24.8 | 27.6 | 30.2 | 33.4 | 35.7 |
| 18 | 6.26 | 7.01 | 8.23 | 9.39 | 10.86 | 26.0 | 28.9 | 31.5 | 34.8 | 37.2 |
| 19 | 6.84 | 7.63 | 8.91 | 10.12 | 11.65 | 27.2 | 30.1 | 32.9 | 36.2 | 38.6 |
| 20 | 7.43 | 8.26 | 9.59 | 10.85 | 12.44 | 28.4 | 31.4 | 34.2 | 37.6 | 40.0 |
| 21 | 8.03 | 8.90 | 10.28 | 11.59 | 13.24 | 29.6 | 32.7 | 35.5 | 38.9 | 41.4 |
| 22 | 8.64 | 9.54 | 10.98 | 12.34 | 14.04 | 30.8 | 33.9 | 36.8 | 40.3 | 42.8 |
| 23 | 9.26 | 10.20 | 11.69 | 13.09 | 14.85 | 32.0 | 35.2 | 38.1 | 41.6 | 44.2 |
| 24 | 9.89 | 10.86 | 12.40 | 13.85 | 15.66 | 33.2 | 36.4 | 39.4 | 43.0 | 45.6 |
| 25 | 10.52 | 11.52 | 13.12 | 14.61 | 16.47 | 34.4 | 37.7 | 40.6 | 44.3 | 46.9 |
| 26 | 11.16 | 12.20 | 13.84 | 15.38 | 17.29 | 35.6 | 38.9 | 41.9 | 45.6 | 48.3 |
| 27 | 11.81 | 12.88 | 14.57 | 16.15 | 18.11 | 36.7 | 40.1 | 43.2 | 47.0 | 49.6 |
| 28 | 12.46 | 13.56 | 15.31 | 16.93 | 18.94 | 37.9 | 41.3 | 44.5 | 48.3 | 51.0 |
| 29 | 13.12 | 14.26 | 16.05 | 17.71 | 19.77 | 39.1 | 42.6 | 45.7 | 49.6 | 52.3 |
| 30 | 13.79 | 14.95 | 16.79 | 18.49 | 20.6 | 40.3 | 43.8 | 47.0 | 50.9 | 53.7 |

（注）$m>30$ のときは $\sqrt{2\chi^2}-\sqrt{2m-1}$ が近似的に $N(0,1)$ に従って分布するから付表 4 を用いる.

表 7. $t$ 分布表 $\alpha=\mathrm{P}(|X|>t_0)\rightarrow t_0$

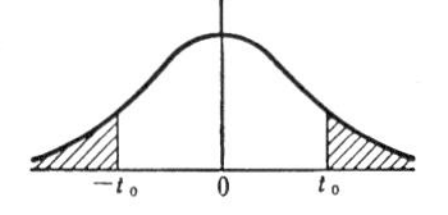


| 自由度 $m$ | $\alpha$ 0.5 | 0.25 | 0.1 | 0.05 | 0.025 | 0.01 | 0.005 | 自由度 $m$ |
|---|---|---|---|---|---|---|---|---|
| 1 | 1.00 | 2.41 | 6.31 | 12.7 | 25.5 | 63.7 | 127 | 1 |
| 2 | .816 | 1.60 | 2.92 | 4.30 | 6.21 | 9.92 | 14.1 | 2 |
| 3 | .765 | 1.42 | 2.35 | 3.18 | 4.18 | 5.84 | 7.45 | 3 |
| 4 | .741 | 1.34 | 2.13 | 2.78 | 3.50 | 4.60 | 5.60 | 4 |
| 5 | .727 | 1.30 | 2.01 | 2.57 | 3.16 | 4.03 | 4.77 | 5 |
| 6 | .718 | 1.27 | 1.94 | 2.45 | 2.97 | 3.71 | 4.32 | 6 |
| 7 | .711 | 1.25 | 1.89 | 2.36 | 2.84 | 3.50 | 4.03 | 7 |
| 8 | .706 | 1.24 | 1.86 | 2.31 | 2.75 | 3.36 | 3.83 | 8 |
| 9 | .703 | 1.23 | 1.83 | 2.26 | 2.68 | 3.25 | 3.69 | 9 |
| 10 | .700 | 1·22 | 1.81 | 2.23 | 2.63 | 3.17 | 3.58 | 10 |
| 11 | .697 | 1.21 | 1.80 | 2.20 | 2.59 | 3.11 | 3.50 | 11 |
| 12 | .695 | 1.21 | 1.78 | 2.18 | 2.56 | 3.05 | 3.43 | 12 |
| 13 | .694 | 1.20 | 1.77 | 2.16 | 2.53 | 3.01 | 3.37 | 13 |
| 14 | .692 | 1.20 | 1.76 | 2.14 | 2.51 | 2.98 | 3.33 | 14 |
| 15 | .691 | 1.20 | 1.75 | 2.13 | 2.49 | 2.95 | 3.29 | 15 |
| 16 | .690 | 1.19 | 1.75 | 2.12 | 2.47 | 2.92 | 3.25 | 16 |
| 17 | .689 | 1.19 | 1.74 | 2.11 | 2.46 | 2.90 | 3.22 | 17 |
| 18 | .688 | 1.19 | 1.73 | 2.10 | 2.44 | 2.88 | 3.20 | 18 |
| 19 | .688 | 1.19 | 1.73 | 2.09 | 2.43 | 2.86 | 3.17 | 19 |
| 20 | .687 | 1.18 | 1.72 | 2.09 | 2.42 | 2.85 | 3.15 | 20 |
| 21 | .686 | 1.18 | 1.72 | 2.08 | 2.41 | 2.83 | 3.14 | 21 |
| 22 | .686 | 1.18 | 1.72 | 2.07 | 2.41 | 2.82 | 3.12 | 22 |
| 23 | .685 | 1.18 | 1.71 | 2.07 | 2.40 | 2.81 | 3.10 | 23 |
| 24 | .685 | 1.18 | 1.71 | 2.06 | 2.39 | 2.80 | 3.09 | 24 |
| 25 | .684 | 1.18 | 1.71 | 2.06 | 2.38 | 2.79 | 3.08 | 25 |
| 26 | .684 | 1.18 | 1.71 | 2.06 | 2.38 | 2.78 | 3.07 | 26 |
| 27 | .684 | 1.18 | 1.70 | 2.05 | 2.37 | 2.77 | 3.06 | 22 |
| 28 | .683 | 1.17 | 1.70 | 2.05 | 2.37 | 2.76 | 3.05 | 28 |
| 29 | .683 | 1.17 | 1.70 | 2.05 | 2.36 | 2.76 | 3.04 | 29 |
| 30 | .683 | 1.17 | 1.70 | 2.04 | 2.36 | 2.75 | 3.03 | 30 |
| 40 | .681 | 1.17 | 1.68 | 2.02 | 2.33 | 2.70 | 2.97 | 40 |
| 60 | .679 | 1.16 | 1.67 | 2.00 | 2.30 | 2.66 | 2.91 | 60 |
| 120 | .677 | 1.16 | 1.66 | 1.98 | 2.27 | 2.62 | 2.86 | 120 |
| ∞ | .674 | 1.15 | 1.64 | 1.96 | 2.24 | 2.58 | 2.81 | ∞ |

**表 8. F 分布表（I）** 自由度 $n_1, n_2$; $P(F>F_0)=0.01 \rightarrow F_0$

($\alpha=0.01$)

| $n_2$ \ $n_1$ | 1 | 2 | 3 | 4 | 5 | 6 | 8 | 10 | 12 |
|---|---|---|---|---|---|---|---|---|---|
| 1 | 4052. | 4999. | 5403. | 5625. | 5764. | 5859. | 5982. | 6056. | 6106. |
| 2 | 98.50 | 99.00 | 99.17 | 99.25 | 99.30 | 99.33 | 99.37 | 99.40 | 99.42 |
| 3 | 34.12 | 30.82 | 29.46 | 28.71 | 28.24 | 27.91 | 27.49 | 27.23 | 27.05 |
| 4 | 21.20 | 18.00 | 16.69 | 15.98 | 15.52 | 15.21 | 14.80 | 14.55 | 14.37 |
| 5 | 16.26 | 13.27 | 12.06 | 11.39 | 10.97 | 10.67 | 10.29 | 10.05 | 9.89 |
| 6 | 13.74 | 10.92 | 9.78 | 9.15 | 8.75 | 8.47 | 8.10 | 7.87 | 7.72 |
| 7 | 12.25 | 9.55 | 8.45 | 7.85 | 7.46 | 7.19 | 6.84 | 6.62 | 6.47 |
| 8 | 11.26 | 8.65 | 7.59 | 7.01 | 6.63 | 6.37 | 6.03 | 5.81 | 5.67 |
| 9 | 10.56 | 8.02 | 6.99 | 6.42 | 6.06 | 5.80 | 5.47 | 5.26 | 5.11 |
| 10 | 10.04 | 7.56 | 6.55 | 5.99 | 5.64 | 5.39 | 5.06 | 4.85 | 4.71 |
| 11 | 9.65 | 7.21 | 6.22 | 5.67 | 5.32 | 5.07 | 4.74 | 4.54 | 4.40 |
| 12 | 9.33 | 6.93 | 5.95 | 5.41 | 5.06 | 4.82 | 4.50 | 4.30 | 4.16 |
| 13 | 9.07 | 6.70 | 5.74 | 5.21 | 4.86 | 4.62 | 4.30 | 4.10 | 3.96 |
| 14 | 8.86 | 6.51 | 5.56 | 5.04 | 4.69 | 4.46 | 4.14 | 3.94 | 3.80 |
| 15 | 8.68 | 6.36 | 5.42 | 4.89 | 4.56 | 4.32 | 4.00 | 3.80 | 3.67 |
| 16 | 8.53 | 6.23 | 5.29 | 4.77 | 4.44 | 4.20 | 3.89 | 3.69 | 3.55 |
| 17 | 8.40 | 6.11 | 5.18 | 4.67 | 4.34 | 4.10 | 3.79 | 3.59 | 3.46 |
| 18 | 8.29 | 6.01 | 5.09 | 4.58 | 4.25 | 4.01 | 3.71 | 3.51 | 3.37 |
| 19 | 8.19 | 5.93 | 5.01 | 4.50 | 4.17 | 3.94 | 3.63 | 3.43 | 3.30 |
| 20 | 8.10 | 5.85 | 4.94 | 4.43 | 4.10 | 3.87 | 3.56 | 3.37 | 3.23 |
| 21 | 8.02 | 5.78 | 4.87 | 4.37 | 4.04 | 3.81 | 3.51 | 3.31 | 3.17 |
| 22 | 7.95 | 5.72 | 4.82 | 4.31 | 3.99 | 3.76 | 3.45 | 3.26 | 3.12 |
| 23 | 7.88 | 5.66 | 4.76 | 4.26 | 3.94 | 3.71 | 3.41 | 3.21 | 3.07 |
| 24 | 7.82 | 5.61 | 4.72 | 4.22 | 3.90 | 3.67 | 3.36 | 3.17 | 3.03 |
| 25 | 7.72 | 5.53 | 4.64 | 4.14 | 3.82 | 3.59 | 3.29 | 3.09 | 2.96 |
| 28 | 7.64 | 5.45 | 4.57 | 4.07 | 3.75 | 3.53 | 3.23 | 3.03 | 2.90 |
| 30 | 7.56 | 5.39 | 4.51 | 4.02 | 3.70 | 3.47 | 3.17 | 2.98 | 2.84 |
| 32 | 7.50 | 5.34 | 4.46 | 3.97 | 3.66 | 3.42 | 3.12 | 2.94 | 2.80 |
| 34 | 7.44 | 5.29 | 4.42 | 3.93 | 3.61 | 3.38 | 3.08 | 2.89 | 2.76 |
| 36 | 7.39 | 5.25 | 4.38 | 3.89 | 3.58 | 3.35 | 3.04 | 2.86 | 2.72 |
| 38 | 7.35 | 5.21 | 4.34 | 3.86 | 3.54 | 3.32 | 3.02 | 2.82 | 2.69 |
| 40 | 7.31 | 5.18 | 4.31 | 3.83 | 3.51 | 3.29 | 2.99 | 2.80 | 2.66 |
| 44 | 7.24 | 5.12 | 4.26 | 3.78 | 3.46 | 3.24 | 2.94 | 2.75 | 2.62 |
| 46 | 7.21 | 5.10 | 4.24 | 3.76 | 3.44 | 3.22 | 2.92 | 2.73 | 2.60 |
| 50 | 7.17 | 5.06 | 4.20 | 3.72 | 3.41 | 3.18 | 2.88 | 2.70 | 2.56 |
| 55 | 7.12 | 5.01 | 4.16 | 3.68 | 3.37 | 3.15 | 2.85 | 2.66 | 2.53 |
| 60 | 7.08 | 4.98 | 4.13 | 3.65 | 3.34 | 3.12 | 2.82 | 2.63 | 2.50 |
| 70 | 7.01 | 4.92 | 4.08 | 3.60 | 3.29 | 3.07 | 2.77 | 2.59 | 2.45 |
| 80 | 6.96 | 4.88 | 4.04 | 3.56 | 3.25 | 3.04 | 2.74 | 2.55 | 2.41 |
| 100 | 6.90 | 4.82 | 3.98 | 3.51 | 3.20 | 2.99 | 2.69 | 2.51 | 2.36 |
| 150 | 6.81 | 4.75 | 3.91 | 3.44 | 3.14 | 2.92 | 2.62 | 2.44 | 2.30 |
| 200 | 6.76 | 4.71 | 3.88 | 3.41 | 3.11 | 2.90 | 2.60 | 2.41 | 2.28 |
| 400 | 6.70 | 4.66 | 3.83 | 3.36 | 3.06 | 2.85 | 2.55 | 2.37 | 2.23 |
| 1000 | 6.66 | 4.62 | 3.80 | 3.34 | 3.04 | 2.82 | 2.53 | 2.34 | 2.20 |
| ∞ | 6.63 | 4.61 | 3.78 | 3.32 | 3.02 | 2.80 | 2.51 | 2.32 | 2.18 |

| $n_2$ \ $n_1$ | 14 | 16 | 20 | 30 | 40 | 50 | 100 | 500 | ∞ |
|---|---|---|---|---|---|---|---|---|---|
| 1 | 6124. | 6169. | 6209. | 6261. | 6287. | 6302. | 6334. | 6361. | 6366. |
| 2 | 99.43 | 99.44 | 99.45 | 99.47 | 99.47 | 99.48 | 99.49 | 99.50 | 99.50 |
| 3 | 26.92 | 26.83 | 26.69 | 26.50 | 26.41 | 26.35 | 26.23 | 26.14 | 26.12 |
| 4 | 14.24 | 14.15 | 14.02 | 13.84 | 13.74 | 13.69 | 13.57 | 13.48 | 13.46 |
| 5 | 9.77 | 9.68 | 9.55 | 9.38 | 9.29 | 9.24 | 9.13 | 9.04 | 9.02 |
| 6 | 7.60 | 7.52 | 7.40 | 7.23 | 7.14 | 7.09 | 6.99 | 6.90 | 6.88 |
| 7 | 6.35 | 6.27 | 6.16 | 5.99 | 5.91 | 5.85 | 5.75 | 5.67 | 5.65 |
| 8 | 5.56 | 5.48 | 5.36 | 5.20 | 5.12 | 5.06 | 4.96 | 4.88 | 4.86 |
| 9 | 5.00 | 4.92 | 4.81 | 4.65 | 4.57 | 4.51 | 4.41 | 4.33 | 4.31 |
| 10 | 4.60 | 4.52 | 4.41 | 4.25 | 4.17 | 4.12 | 4.01 | 3.93 | 3.91 |
| 11 | 4.29 | 4.21 | 4.10 | 3.94 | 3.86 | 3.80 | 3.70 | 3.62 | 3.60 |
| 12 | 4.05 | 3.98 | 3.86 | 3.70 | 3.62 | 3.56 | 3.46 | 3.38 | 3.36 |
| 13 | 3.85 | 3.78 | 3.66 | 3.51 | 3.43 | 3.37 | 3.27 | 3.18 | 3.17 |
| 14 | 3.70 | 3.62 | 3.51 | 3.35 | 3.27 | 3.21 | 3.11 | 3.02 | 3.00 |
| 15 | 3.56 | 3.48 | 3.37 | 3.21 | 3.13 | 3.07 | 2.97 | 2.89 | 2.87 |
| 16 | 3.45 | 3.37 | 3.26 | 3.10 | 3.02 | 2.96 | 2.86 | 2.77 | 2.75 |
| 17 | 3.35 | 3.27 | 3.16 | 3.00 | 2.92 | 2.86 | 2.76 | 2.67 | 2.65 |
| 18 | 3.27 | 3.19 | 3.08 | 2.92 | 2.84 | 2.78 | 2.68 | 2.59 | 2.57 |
| 19 | 3.19 | 3.12 | 3.00 | 2.84 | 2.76 | 2.70 | 2.60 | 2.51 | 2.49 |
| 20 | 3.13 | 3.05 | 2.94 | 2.78 | 2.69 | 2.63 | 2.53 | 2.44 | 2.42 |
| 21 | 3.07 | 2.99 | 2.88 | 2.72 | 2.64 | 2.58 | 2.47 | 2.38 | 2.36 |
| 22 | 3.02 | 2.94 | 2.83 | 2.67 | 2.58 | 2.53 | 2.42 | 2.33 | 2.31 |
| 23 | 2.97 | 2.89 | 2.78 | 2.62 | 2.54 | 2.48 | 2.37 | 2.28 | 2.26 |
| 24 | 2.93 | 2.85 | 2.74 | 2.58 | 2.49 | 2.44 | 2.33 | 2.23 | 2.21 |
| 26 | 2.86 | 2.77 | 2.66 | 2.50 | 2.42 | 2.36 | 2.25 | 2.15 | 2.13 |
| 28 | 2.80 | 2.71 | 2.60 | 2.44 | 2.35 | 2.30 | 2.18 | 2.09 | 2.06 |
| 30 | 2.74 | 2.66 | 2.55 | 2.39 | 2.30 | 2.24 | 2.13 | 2.03 | 2.01 |
| 32 | 2.70 | 2.62 | 2.51 | 2.34 | 2.25 | 2.20 | 2.08 | 1.98 | 1.96 |
| 34 | 2.66 | 2.58 | 2.47 | 2.30 | 2.21 | 2.15 | 2.04 | 1.94 | 1.91 |
| 36 | 2.62 | 2.54 | 2.43 | 2.26 | 2.17 | 2.12 | 2.00 | 1.90 | 1.87 |
| 38 | 2.59 | 2.51 | 2.40 | 2.22 | 2.14 | 2.08 | 1.97 | 1.86 | 1.84 |
| 40 | 2.56 | 2.49 | 2.37 | 2.20 | 2.11 | 2.05 | 1.94 | 1.84 | 1.80 |
| 44 | 2.52 | 2.44 | 2.32 | 2.15 | 2.06 | 2.00 | 1.88 | 1.78 | 1.75 |
| 46 | 2.50 | 2.42 | 2.30 | 2.13 | 2.04 | 1.98 | 1.86 | 1.76 | 1.72 |
| 50 | 2.46 | 2.39 | 2.26 | 2.10 | 2.00 | 1.94 | 1.82 | 1.71 | 1.68 |
| 55 | 2.43 | 2.35 | 2.23 | 2.06 | 1.96 | 1.90 | 1.78 | 1.66 | 1.64 |
| 60 | 2.40 | 2.32 | 2.20 | 2.03 | 1.94 | 1.87 | 1.74 | 1.63 | 1.60 |
| 70 | 2.35 | 2.28 | 2.15 | 1.98 | 1.88 | 1.82 | 1.69 | 1.56 | 1.53 |
| 80 | 2.32 | 2.24 | 2.11 | 1.94 | 1.84 | 1.78 | 1.65 | 1.52 | 1.49 |
| 100 | 2.26 | 2.19 | 2.06 | 1.89 | 1.79 | 1.73 | 1.59 | 1.46 | 1.43 |
| 150 | 2.20 | 2.12 | 2.00 | 1.83 | 1.72 | 1.66 | 1.51 | 1.37 | 1.33 |
| 200 | 2.17 | 2.09 | 1.97 | 1.79 | 1.69 | 1.62 | 1.48 | 1.33 | 1.28 |
| 400 | 2.12 | 2.04 | 1.92 | 1.74 | 1.64 | 1.57 | 1.42 | 1.24 | 1.19 |
| 1000 | 2.09 | 2.01 | 1.89 | 1.71 | 1.61 | 1.54 | 1.38 | 1.19 | 1.11 |
| ∞ | 2.07 | 1.99 | 1.88 | 1.70 | 1.59 | 1.52 | 1.36 | 1.15 | 1.00 |

表 8. F 分布表 (II) 自由度 $n_1, n_2$; $P(F>F_0)=0.05 \rightarrow F_0$

($\alpha=0.05$)

| $n_2$ \ $n_1$ | 1 | 2 | 3 | 4 | 5 | 6 | 8 | 10 | 12 |
|---|---|---|---|---|---|---|---|---|---|
| 1 | 161 | 200 | 216 | 225 | 230 | 234 | 239 | 242 | 244 |
| 2 | 18.51 | 19.00 | 19.16 | 19.25 | 19.30 | 19.33 | 19.37 | 19.40 | 19.41 |
| 3 | 10.13 | 9.55 | 9.28 | 9.12 | 9.01 | 8.94 | 8.85 | 8.79 | 8.74 |
| 4 | 7.71 | 6.94 | 6.59 | 6.39 | 6.26 | 6.16 | 6.04 | 5.96 | 5.91 |
| 5 | 6.61 | 5.79 | 5.41 | 5.19 | 5.05 | 4.95 | 4.82 | 4.74 | 4.68 |
| 6 | 5.99 | 5.14 | 4.76 | 4.53 | 4.39 | 4.28 | 4.15 | 4.06 | 4.00 |
| 7 | 5.59 | 4.74 | 4.35 | 4.12 | 3.97 | 3.87 | 3.73 | 3.64 | 3.57 |
| 8 | 5.32 | 4.46 | 4.07 | 3.84 | 3.69 | 3.58 | 3.44 | 3.35 | 3.28 |
| 9 | 5.12 | 4.26 | 3.86 | 3.63 | 3.48 | 3.37 | 3.23 | 3.14 | 3.07 |
| 10 | 4.96 | 4.10 | 3.71 | 3.48 | 3.33 | 3.22 | 3.07 | 2.98 | 2.91 |
| 11 | 4.84 | 3.98 | 3.59 | 3.36 | 3.20 | 3.09 | 2.95 | 2.85 | 2.79 |
| 12 | 4.75 | 3.89 | 3.49 | 3.26 | 3.11 | 3.00 | 2.85 | 2.75 | 2.69 |
| 13 | 4.67 | 3.81 | 3.41 | 3.18 | 3.03 | 2.92 | 2.77 | 2.67 | 2.60 |
| 14 | 4.60 | 3.74 | 3.34 | 3.11 | 2.96 | 2.85 | 2.70 | 2.60 | 2.53 |
| 15 | 4.54 | 3.68 | 3.29 | 3.06 | 2.90 | 2.79 | 2.64 | 2.54 | 2.48 |
| 16 | 4.49 | 3.63 | 3.24 | 3.01 | 2.85 | 2.74 | 2.59 | 2.49 | 2.42 |
| 17 | 4.45 | 3.59 | 3.20 | 2.96 | 2.81 | 2.70 | 2.55 | 2.45 | 2.38 |
| 18 | 4.41 | 3.55 | 3.16 | 2.93 | 2.77 | 2.66 | 2.51 | 2.41 | 2.34 |
| 19 | 4.38 | 3.52 | 3.13 | 2.90 | 2.74 | 2.63 | 2.48 | 2.38 | 2.31 |
| 20 | 4.35 | 3.49 | 3.10 | 2.87 | 2.71 | 2.60 | 2.45 | 2.35 | 2.28 |
| 21 | 4.32 | 3.47 | 3.07 | 2.84 | 2.68 | 2.57 | 2.42 | 2.32 | 2.25 |
| 22 | 4.30 | 3.44 | 3.05 | 2.82 | 2.66 | 2.55 | 2.40 | 2.30 | 2.23 |
| 23 | 4.28 | 3.42 | 3.03 | 2.80 | 2.64 | 2.53 | 2.37 | 2.27 | 2.20 |
| 24 | 4.26 | 3.40 | 3.01 | 2.78 | 2.62 | 2.51 | 2.36 | 2.25 | 2.18 |
| 26 | 4.23 | 3.37 | 2.98 | 2.74 | 2.59 | 2.47 | 2.32 | 2.22 | 2.15 |
| 28 | 4.20 | 3.34 | 2.95 | 2.71 | 2.56 | 2.45 | 2.29 | 2.19 | 2.12 |
| 30 | 4.17 | 3.32 | 2.92 | 2.69 | 2.53 | 2.42 | 2.27 | 2.16 | 2.09 |
| 32 | 4.15 | 3.30 | 2.90 | 2.67 | 2.51 | 2.40 | 2.25 | 2.14 | 2.07 |
| 34 | 4.13 | 3.28 | 2.88 | 2.65 | 2.49 | 2.38 | 2.23 | 2.12 | 2.05 |
| 36 | 4.11 | 3.26 | 2.86 | 2.63 | 2.48 | 2.36 | 2.21 | 2.10 | 2.03 |
| 40 | 4.08 | 3.23 | 2.84 | 2.61 | 2.45 | 2.34 | 2.18 | 2.08 | 2.00 |
| 44 | 4.06 | 3.21 | 2.82 | 2.58 | 2.43 | 2.31 | 2.16 | 2.05 | 1.98 |
| 46 | 4.05 | 3.20 | 2.81 | 2.57 | 2.42 | 2.30 | 2.14 | 2.04 | 1.97 |
| 50 | 4.03 | 3.18 | 2.79 | 2.56 | 2.40 | 2.29 | 2.13 | 2.02 | 1.95 |
| 55 | 4.02 | 3.17 | 2.78 | 2.54 | 2.38 | 2.27 | 2.11 | 2.00 | 1.93 |
| 60 | 4.00 | 3.15 | 2.76 | 2.53 | 2.37 | 2.25 | 2.10 | 1.99 | 1.92 |
| 70 | 3.98 | 3.13 | 2.74 | 2.50 | 2.35 | 2.23 | 2.07 | 1.97 | 1.89 |
| 80 | 3.96 | 3.11 | 2.72 | 2.48 | 2.33 | 2.21 | 2.05 | 1.95 | 1.88 |
| 100 | 3.94 | 3.09 | 2.70 | 2.46 | 2.30 | 2.19 | 2.03 | 1.92 | 1.85 |
| 150 | 3.91 | 3.06 | 2.67 | 2.43 | 2.27 | 2.16 | 2.00 | 1.89 | 1.82 |
| 200 | 3.89 | 3.04 | 2.65 | 2.41 | 2.26 | 2.14 | 1.98 | 1.87 | 1.80 |
| 400 | 3.86 | 3.02 | 2.62 | 2.39 | 2.23 | 2.12 | 1.96 | 1.85 | 1.78 |
| 1000 | 3.85 | 3.00 | 2.61 | 2.38 | 2.22 | 2.10 | 1.95 | 1.84 | 1.76 |
| $\infty$ | 3.84 | 3.00 | 2.60 | 2.37 | 2.21 | 2.10 | 1.94 | 1.83 | 1.75 |

| $n_2$ \ $n_1$ | 14 | 16 | 20 | 30 | 40 | 50 | 100 | 500 | ∞ |
|---|---|---|---|---|---|---|---|---|---|
| 1 | 245 | 246 | 248 | 250 | 251 | 252 | 253 | 254 | 254 |
| 2 | 19.42 | 19.43 | 19.45 | 19.46 | 19.47 | 19.47 | 19.49 | 19.50 | 19.50 |
| 3 | 8.71 | 8.69 | 8.66 | 8.62 | 8.60 | 8.58 | 8.56 | 8.54 | 8.53 |
| 4 | 5.87 | 5.84 | 5.80 | 5.74 | 5.72 | 5.70 | 5.66 | 5.64 | 5.63 |
| 5 | 4.64 | 4.60 | 4.56 | 4.50 | 4.46 | 4.44 | 4.40 | 4.37 | 4.36 |
| 6 | 3.96 | 3.92 | 3.87 | 3.81 | 3.77 | 3.75 | 3.71 | 3.68 | 3.67 |
| 7 | 3.52 | 3.49 | 3.44 | 3.38 | 3.34 | 3.32 | 3.28 | 3.24 | 3.23 |
| 8 | 3.23 | 3.20 | 3.15 | 3.08 | 3.04 | 3.03 | 2.98 | 2.94 | 2.93 |
| 9 | 3.02 | 2.98 | 2.94 | 2.86 | 2.83 | 2.80 | 2.76 | 2.72 | 2.71 |
| 10 | 2.86 | 2.82 | 2.77 | 2.70 | 2.66 | 2.64 | 2.59 | 2.55 | 2.54 |
| 11 | 2.74 | 2.70 | 2.65 | 2.57 | 2.53 | 2.50 | 2.45 | 2.41 | 2.40 |
| 12 | 2.64 | 2.60 | 2.57 | 2.46 | 2.43 | 2.40 | 2.35 | 2.31 | 2.30 |
| 13 | 2.55 | 2.51 | 2.46 | 2.38 | 2.34 | 2.32 | 2.26 | 2.22 | 2.21 |
| 14 | 2.48 | 2.44 | 2.39 | 2.31 | 2.27 | 2.24 | 2.19 | 2.14 | 2.13 |
| 15 | 2.43 | 2.39 | 2.33 | 2.25 | 2.20 | 2.18 | 2.12 | 2.08 | 2.07 |
| 16 | 2.37 | 2.33 | 2.28 | 2.20 | 2.15 | 2.13 | 2.07 | 2.02 | 2.01 |
| 17 | 2.33 | 2.29 | 2.23 | 2.15 | 2.10 | 2.08 | 2.02 | 1.97 | 1.96 |
| 18 | 2.29 | 2.25 | 2.19 | 2.11 | 2.06 | 2.04 | 1.98 | 1.93 | 1.92 |
| 19 | 2.26 | 2.21 | 2.16 | 2.07 | 2.03 | 2.00 | 1.94 | 1.90 | 1.88 |
| 20 | 2.23 | 2.18 | 2.12 | 2.04 | 1.99 | 1.96 | 1.90 | 1.85 | 1.84 |
| 21 | 2.20 | 2.15 | 2.10 | 2.00 | 1.96 | 1.93 | 1.87 | 1.82 | 1.81 |
| 22 | 2.18 | 2.13 | 2.07 | 1.98 | 1.94 | 1.91 | 1.84 | 1.80 | 1.78 |
| 23 | 2.14 | 2.10 | 2.05 | 1.96 | 1.91 | 1.88 | 1.82 | 1.77 | 1.76 |
| 24 | 2.13 | 2.09 | 2.03 | 1.94 | 1.89 | 1.86 | 1.80 | 1.74 | 1.73 |
| 26 | 2.10 | 2.05 | 1.99 | 1.90 | 1.85 | 1.82 | 1.76 | 1.70 | 1.69 |
| 28 | 2.06 | 2.02 | 1.96 | 1.87 | 1.82 | 1.78 | 1.72 | 1.67 | 1.65 |
| 30 | 2.04 | 1.99 | 1.93 | 1.84 | 1.79 | 1.76 | 1.69 | 1.64 | 1.62 |
| 32 | 2.02 | 1.97 | 1.91 | 1.82 | 1.76 | 1.74 | 1.67 | 1.61 | 1.59 |
| 34 | 2.00 | 1.95 | 1.89 | 1.80 | 1.74 | 1.71 | 1.64 | 1.59 | 1.57 |
| 36 | 1.98 | 1.93 | 1.87 | 1.78 | 1.72 | 1.69 | 1.62 | 1.56 | 1.55 |
| 40 | 1.95 | 1.90 | 1.84 | 1.74 | 1.69 | 1.66 | 1.59 | 1.53 | 1.51 |
| 44 | 1.92 | 1.88 | 1.81 | 1.72 | 1.66 | 1.63 | 1.56 | 1.50 | 1.48 |
| 46 | 1.91 | 1.87 | 1.80 | 1.71 | 1.65 | 1.62 | 1.54 | 1.48 | 1.46 |
| 50 | 1.90 | 1.85 | 1.78 | 1.69 | 1.63 | 1.60 | 1.52 | 1.46 | 1.44 |
| 55 | 1.88 | 1.83 | 1.76 | 1.67 | 1.61 | 1.58 | 1.50 | 1.43 | 1.41 |
| 60 | 1.86 | 1.81 | 1.75 | 1.65 | 1.59 | 1.56 | 1.48 | 1.41 | 1.39 |
| 70 | 1.84 | 1.79 | 1.72 | 1.62 | 1.56 | 1.53 | 1.45 | 1.37 | 1.35 |
| 80 | 1.82 | 1.77 | 1.70 | 1.59 | 1.54 | 1.51 | 1.42 | 1.35 | 1.32 |
| 100 | 1.79 | 1.75 | 1.68 | 1.57 | 1.51 | 1.48 | 1.39 | 1.30 | 1.28 |
| 150 | 1.76 | 1.71 | 1.64 | 1.54 | 1.47 | 1.44 | 1.34 | 1.25 | 1.22 |
| 200 | 1.74 | 1.69 | 1.62 | 1.52 | 1.45 | 1.42 | 1.32 | 1.22 | 1.19 |
| 400 | 1.72 | 1.67 | 1.60 | 1.49 | 1.42 | 1.38 | 1.28 | 1.16 | 1.13 |
| 1000 | 1.70 | 1.65 | 1.58 | 1.47 | 1.41 | 1.36 | 1.26 | 1.13 | 1.08 |
| ∞ | 1.69 | 1.64 | 1.57 | 1.46 | 1.40 | 1.35 | 1.24 | 1.11 | 1.00 |

**表 9.** $z$ 変換表　$z=\frac{1}{2}\log_e\frac{1+r}{1-r}\to r$

| $z$ | .00 | .01 | .02 | .03 | .04 | .05 | .06 | .07 | .08 | .09 | 平均差 |
|---|---|---|---|---|---|---|---|---|---|---|---|
| .0 | .0000 | .0100 | .0200 | .0300 | .0400 | .0500 | .0599 | .0699 | .0798 | .0898 | 100 |
| .1 | .0997 | .1096 | .1194 | .1293 | .1391 | .1489 | .1586 | .1684 | .1781 | .1877 | 98 |
| .2 | .1974 | .2070 | .2165 | .2260 | .2355 | .2449 | .2543 | .2636 | .2729 | .2821 | 94 |
| .3 | .2913 | .3004 | .3095 | .3185 | .3275 | .3364 | .3452 | .3540 | .3627 | .3714 | 89 |
| .4 | .3800 | .3885 | .3969 | .4053 | .4136 | .4219 | .4301 | .4382 | .4462 | .4542 | 82 |
| .5 | .4621 | .4699 | .4777 | .4854 | .4930 | .5005 | .5080 | .5154 | .5227 | .5299 | 75 |
| .6 | .5370 | .5441 | .5511 | .5580 | .5649 | .5717 | .5784 | .5850 | .5915 | .5980 | 68 |
| .7 | .6044 | .6107 | .6169 | .6231 | .6291 | .6351 | .6411 | .6469 | .6527 | .6584 | 60 |
| .8 | .6640 | .6696 | .6751 | .6805 | .6858 | .6911 | .6963 | .7014 | .7064 | .7114 | 53 |
| .9 | .7163 | .7211 | .7259 | .7306 | .7352 | .7398 | .7443 | .7487 | .7531 | .7574 | 46 |
| 1.0 | .7616 | .7658 | .7699 | .7739 | .7779 | .7818 | .7857 | .7895 | .7932 | .7969 | 39 |
| 1.1 | .8005 | .8041 | .8076 | .8110 | .8144 | .8178 | .8210 | .8243 | .8275 | .8306 | 33 |
| 1.2 | .8337 | .8367 | .8397 | .8426 | .8455 | .8483 | .8511 | .8538 | .8565 | .8591 | 28 |
| 1.3 | .8617 | .8643 | .8668 | .8692 | .8717 | .8741 | .8764 | .8787 | .8810 | .8832 | 24 |
| 1.4 | .8854 | .8875 | .8896 | .8917 | .8937 | .8957 | .8977 | .8996 | .9015 | .9033 | 20 |
| 1.5 | .9051 | .9069 | .9087 | .9104 | .9121 | .9138 | .9154 | .9170 | .9186 | .9201 | 17 |
| 1.6 | .9217 | .9232 | .9246 | .9261 | .9275 | .9289 | .9302 | .9316 | .9329 | .9341 | 14 |
| 1.7 | .9354 | .9366 | .9379 | .9391 | .9402 | .9414 | .9425 | .9436 | .9447 | .9458 | 12 |
| 1.8 | .94681 | .94783 | .94884 | .94983 | .95080 | .95175 | .95268 | .95359 | .95449 | .95537 | 95 |
| 1.9 | .95624 | .95709 | .95792 | .95873 | .95953 | .96032 | .96109 | .96185 | .96259 | .96331 | 79 |
| 2.0 | .96403 | .96473 | .96541 | .96609 | .96675 | .96739 | .96803 | .96865 | .96926 | .96986 | 65 |
| 2.1 | .97045 | .97103 | .97159 | .97215 | .97269 | .97323 | .97375 | .97426 | .97477 | .97526 | 53 |
| 2.2 | .97574 | .97622 | .97668 | .97714 | .97759 | .97803 | .97846 | .97888 | .97929 | .97970 | 44 |
| 2.3 | .98010 | .98049 | .98087 | .98124 | .98161 | .98197 | .98233 | .98267 | .98301 | .98335 | 36 |
| 2.4 | .98367 | .98399 | .98431 | .98462 | .98492 | .98522 | .98551 | .98579 | .98607 | .98635 | 30 |
| 2.5 | .98661 | .98688 | .98714 | .98739 | .98764 | .98788 | .98812 | .98835 | .98858 | .98881 | 24 |
| 2.6 | .98903 | .98924 | .98945 | .98966 | .98987 | .99007 | .99026 | .99045 | .99064 | .99083 | 20 |
| 2.7 | .99101 | .99118 | .99136 | .99153 | .99170 | .99186 | .99202 | .99218 | .99233 | .99248 | 16 |
| 2.8 | .99263 | .99278 | .99292 | .99306 | .99320 | .99333 | .99346 | .99359 | .99372 | .99384 | 13 |
| 2.9 | .99396 | .99408 | .99420 | .99431 | .99454 | .99354 | .99464 | .99475 | .99485 | .99495 | 11 |
| | 0. | .1 | .2 | .3 | .4 | .5 | .6 | 7. | .8 | .9 | |
| 2 | .99505 | .99595 | .99668 | .99728 | .99777 | .99818 | .99851 | .99878 | .99900 | .99918 | — |
| 3 | .99933 | .99945 | .99955 | .99963 | .99970 | .99975 | .99980 | .99983 | .99986 | .99989 | — |

# 索　　引

## あ　行

一元配置法 ……145
一様最強力検定法 ……180
一様分布……27
一致推定量 ……176

F分布……64

## か　行

回帰係数 ……141
回帰直線 ……142
$\chi^2$ 分布 ……54
確率空間 ……4
確率事象 ……3
確率収束 ……176
確率分布 ……6
確率変数 ……6
確率変数の独立……46
確率変数の標準偏差……13
確率変数の分散……13
確率変数の平均……11
確率密度関数 ……9
片側検定 ……117
仮説検定法 ……112
仮平均……80
完全事象系 ……4
ガンマ分布……38

幾何分布……37
棄却領域 ……114
危険率 ……114
帰無仮説 ……114
共分散……50

区間推定……95
矩形分布……27
クラーメル・ラオの定理……84
検定力関数 ……181
コーシー分布……38
混合型確率分布……11

## さ　行

最強力検定法 ……178
最小二乗法 ……143
再生性をもつ分布……53
最頻値……76
最尤推定量……93
最尤法……93
最良検定法 ……115
散布度……77

事象の確率 ……3
事象の独立……41
指数分布……28
$\sigma$- 集合体……2
重　畳……55
充足推定量 ……174
周辺確率分布……43
順序統計量……65
条件つき確率……41
小標本区間推定 ……102
信頼区間……96

推定量……82
スターリング公式 ……128

正規確率紙 ……132
正規分布……26
正規分布表……29
正則条件 ……170
積率母関数……19
漸近的有効推定量 ……176

## た　行

第1種の誤り ……111
第2種の誤り ……111
大標本区間推定 ……100

多項分布 ……128
W 検定……188

中央値……76
中心極限定理……56
超幾何分布……38

t 分布……63
適合度の検定 ……127
点推定……82
点推定法の基準 ……173

同時確率分布……43
等分散の検定 ……125
等平均の検定 ……123
独立性の検定 ……132
度数分布曲線……75

## な　行

2 元配置法 ……149
二項分布……23
二項分布のポアソン近似……60
2 乗誤差……82
2 標本問題 ……124
2 変量正規分布……46
任意標本……81

## は　行

ヒストグラム……75
百分率検定 ……120
百分率の区間推定 ……100
標本相関係数 ……136
標本範囲……77
標本標準偏差……77
標本分散……77
標本分布 ……165
標本平均値……76

不完全ベータ関数 ……104
負の二項分布……38
不偏推定量……83
不変性……94
不偏分散……86
分散分析法 ……145
分布関数 ……6

ベイズの定理……42
ベータ分布……38
変異係数……78

ポアソン分布……24
母集団……73
母集団分布……73
母相関係数の推定，検定 ……138
母標準偏差の点推定……86
母分散の区間推定 ……139
母分散の検定 ……159
母分散の点推定……85
母平均区間推定……97
母平均の検定 ……115
母平均の点推定……85
ボレル集合 ……5
ボレル集合体 ……4

## ら　行

ラテン方格法 ……156
ラプラス分布……38

離散型確率分布 ……7
リーマン・スティルチェス積分……17
両側検定 ……117

連検定 ……187
連続型確率分布 ……9

## や　行

有意水準 ……114
有限母集団……90
有効推定量……84
尤度関数……93
尤度比検定法 ……182
尤度方程式……94

## わ　行

ワイブル分布……40

## 著 者 略 歴

本間鶴千代
1913 年 2 月 16 日東京生れ
1941 年　東北大学理学部数学科卒業
専　攻　応用確率論・OR
（元）電気通信大学教授



統計数学入門


1970 年 5 月 15 日　第 1 版第 1 刷発行
1998 年 12 月 18 日　訂 正 第26刷発行

定価はカバー・ケースに表示してあります.



著　者　本間鶴千代（ほんまつるちよ）
発行者　森北肇
印刷者　小笠原長利

発行所　株式会社 森北出版
東京都千代田区富士見 1-4-11
電話 東京 (3265) 8341 (代表)
FAX 東 京 (3264) 8709

日本書籍出版協会・自然科学書協会・工学書協会　会員

落丁・乱丁本はお取替えいたします　　印刷　秀好堂印刷／製本　協栄製本

ISBN 4-627-00180-0

Printed in Japan

統計数学入門［POD版］


2021年5月28日　発行


著　者　本間鶴千代

発行者　森北博巳

発行所　森北出版株式会社

東京都千代田区富士見1-4-11（〒102-0071）

電話 03-3265-8341／FAX 03-3264-8709

https://www.morikita.co.jp/

印刷・製本　大日本印刷株式会社

ISBN978-4-627-00189-3／Printed in Japan